U0226251

“十三五”国家重点出版物出版规划项目
中国北方及其毗邻地区综合科学考察

中国北方及其毗邻地区大河流域及典型湖泊科学考察报告

刘曙光　张　路　蔡　奕等　著

科学出版社
北　京

内 容 简 介

本书是中国北方、蒙古、俄罗斯西伯利亚及远东地区等中高纬度地区的大河流域及典型湖泊综合科学考察的成果。主要内容包括：中国北方及其毗邻地区大河流域水资源与水环境的概况、空间差异；色楞格河上游及河口水样沙样的实测分析；黑龙江中下游水情变化规律；中国北方及其毗邻地区典型湖泊概况；湖泊水环境及水质基本参数；贝加尔湖及其流域水环境等。为全面认识中国北方及其毗邻地区的水资源的合理持续利用与水环境保护提供了基础数据，具有重要的科学意义。

本书可供河流水资源、湖泊水资源、水环境保护等相关领域研究人员、技术人员、管理人员及高等院校相关专业的师生参考。

图书在版编目(CIP)数据

中国北方及其毗邻地区大河流域及典型湖泊科学考察报告 / 刘曙光等著. —北京：科学出版社，2017.6

(中国北方及其毗邻地区综合科学考察)

"十三五"国家重点出版物出版规划项目

ISBN 978-7-03-046852-9

Ⅰ. ①中…　Ⅱ. ①刘…　Ⅲ. ①流域环境-科学考察-考察报告-中国　Ⅳ. ①X321.2

中国版本图书馆 CIP 数据核字（2015）第 304119 号

责任编辑：李　敏　周　杰 / 责任校对：彭　涛

责任印制：肖　兴 / 封面设计：黄华斌　陈　敬

科学出版社 出版

北京东黄城根北街 16 号

邮政编码：100717

http://www.sciencep.com

中国科学院印刷厂 印刷

科学出版社发行　各地新华书店经销

*

2017 年 6 月第　一　版　开本：787×1092 1/16

2017 年 6 月第一次印刷　印张：14 3/4

字数：400 000

定价：158.00 元

（如有印装质量问题，我社负责调换）

中国北方及其毗邻地区综合科学考察
丛书编委会

项目顾问委员会

中国北方及其毗邻地区综合科学考察
丛书编委会

项目专家组

组　长

刘　恕　中国科学技术协会原副主席、荣誉委员，中国俄罗斯友好协会常务副会长、研究员

副组长

孙九林　中国工程院院士、中国科学院地理科学与资源研究所研究员

专　家

石玉林　中国工程院院士、中国自然资源学会名誉理事长、研究员
尹伟伦　中国工程院院士、北京林业大学原校长、教授
黄鼎成　中国科学院资源环境科学与技术局原副局级学术秘书、研究员
葛全胜　中国科学院地理科学与资源研究所所长、研究员
江　洪　南京大学国际地球系统科学研究所副所长、教授
陈全功　兰州大学草地农业科技学院教授
董锁成　中国科学院地理科学与资源研究所研究员

《中国北方及其毗邻地区大河流域及典型湖泊科学考察报告》编辑委员会

主　　笔　刘曙光　张　路　蔡　奕

副 主 笔　A. N. Makhinov（俄）　匡翠萍　钟桂辉

撰写人员　姜桂花　胡维平　章杭惠　范成新
林荷娟　赵业安　吴　敏　娄　厦
勾鸿量　张　洪　张　宇　梁玉音
刘丹东　吴乔枫　张　川　殷黎黎
陶　安　王　越　倪　可　胡昕宇
周正正　韩　超　谭　博　高健博
张枭鸣　周　杏　李静晖　朱敏喆
叶爱民　王兆德　胡春华　商景阁
李钦钦　赵中华　姚晓龙　徐　徽
张　波　高振美　唐陈杰
A. F. Makhinova（俄）　T. Volkova（俄）
S. R. Chalov（俄）　R. S. Chalov（俄）
R. Larisa（俄）

序　一

科技部科技基础性工作专项重点项目“中国北方及其毗邻地区综合科学考察”经过中、俄、蒙三国30多家科研机构170余位科学家5年多的辛勤劳动，终于圆满完成既定的科学考察任务，形成系列科学考察报告，共10册。

中国北方及其毗邻的俄罗斯西伯利亚、远东地区及蒙古国是东北亚地区的重要组成部分。除了20世纪50年代对中苏合作的黑龙江流域综合考察外，长期以来，中国很少对该地区进行综合考察，尤其缺乏对俄蒙两国高纬度地区的考察研究。因此，该项考察成果的出版将为填补中国在该地区数据资料的空白做出重要贡献，且将为全球变化研究提供基础数据支持，对东北亚生态安全和可持续发展、“丝绸之路经济带”和“中俄蒙经济走廊”的建设具有重要的战略意义。

这次考察面积近2000万km^2，考察内容包括地理环境、土壤、植被、生物多样性、河流湖泊、人居环境、经济社会、气候变化、东北亚南北生态样带、综合科学考察技术规范等，是一项科学价值大、综合性强的跨国科学考察工作。系列科学考察报告是一套资料翔实，内容丰富，图文并茂的重要成果。

我相信，《中国北方及其毗邻地区综合科学考察》丛书的出版是一个良好的开端，这一地区还有待进一步深入全面考察研究。衷心希望项目组再接再厉，为中国的综合科学考察事业做出更大的贡献。

孙鸿烈

2014年12月

序　二

2001 年，科技部启动科技基础性工作专项，明确了科技基础性工作是指对基本科学数据、资料和相关信息进行系统的考察、采集、鉴定，并进行评价和综合分析，以加强我国基础数据资料薄弱环节，探求基本规律，推动科学基础资料信息流动与利用的工作。近年来，科技基础性工作不断加强，综合科学考察进一步规范。“中国北方及其毗邻地区综合科学考察”正是科技部科技基础性工作专项资助的重点项目。

中国北方及其毗邻的俄罗斯西伯利亚、远东地区和蒙古国在地理环境上是一个整体，是东北亚地区的重要组成部分。随着全球化和多极化趋势的加强，东北亚地区的地缘战略地位不断提升，越来越成为大国竞争的热点和焦点。东北亚地区生态环境格局复杂多样，自然过程和人类活动相互作用，对中国资源、环境与社会经济发展具有深刻的影响。长期以来，中国缺少对该地区的科学研究和数据积累，尤其缺乏对俄蒙两国高纬度地区的考察研究。因此，该项综合科学考察成果的出版将填补我国在该地区长期缺乏数据资料的空白。该项综合科学考察工作必将极大地支持中国在全球变化领域中对该地区的创新研究，支持东北亚国际生态安全、资源安全等重大战略决策的制定，对中国社会经济可持续发展特别是丝绸之路经济带和中俄蒙经济走廊的建设都具有重要的战略意义。

《中国北方及其毗邻地区综合科学考察》丛书是中俄蒙三国 170 余位科学家通过 5 年多艰苦科学考察后，用两年多时间分析样本、整理数据、编撰完成的研究成果。该项科学考察体现了以下特点：

一是国际性。该项工作联合俄罗斯科学院、蒙古国科学院及中国 30 多家科研机构，开展跨国联合科学考察，吸收俄蒙资深科学家和中青年专家参与，使中断数十年的中苏联合科学考察工作在新时期得以延续。项目考察过程中，科考队员深入俄罗斯勒拿河流域、北冰洋沿岸、贝加尔湖流域、远东及太平洋沿岸等地区，采集到大量国外动物、植物、土壤、水样等标本。该项考察工作还探索出利用国外生态观测台站和实验室观测、实验获取第一手数据资料，合作共赢的国际合作模式。如此大规模的跨国科学考察，必将有力地推进中国综合科学考察工作的国际化。

二是综合性。从考察内容看，涉及地理环境、土壤植被、生物多样性、河流湖泊、人居环境、社会经济、气候变化、东北亚南北生态样带以及国际综合科学考察技术规范等内容，是一项内容丰富、综合性强的科学考察工作。

三是创新性。该项考察范围涉及近 2000 万 km^2。项目组探索出点、线、面结合，遥感监测与实地调查相结合，利用样带开展大面积综合科学考察的创新模式，建立 E-Science 信息化数据交流和共享平台，自主研制便携式野外数据采集仪。上述创新模式和技术保障了各项考察任务的圆满完成。

考察报告资料翔实，数据丰富，观点明确，在科学分析的基础上还提出中俄蒙跨国合作的建议，有许多创新之处。当然，由于考察区广袤，环境复杂，条件艰苦，对俄罗斯和蒙古全境自然资源、地理环境、生态系统与人类活动等专题性系统深入的综合科学考察还有待下一步全面展开。我相信，《中国北方及其毗邻地区综合科学考察》丛书的面世将对中国国际科学考察事业产生里程碑式的推动作用。衷心希望项目组全体专家再接再厉，为中国的综合科学考察事业做出更大的贡献。

2014 年 12 月

序　三

进入 21 世纪以来，我国启动实施科技基础性工作专项，支持通过科学考察、调查等过程，对基础科学数据资料进行系统收集和综合分析，以探求基本的科学规律。科技基础性工作长期采集和积累的科学数据与资料，为我国科技创新、政府决策、经济社会发展和保障国家安全发挥了巨大的支撑作用。这是我国科技发展的重要基础，是科技进步与创新的必要条件，也是整体科技水平提高和经济社会可持续发展的基石。

2008 年，科技部正式启动科技基础性工作专项重点项目“中国北方及其毗邻地区综合科学考察”，标志着我国跨国综合科学考察工作迈出了坚实的一步。这是我国首次开展对俄罗斯和蒙古国中高纬度地区的大型综合科学考察，在我国科技基础性工作史上具有划时代的意义。在该项目的推动下，以董锁成研究员为首席科学家的项目全体成员，联合国内外 170 余位科学家，利用 5 年多的时间连续对俄罗斯远东地区、西伯利亚地区、蒙古国，中国北方地区展开综合科学考察，该项目接续了中断数十年的中苏科学考察。科考队员足迹遍布俄罗斯北冰洋沿岸、东亚太平洋沿岸、贝加尔湖沿岸、勒拿河沿岸、阿穆尔河沿岸、西伯利亚铁路沿线、蒙古沙漠戈壁、中国北方等人迹罕至之处，历尽千辛万苦，成功获取考察区范围内成系列的原始森林、土壤、水、鱼类、藻类等珍贵样品和标本 3000 多个（号），地图和数据文献资料 400 多套（册），填补了我国近几十年在该地区的资料空白。同时，项目专家组在国际上首次尝试构建东北亚南北生态样带，揭示了东北亚生态、环境和经济社会样带的梯度变化规律；在国内首次制定 16 项综合科学考察标准规范，并自主研制了野外考察信息采集系统和分析软件；与俄蒙科研机构签署 12 项合作协议，创建了中俄蒙长期野外定位观测平台和 E-Science 数据共享与交流网络平台。项目取得的重大成果为我国今后系统研究俄蒙地区资源开发利用和区域可持续发展奠定了坚实的基础。我相信，在此项工作基础上完成的《中国北方及其毗邻地区综合科学考察》丛书，将是极富科学价值的。

中国北方及其毗邻地区在地理环境上是一个整体，它占据了全球最大的大陆——欧亚大陆东部及其腹地，其自然景观和生态格局复杂多样，自然环境和经济社会相互影响，在全球格局中，该地区具有十分重要的地缘政治、地缘经济和地缘生态环境战略地位。中俄蒙三国之间有着悠久的历史渊源、紧密联系的自然环境与社会经济活动，区内生态建设、环境保护与经济发展具有强烈的互补性和潜在的合作需求。在全球变化的背景下，该地区在自然环境和经济社会等诸多方面正发生重大变化，有许多重大科学问题亟待各国科学家共同探索，共同寻求该区域可持续发展路径。当务之急是摸清现状。例如，在当前应对气候变化的国际谈判、履约和节能减排重大决策中，迫切需要长期采集和积累的基础性、权威性全球气候环境变化基础数据资料作为支撑。在能源资源越来越短缺的今天，我国要获取和利用国内外的能源资源，首先必须有相关国家的资源环境基础资料。俄蒙等周边国家在我国全球资源战略中占有极其重要的地位。

中国科学家十分重视与俄、蒙等国科学家的学术联系，并与国外相关科研院所保持着长期良好的合作关系。1998 年、2004 年，全国人大常委会副委员长、中国科学院院长路甬祥两次访问俄罗斯，并代表中国科学院与俄罗斯科学院签署两院院际合作协议。2005 年、2006 年，中国科学院地理科学与资源研究所等单位与俄罗斯科学院、蒙古科学院中亚等国科学院相关研究所成功组织了一系列综合科学考察与合作研究。近年来，各国科学家合作交流更加频繁，合作领域更加广泛，合作研究更加深入。《中国北方及其毗邻地区综合科学考察》丛书正是基于多年跨国综合科学考察与合作研究的成果结晶。该项成果包括：《中国北方及其毗邻地区科学考察综合报告》、《中国北方及其毗邻地区土地利用/土地覆被科学考察报告》、《中国北方及其毗邻地区地理环境背景科学考察报告》、《中国北方及其毗邻地区生物多样性科学考察报告》、《中国北方及其毗邻地区大河流域及典型湖泊科学考察报告》、《中国北方及其毗邻地区经济社会科学考察报告》、《中国北方及其毗邻地区人居环境科学考察报告》、《东北亚南北综合样带的构建与梯度分析》、《中国北方及其毗邻地区综合科学考察数据集》、*Proceedings of the International Forum on Regional Sustainable Development of Northeast and Central Asia*。

2013 年 9 月，习近平主席访问哈萨克斯坦时提出“共建丝绸之路经济带”的战略构想，得到各国领导人的响应。中国与俄蒙正在建立全面战略协作伙伴关系，俄罗斯科技界和政府部门正在着手建设欧亚北部跨大陆板块的交通经济带。2014 年 9 月，习近平主席提出建设中俄蒙经济走廊的战略构想，从我国北方经西伯利亚大铁路往西到欧洲，有望成为丝绸之路经济带建设的一条重要通道。在上海合作组织的框架下，巩固中俄蒙以及中国与中亚各国之间的战略合作伙伴关系是丝绸之路经济带建设的基石。资源、环境及科技合作是中俄蒙合作的优先领域和重要切入点，迫切需要通过科技基础工作加强对俄蒙的重点考察、调查与研究。在这个重大的历史时刻，中国北方及其毗邻地区综合科学考察丛书的出版，对广大科技工作者、政府决策部门和国际同行都是一项非常及时的、极富学术价值的重大成果。

2014 年 12 月

前　言

中国北方及其毗邻地区在地理环境上是一个整体，其生态环境格局复杂多样，气候条件和生态环境相互影响和制约。随着全球化、国际化趋势的不断增强，国与国之间，国家与区域之间在能源、资源、科技、军事、政治、经济等各个方面的竞争和合作都不断加强。在面向国家重大战略需求的“全球变化与区域响应”中，要重点研究大尺度水文循环对全球变化的响应以及全球变化对区域水资源的影响。同时，重视水资源领域面临的严峻挑战，促进水资源可持续利用，这已成为各国政府的共识。当前，中国水循环系统的服务功能严重退化，威胁着社会经济的可持续发展，迫切需要摸清对中国影响较大的北方及其毗邻地区水资源配置及水环境格局的信息。在东北地区范围内，俄罗斯的生态环境对中国影响最大，中国北方许多河流跨越国界，流入俄罗斯。中国水环境与俄罗斯、蒙古等东北亚国家有着密切的联系。

中国北方及其毗邻地区水资源配置及水环境格局的综合研究，对于扩大该地区国际经济合作、促进该地区的经济社会可持续发展具有重要的现实意义。在科技基础性工作专项“中国北方及其毗邻地区综合科学考察”项目办公室的统一领导和组织安排下，按照各年度工作计划，研究人员赴俄罗斯、蒙古进行了综合科学考察。

本书分两部分，分别对大河流域和湖泊的水资源及水环境进行介绍，由中国北方及其毗邻地区水资源概况、中国北方及其毗邻地区主要河流水资源、中国北方及其毗邻地区典型河流水文特征、中国北方及其毗邻地区湖泊概况、中国北方及其毗邻地区湖泊水质及水环境、贝加尔湖及其流域水环境等6章组成。

研究人员2008~2012年5年内实地考察了贝加尔湖、勒拿河及北冰洋沿岸、黑龙江流域和库苏古尔湖等地区。研究取得了如下成果：系统地收集了中国北方及其毗邻地区已有的基础数据、文献资料、图件，完成了考察区主要河流水系分布、境外大型湖泊和境内大型水库等水资源现状的调查，完成了贝加尔湖、勒拿河、黑龙江（阿穆尔河）等地区的水资源利用与开发调查，开展了贝加尔湖、勒拿河、乌苏里江、色楞格河、黑龙江（阿穆尔河）、勒拿河河口三角洲以及色楞格河河口三角洲等地区河流断面和水环境要素的现场测定和实地取样工作，获得了中国北方及其毗邻地区的水系分布图、主要河流及大型湖泊和水库的水资源和社会经济数据、主要河流的水资源开发利用分布数据、国际河流出入境水量和水质数据，制订了南北样带水资源变化梯度，整合集成了各专题考察成果，并基于统一标准构建综合科学考察数据集群，以提供数据共享服务。

本研究的考察成果可为全球变化、区域响应研究提供基础数据和理论参考，可为国家资源和生态安全战略需求提供决策依据。在该地区开展综合科学考察活动将极大地支持中国在全球变化领域的创新研究以及国际合作与区域科学综合研究，支持国家自然资源开发利用和地缘生态服务功能建设等重大战略决策的制定，对中国社会经济可持续发展具有重要意义。

本书的顺利完成，得益于俄罗斯科学院西伯利亚分院贝加尔湖自然资源管理研究所、伊尔库茨克地理研究所、勒拿河流域管理局、俄罗斯科学院远东分院水与生态问题综合研究所等许多科研机构的大力支持，在此表示衷心感谢！

由于写作水平有限，本书难免存在遗漏与不妥之处，望广大同仁不吝指正，以便不断完善。

作　者

2014 年 11 月于上海

目　　录

第 1 章　中国北方及其毗邻地区水资源概况

中国北方及其毗邻地区水资源考察区包括中国黑龙江省、内蒙古自治区呼伦贝尔市和兴安盟，蒙古全境，俄罗斯远东联邦区和西伯利亚联邦区的部分地区。地理位置位于63°E～140.6°E、34°N～73°N。北部濒临北冰洋，南部与中国吉林省毗连，西部到达西伯利亚联邦区的伊尔库茨克州，东部濒临鄂霍次克海，全区面积约 538.8 万 km^2。

1.1　区域自然地理特征

1.1.1　地形

俄罗斯远东地区地处欧亚大陆东北部，在地理划分上属于俄罗斯的亚洲部分。它在西部与西伯利亚联邦区紧密相连，东部和东南部分别隔海与美国阿拉斯加及日本相望，北濒北冰洋，南与中国、朝鲜接壤；南北长 3900km，东西长 2500～3000km，可谓幅员辽阔。远东地区地形复杂，山地较多，河流纵横。

蒙古地势自西向东逐渐降低，海拔最高点为 4653m（乃拉姆达勒峰），最低点为 553m（呼赫湖），平均海拔为 1580m。山地面积为 77.7 万 km^2，占总面积的 1/2；戈壁沙漠面积为 40 万 km^2，约占总面积的 1/4；湖泊面积为 1.6 万 km^2，约占总面积的 1%。

中国东北地区西有大兴安岭，东有长白山等山地，中南为宽阔的辽河平原、松嫩平原，东北部为三江平原，西南部为七老图山和努鲁尔虎山，大小兴安岭屏峙于该地区的西北部和东北部，中部为松花江和辽河丘岗地。全区除西部与蒙古高原接壤外，北部和东部都是界河和界湖，包括额尔古纳河、黑龙江（阿穆尔河）、兴凯湖、图们江、鸭绿江，南部濒临渤海和黄海。其中，黑龙江省北部、东部隔黑龙江（阿穆尔河）、乌苏里江与俄罗斯相望，与俄罗斯的水、陆边界长达 3045km，西部与内蒙古自治区相邻，南部与吉林省接壤。

1.1.2　地貌

俄罗斯东西伯利亚山地主要由上扬斯克山脉与切尔斯基山脉组成，坐落在勒拿河下游及其支流阿尔丹河以东。

俄罗斯远东山地主要包括锡霍特山脉、朱格朱尔山脉及中部山脉等。锡霍特山脉介于日本海西岸与阿穆尔河（黑龙江）下游及其支流乌苏里江之间。朱格朱尔山脉位于鄂霍次克海西岸。中部山脉纵贯堪察加半岛，这里有火山高原。

俄罗斯中西伯利亚高原位于叶尼塞河和勒拿河之间，南达东萨彦岭和贝加尔山脉，北抵北西伯利亚低地，面积约 350 万 km^2，水利资源丰富，中部地势平坦，蕴藏丰富的煤、铁、金、金刚石、天然气等矿产资源。

蒙古西部、北部和中部多为山地，东部为丘陵平原，南部是戈壁沙漠。从北至南大致为高山草地、原始森林草原、草原和戈壁荒漠等几大植被带。

中国东北地区地势大致是西北部、北部和东南部高，东北部和西南部低，主要由山地、台地、平原和水面构成。西北部为北东—南西走向的大兴安岭山地，北部为北西—南东走向的小兴安岭山地，东部为北东—南西走向的张广才岭、老爷岭、完达山。兴安山地与东部山地的山前为台地，东北部为三江平原（包括兴凯湖平原），西部是松嫩平原。松嫩平原循着松花江谷地与三江平原一线相通。黑龙江省山地（海拔大多为 300 ~ 1000m）面积约占全省总面积的 58%，台地（海拔为 200 ~ 300m）面积约占全省总面积的 14%，平原（海拔为 50 ~ 200m）面积约占全省总面积 28%。

1.1.3 土壤

俄罗斯远东和西伯利亚地域辽阔，土地资源丰富，土地面积为 4.2 亿 hm^2。俄罗斯远东和西伯利亚有很大一部分地区位于北极圈内，因此农业用地面积还不到全部土地面积的 1/6。据统计，俄罗斯远东和西伯利亚农业用地面积为 6531 万 hm^2，占俄罗斯农业用地面积的 30% 左右，人均为 2.4hm^2。其中，耕地面积为 3218 万 hm^2，约占俄罗斯耕地面积的 25%，人均为 1.2hm^2。俄罗斯远东与西伯利亚土地资源虽然丰富，但是农业的分布与发展极不均衡，北部多是人烟稀少的不毛之地，农业主要集中在俄罗斯远东、西伯利亚南部地区和贝阿大铁路沿线地区。这些农业区的特点是土地肥沃，天气比较暖和，日照时间较长，气候适合种植业的发展。俄罗斯远东南部地区，西伯利亚南部阿尔泰边疆区、克麦罗沃州最适于农业耕种，农业开发程度较高，但俄罗斯远东南部土壤过度潮湿，酸化程度高；西伯利亚南部土地常常遭遇旱灾和风蚀，土地盐渍化严重。

蒙古地质结构复杂，山脉多系火山岩构成，土层较厚，基岩裸露，土壤种类以栗钙土和盐咸土为主，北部有冻土层。

中国东北冬季寒冷且漫长，土壤冻结深度为 1.5 ~ 2.5m，解冻缓慢，土壤普遍存在草甸过程和土壤过湿的现象。东南部长白山地区，土壤以山地暗棕色森林土为主；西部低山丘陵区主要土壤为黄石土和沙石土，土层较薄，多荒山，由于降水量少，植被稀少，侵蚀强烈，水土流失较严重；流域西南部的土壤为褐色土壤，是温暖带半湿润性季风气候下的产物，植被覆盖较好；滨海一带分布有盐碱土。黑土是黑龙江省主要耕地土壤，除牡丹江外其他各地均有分布。主要集中分布在滨北、滨长铁路沿线两侧，其中耕地面积为 360.62 万 hm^2，占全省耕地总面积的 30.8%。草甸土也是黑龙江省主要耕地土壤之一，全省各地均有分布。其中，耕地面积为 302.5 万 hm^2，占全省耕地总面积的 25.8%。暗棕壤是黑龙江省山地主要土壤，主要分布在小兴安岭和由完达山、张广才岭及老爷岭组成的东部山地，大兴安岭东坡亦有分布。海拔为大兴安岭东坡 600m 以下，小兴安岭 800m 以下，东部山区 900m 以下。其中，耕地面积为 115 万 hm^2。

1.2　区域气象特征

1.2.1　降水

俄罗斯远东气候多样。北部地区深入北极圈，属于寒带气候，冬季漫长、寒冷、干燥，1 月气温达到-50 ~ -38℃，奥伊米亚康有-70℃的记录，是全球著名的“寒极”。这里夏季气候凉爽、短促，7 月气温只有 11 ~ 15℃，全年降水量为 140 ~ 290mm。南部气候温和，雨量充沛，冬季气温在-21 ~ -10℃，夏季为 15 ~ 21℃，降水量为 530 ~ 1050mm。

蒙古大部分地区属大陆性温带草原气候，季节变化明显，冬季长，常有大风雪；夏季短，昼夜温差大。无霜期大约从 6 月至 9 月，平均降水量为 120 ~ 250mm，70% 集中在 7 ~ 8 月。降水量由北向南递减：北部年平均降水量为 200 ~ 350mm；南部只有 100 ~ 200mm，戈壁区甚至低于 50mm。

中国东北地区属于温带大陆性季风气候区，冬季严寒，夏季温热，年平均气温为 -4 ~ 10℃，由西北部向东南部递增，大部分地区 2 ~ 6℃。中国东北考察区的年降水量及其季节分配主要受季风环流、水汽来源及地形等因素控制。多年平均降水量为 300 ~ 1000mm，在地区分布上差别较大，东南部较多，西北部较稀少，由东南向西北递减。东南部地区年降水量多，属于湿润地区；西北部的内蒙古草原则为干旱地带。多年平均降水量为 4718.8 亿 m^3，折合降水深度为 505mm。东北地区丰水期和枯水期呈现一定的周期性，丰、枯水期持续的年限 8 ~ 14 年，平均 11 年左右。另外，由于受季风气候影响，各地降水的季节变化很大，年内分配很不均匀，降水多出现在受季风控制的 7、8 月，汛期 6 ~ 9 月的降水量可占全年的 70% ~ 85%。

图 1-1 为中国北方及其毗邻地区主要大河流域［黑龙江（阿穆尔河）流域、色楞格河流域、勒拿河流域］降水分布情况。

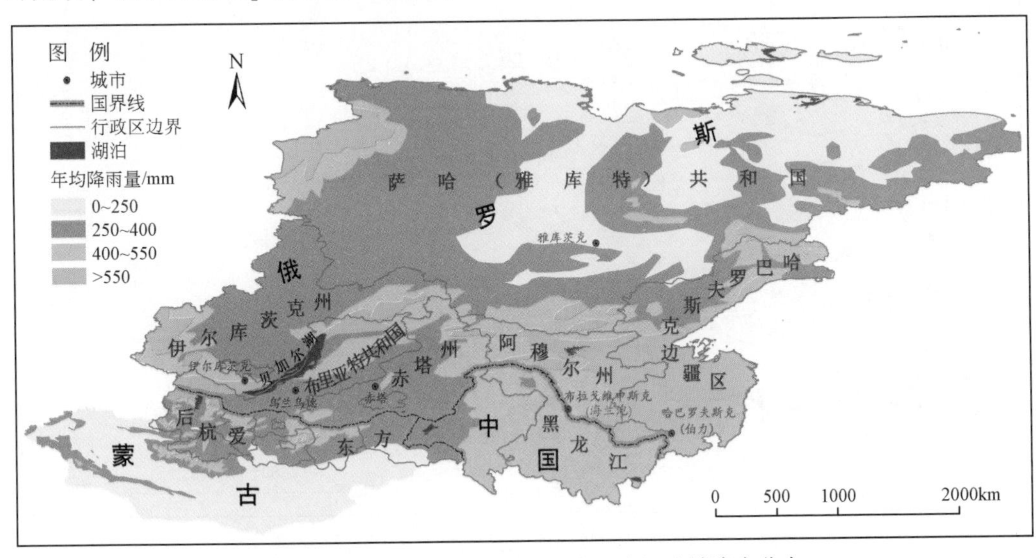

图 1-1　中国北方及其毗邻地区主要大河流域降水分布

1.2.2 蒸发

蒙古降水量的70% ~90%从地表蒸发进入大气中。这是因为该地区潜在蒸发量大，大部分的降水一到地面就直接被蒸发。

中国东北地区水面蒸发量大部分为500 ~1200mm，由西南向东北呈递减状态。东北地区冬季日照强度小，气温低，水面结冰，蒸发量小，全年最小月蒸发量一般出现在1月。5月日照量增加，气温上升，但雨季尚未来临，空气湿度低，风大，因而5月水面蒸发量一般为全年最大，6月次之。

1.3 水资源分布及利用

1.3.1 水系

俄罗斯远东地区的水资源十分丰富，大小河流约1.7万条。该地区的河流大多属于太平洋水系，其次是北冰洋水系。在远东总长1000km以上的河流有13条。其中，干流有：勒拿河、阿穆尔河（黑龙江）、奥列尼奥克河、科雷马河、阿纳德尔河等。黑龙江（阿穆尔河）属于太平洋水系，勒拿河及其支流属于北冰洋水系。这两条河在经济上具有重要意义。

俄罗斯远东地区有少数湖泊，主要分布在低洼地区或现代火山活动地区，最大湖泊是兴凯湖。此外，在沿黑龙江（阿穆尔河）延伸的低地上分布着一些大而不深的湖，如博隆湖、胡米湖、基吉湖、卡季湖等。兴凯湖是中俄界湖。湖长95km，宽65km，面积$4380km^2$。其中，湖的北部位于中国境内，面积为$1080km^2$。兴凯湖水深不到4m，湖中有10多种鱼，如鲤鱼、鳇鱼等。

图1-2为中国北方及其毗邻地区主要大河流域水系分布图。

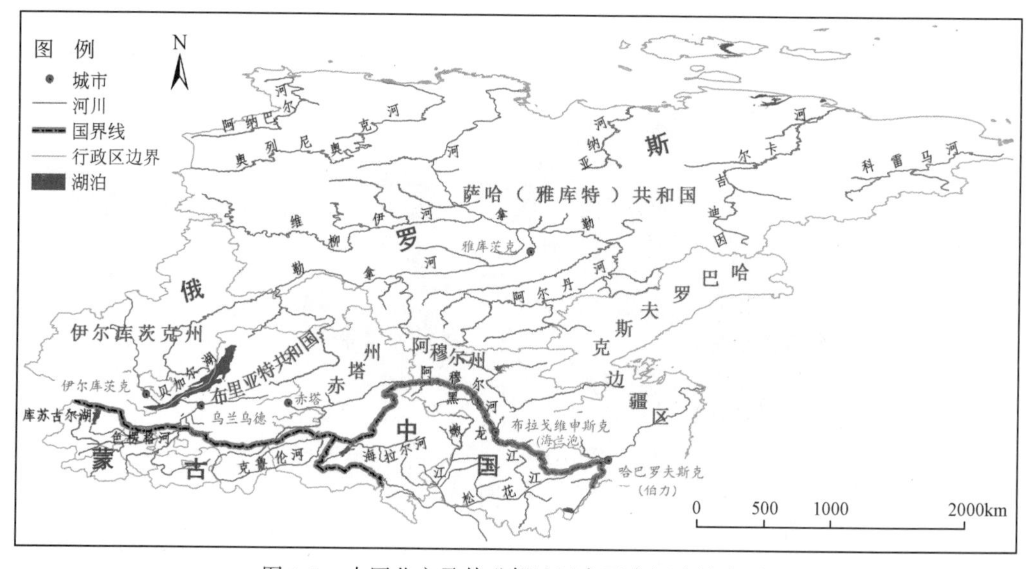

图1-2 中国北方及其毗邻地区主要大河流域水系

蒙古境内有河流3800条，总长度达6.7万km，有3500个湖泊，7000多处泉眼。主要河流有色楞格河、鄂尔浑河、克鲁伦河和科布多河等50多条，大部分分布在北部、中部地区。湖泊大多分布在西北地区，主要湖泊有乌布苏湖、库苏古尔湖、吉尔吉斯湖和哈拉乌苏湖。南部河流与湖泊则很少。

中国东北地区主要河流有黑龙江（阿穆尔河）、乌苏里江、松花江等。黑龙江（阿穆尔河）水系是中国最北部的水系，干流的北源为石勒喀河，发源于蒙古北部的肯特山东麓；南源为额尔古纳河，源自中国大兴安岭西侧的吉勒老奇山，南北两源在黑龙江省漠河镇西部汇合后始称黑龙江（阿穆尔河）。黑龙江（阿穆尔河）先向东南流，至萝北县附近折向东北，先后接纳松花江、乌苏里江等大支流，最后在俄罗斯境内入海。从源地至布拉格维斯克（海兰泡）附近的结雅河口，为黑龙江（阿穆尔河）的上游，长约900km。结雅河口到抚远附近的乌苏里江口为中游，长约1000km。乌苏里江口以下为下游，长约950km，均在俄罗斯境内。

1.3.2　径流量

勒拿河发源于西伯利亚南部贝加尔山脉，由南向北流经远东大部分地区，最后注入北冰洋拉普捷夫海，全长4400km，流域面积249万km^2，年平均流量1.7万m^3/s，年径流量5400亿m^3。

黑龙江（阿穆尔河）是中俄界河，基本上是东西流向，年径流量为3408亿m^3。黑龙江（阿穆尔河）由额尔古纳和石勒喀河汇合而成，注入太平洋鄂霍次克海阿穆尔河口湾。从额尔古纳河的河源算起，全长4440km，流域面积185.5万km^2。在中国境内全长3420km，流域面积约为86万km^2，占全部流域面积的48%。远东南部大部分土地都属于黑龙江（阿穆尔河）流域。

发源于蒙古西部阿尔泰山的河流主要来自山地积雪和冰川的补给，其他河流主要来自于大气降水和地下水补给。

中国东北地区多年平均径流量为1700.9亿m^3。其中，黑龙江省为686.1亿m^3。东北地区的河川径流主要由降水补给，年径流深的地区分布与年降水量的分布趋势基本对应。东北地区年径流地区分布的总趋势是：从东部、北部、南部向中部和西部逐渐减少。流域的东南部离海近，降水多，多年平均径流深较大；流域中部干旱少雨，多年平均径流深小。东北地区河川径流丰枯交替的多年变化，除了受降水影响外，还受到地形、植被等下垫面因素的影响，径流的多年变化较降水更显著。同时，半干旱、干旱的西部地区年径流极值比大于比较湿润的东部地区。径流的年内分配极不均匀，与降水量的年内分配相似，6~9月的径流量一般占全年径流量的70%左右。

中国北方及其毗邻地区年径流分布见图1-3。

1.3.3　开发利用状况

俄罗斯远东联邦区和西伯利亚联邦区水力资源丰富，潜力巨大。俄罗斯远东联邦区河流纵横，阿穆尔河（黑龙江）和勒拿河分别为俄罗斯远东第一和第二长河。阿穆尔河（黑龙江）及其支流蕴藏着巨大的水力资源，可供修建总功率2000万kW的梯级电站。目前已在其左岸支流结雅河建成功率129万kW的结雅水电站，在另一条支流布列

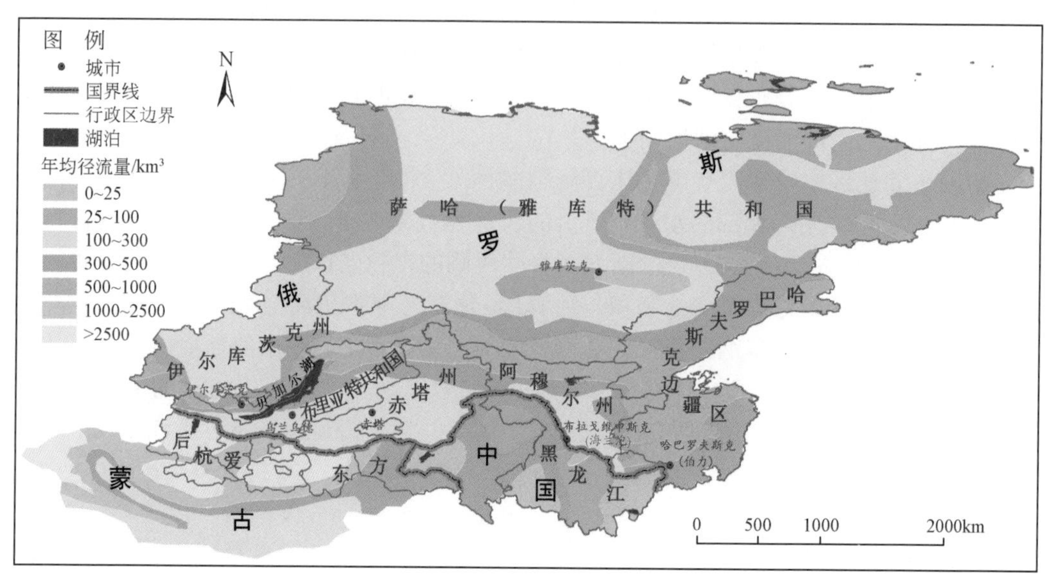

图 1-3　中国北方及其毗邻地区年径流分布

亚河建成200 万kW 的布列亚水电站。注入北冰洋的勒拿河长4400km，水量丰富，流量为伏尔加河的2 倍，但其上游水力资源还没得到开发利用，只在其支流维柳伊河上建立了年发电20 亿kW · h 的水电站。西伯利亚联邦区江河、湖泊众多，拥有鄂毕河、叶尼塞河这样世界著名的大河。其水电资源最丰富，占俄罗斯的50%。据测算，如果在鄂毕河、额尔齐斯河、叶尼塞河和安加拉河上建造电站，可发电约4000 亿kW · h。

蒙古地表水资源量年均达5990 亿t，其中5000 亿t 来自于湖泊，629 亿t 来自于冰川，其余的来自于河流。蒙古地下水资源量年均约108 亿t。地表与地下的水资源主要用于农业灌溉、牲畜饲养、工业生产和生活供水。年取水量大约4 亿t，其中80% 来自于地下水，20% 来自于地表水。在取水量中，25. 2% 用于城市供水，25. 8% 用于工业生产，34. 6% 用于牲畜饲养，7. 9% 为灌溉用水，6. 5% 用于其他需要。

中国东北地区供水量不断增长，2000 年因遇大旱，供水量达到历史峰值。供水增长的同时，供水结构也发生了较大变化，总体趋势是：地下水占供水总量的比重持续提高，全地区地下水增长比重较大。从供水结构看，东北地区地表水供水以引、提为主，蓄水工程供水比重偏低。东北地区用水量逐年增加，受城镇化和工业化的影响，用水结构总体趋势是：生活和工业用水比重持续上升，农业用水比重则持续下降。但其用水结构变化进程较落后，主要原因是灌溉面积增加较多，水田面积不断扩大，农业用水量持续增加。虽然城镇化率较高，但城镇化水平不高，供水基础设施不完善。近几年，国有企业的结构性调整，一些企业面临困境，生产规模缩小，工业用水规模有所萎缩。此外，水资源的开发利用程度在地区上不均衡，北部较低，南部较高，特别是黑龙江（阿穆尔河）等水资源丰富的国际河流开发程度低。

1.4　中国北方及其毗邻地区水资源研究战略意义

中国北方及其毗邻地区在地理环境上是一个整体，生态环境格局复杂多样，气候条件和生态环境相互影响和制约。随着全球化、国际化趋势的不断增强，国与国之间、国家与区域之间在能源、资源、科技、军事、政治、经济等多个方面的竞争和合作都在不断加强。无论是在落实《国家中长期科学和技术发展规划纲要（2006—2020 年）》方面，还是在国家水资源安全、水生态过程和可持续发展等方面，在该地区开展人地关系及水资源配置的综合研究都具有重要的意义，且需求迫切。

在面向国家重大战略需求的“全球变化与区域响应”中，要重点研究大尺度水文循环对全球变化的响应以及全球变化对区域水资源的影响。此外，《国家中长期科学和技术发展规划纲要（2006—2020 年）》中还有“水循环与湿地生态系统相互作用”的内容。重视水资源领域面临的严峻挑战，促进水资源可持续利用，已成为各国政府和国际社会的共识。国际上呼吁加强在水资源领域的合作，可对水资源的取得、分配和服务需求逐渐增加而带来的水资源管理的挑战，取得更高的认识，对增加水资源合作的可能性具有重大的意义。

在全球变化和人类活动的影响下，中国水循环系统的服务功能严重退化，威胁到社会经济的可持续发展，迫切需要摸清对中国影响较大的北方及其毗邻地区水资源配置、水环境格局信息。中国北方及其毗邻地区内，俄罗斯的生态环境对中国影响最大。许多河流在中国北方与俄罗斯之间跨国界分布，中国水环境也与俄罗斯、蒙古等国家有着密切的联系。中国北方及其毗邻地区水资源配置及水环境格局的综合研究，对于扩大中国北方及其毗邻地区国际经济合作、促进该地区经济社会可持续发展具有重要的现实意义。

第 2 章　中国北方及其毗邻地区主要河流水资源

中国北方及其毗邻地区主要河流包括34°N ~73°N 的河流：55°N ~73°N 俄罗斯境内极地的勒拿河、鄂毕河，45°N ~55°N 中俄界河黑龙江（阿穆尔河）及蒙俄界河色楞格河，40°N ~45°N 中国境内西北干旱地区的伊犁河、西北诸河，34°N ~40°N 中国境内两个东南季风区典型河流（海河、黄河），如图 2-1 所示。

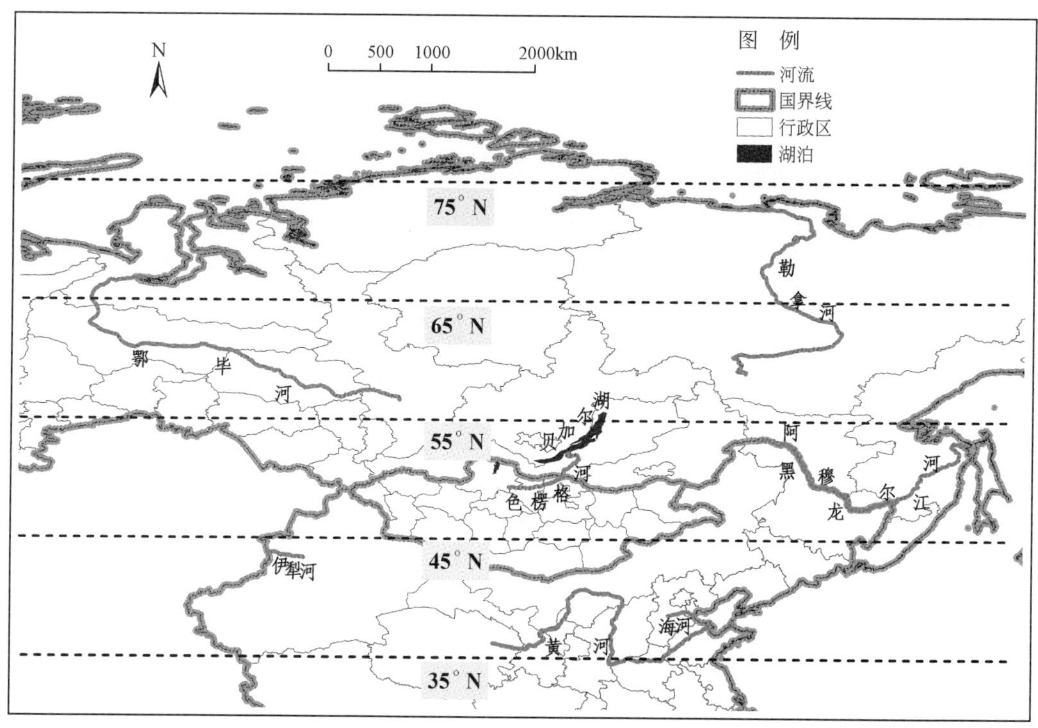

图 2-1　中国北方及其毗邻地区大河流域考察样地分布

2.1　北亚极地河流

2.1.1　勒拿河

2.1.1.1　流域概况

勒拿河是世界十大河流之一，长 4400km，流域面积 249 万 km^2，多年平均流量 1.7 万 m^3/s，年径流量 5400 亿 m^3。按流域面积计算，它居俄罗斯第 3 位，世界第 8 位。勒拿河流域水系如图 2-2 所示。勒拿河发源于贝加尔山脉西北麓海拔 930m 处，距贝加尔湖仅 7km。自河源起流向西南，过日加洛沃村转向西北，在乌斯季库特转向东北，阿尔丹河注入后又转向西北，最后流入北冰洋拉普捷夫海，入海处形成面积约 3 万 km^2 的三角洲。流域东界与亚纳河、因迪吉尔卡河及流入鄂霍次克海各小河流之间的分水岭是朱格朱尔山脉、维尔霍扬斯克山脉、奥路尔干山脉和哈拉乌拉赫山脉；流域南界与贝加尔湖和阿穆尔河（黑龙江）流域的分水岭，是贝加尔山脉、雅布洛诺夫山脉及斯塔诺夫山脉（外兴安岭）；流域西界与奥列尼奥克河、哈坦加河和叶尼塞河右岸各支流流域的分水岭，是契堪诺夫山脉、维柳伊山脉和中西伯利亚高地。勒拿河流域面积很不对称，南北长2400km，东西宽 2000km，流域的右岸部分比左岸部分大 1.5 倍，在奥廖克马河汇口以上的上游部分，右岸各支流的流域面积约占整个流域面积的 70%。除 71°N 以北不太大的区域位于冻土带和森林冻土带以外，勒拿河流域主要位于原始森林。

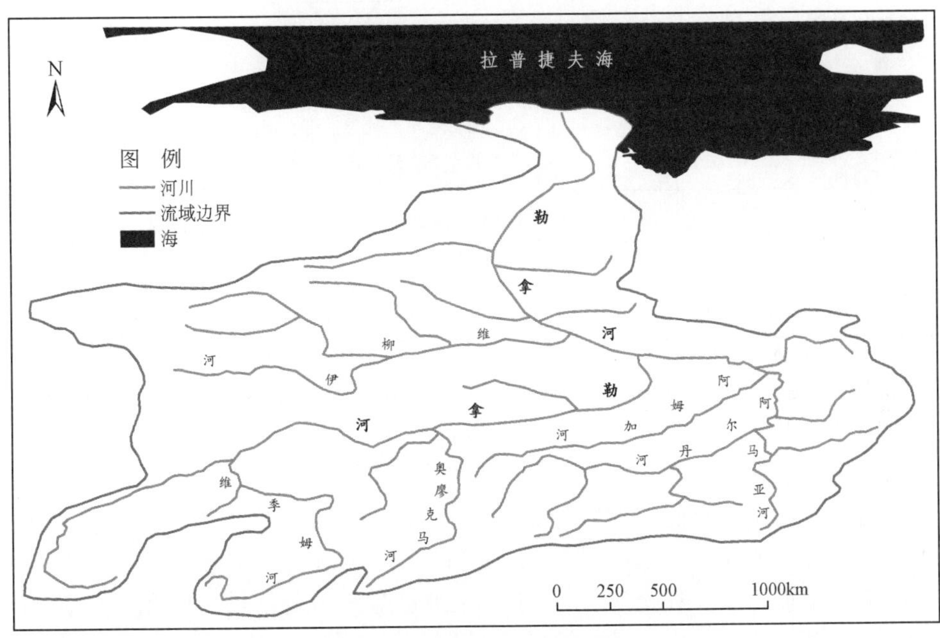

图 2-2　勒拿河流域水系分布

勒拿河自河源起先后接纳的主要支流有维季姆河、奥廖克马河、阿尔丹河、维柳伊河等。这些河流的主要特征数据列于表 2-1 中。根据河谷的构成特点、水流和水量，通常将勒拿河分为三大段：上游（称作上勒拿河），从发源地到维季姆河河口；中游（称作中勒拿河），在维季姆河河口与阿尔丹河河口之间；下游（称作下勒拿河），从阿尔丹河河口流入大海（表 2-2）。

表 2-1　勒拿河主要支流

河名	由何方汇入	河口到支流汇入处距离/km	河长/km	流域面积/万 km^2
丘亚河	右		512	1.84
维季姆河	右	2794	1823	22.72

续表

河名	由何方汇入	河口到支流汇入处距离/km	河长/km	流域面积/万 km^2
奥廖克马河	右	2065	1310	20.18
阿尔丹河	右	1379	2242	70.18
维柳伊河	左	1179	2435	49.06

表 2-2　勒拿河分段情况

	河段	河谷宽度/km	其他特征
上游	河源至维季姆河河口	1.6～9.6	谷坡乱石丛生且陡峭，高出河面达 300m，一些深谷可狭窄到仅 213m
中游	维季姆河河口至奥廖克马河	1.6～32	在有些地方，河谷宽度增加到 32km，谷坡平缓，河流形成轮廓分明的台地，沿谷坡分布
	奥廖克马河至阿尔丹河河口		勒拿河沿狭窄的河谷底部奔流，谷坡陡峭参差。勒拿河的几条最大的支流在这一段汇入
下游	阿尔丹河河口以下	19～26	河漫滩的宽度达 6～14km。多湖，常为沼泽、河床分岔，形成许多岛屿和支流
	若尔顿戈岛与三角洲之间	1.6	三角洲，延伸到拉普捷夫海中约 121km，宽约 282km

上勒拿河流淌在深河谷里，河槽中有许多浅滩。从卡丘格村到日加洛沃村一段，河流流向转往西北，河槽稍许扩展。在接纳右岸支流基廉加河及维季姆河之后，勒拿河变成为一条可通航的大河。在基廉加河河口到维季姆河河口段，勒拿河的两岸为石灰岩构成的陡峭河岸，有的地方河谷宽只有 200m 左右。在维季姆河河口到奥廖克马河汇入处，河谷大大加宽。在奥廖克马河河口到阿尔丹河河口段，没有大的支流汇入，因而流量增加不多。在奥廖克马河河口到波克罗夫斯克村（阿尔丹河河口以上 170km）长 600km 的河段内，勒拿河的两岸为石灰岩构成的陡峭河岸。波克罗夫斯克村以下，河谷加宽至 25km，河分为岔型河流。阿尔丹河汇入后，勒拿河河谷变为多湖泊、沼泽化的宽阔低地。维柳伊河汇入后直至河口的下游河段，小支流相当多。自维尔霍扬斯克山脉流入的右岸支流多汇入勒拿河，河漫滩很宽。到克尤秀尔村，由于有哈拉乌拉赫山脉从右岸逼近，勒拿河河谷缩窄至 4km，临近河口处，又形成面积约 3 万 km^2 的三角洲。三角洲上分布着 150 多条岔流，主要岔流有特洛菲莫夫河（70%的流量经该河入海）、贝可夫河、奥列尼克河、阿纳巴尔河、大图马特河、小图马特河。

上勒拿河是典型的山区型河流，一些河段是多山岩的悬崖峭壁，河流宽度 200～250m。上勒拿河共有 280 多个浅滩。其中卡丘格与乌斯季库特之间有 201 个浅滩，对船舶航行存在威胁的有 41 个，故该河段限制船舶航行；在基廉斯克-维季姆河段还有很多浅滩，在枯水年份特别危险，因此需要进行工程浩大的航道疏浚工程和山岩整修工程。从乌斯季库特市往下，勒拿河接纳一些大的支流（库塔河、基廉加河等），河水水量增大，船舶可以航行。当右边的较大支流——维季姆河与奥廖克马河汇入勒拿河之后，勒拿河成了水大又深的河流。从奥廖克明斯克下游 245km 处开始，著名的勒拿河石柱沿河右岸一直绵延 180km。这里是几乎直立的石灰岩峭壁，峭壁风化严重。在锡尼亚河流入的下游，勒拿河流入中央雅库特平原，河岸在有些地方远离河流，有些地方又单独凸出一块（称作岬，为楔形部分）紧靠河流。在坎加拉斯基岬和塔巴金斯基岬之间是宽阔的河谷，附近有许多岛屿，勒拿河河谷的宽度达到7～10km。

阿尔丹河是勒拿河支流中流域面积最大的支流，全长 2242km，流域面积 70.18 万 km^2。阿尔丹河发源于斯塔诺夫山脉北坡，向东北流动，至埃利季坎转向西北。流域左岸为 高原，海拔 200～500mm 支流较少，右岸多山，支流较稠密。河流主要补给来自春季的融雪和雨水，地下水所占比例较小。春汛始于 5 月，最大流量出现在 5 月底或 6 月初。河口多年平均流量为 5060m^3/s，年径流量为 1595 亿 m^3。冷季（10 月至次年 4 月）径流量占年径流量的 15%，暖季（5～9 月）径流量占年径流量的 85%。主要支流有右岸的京普通河、乌丘尔河、马亚河、阿拉赫云河等，左岸的阿姆加河（长 1462km，流域面积为 6.93 万 km^2，多年平均流量为 178m^3/s）。其中，马亚河由左、右马亚河汇合而成，干流由南向北流经尤多莫迈斯基高地。

乌丘尔河发源于斯塔诺夫山脉（外兴安岭）的东端，向西北流经阿尔丹高地的东部边缘。河流全长 812km，流域面积为 11.3 万 km^2，多年平均流量为 1345m^3/s，在距河口 154km 处的最大流量为 21 600m^3/s，最小流量为 40m^3/s。河水补给以雨水为主，5～9月为汛期，下游在 11 月开始封冻，于次年 5 月解冻。其主要支流有来自左岸的乌扬河、蒂尔坎河、戈纳姆河及格内姆河等。

维柳伊河是勒拿河支流中最长的一条支流，河流全长 2435km，流域面积为 49.06 万 km^2。维柳伊河发源于中西伯利亚高地的下通古斯卡河和哈坦加河分水岭地区的沼泽地，上游海拔为 500～1000m，先向东南流，然后转向东北。上游海拔为 500～1000m。维柳伊河的补给主要来自融雪。最高水位一般出现在 5 月末至 6 月初，年内最低水位出现在解冻以前，年水位变幅在 10～12m。河口处年径流量约为 600 亿 m^3。春季（5～6 月）径流量占全年径流量的 63%，夏秋季（7～10 月）径流量占全年的 35%，冬季（11 月至次年 4 月）只占年径流量的 1.2%。在寒冷的冬季，有的河段封冻到底，径流量为零。春汛时中游的最大流量为 1 万～1.5 万 m^3/s。维柳伊河的主要支流：右岸有乌拉汉瓦瓦河、奇尔库奥河、乔纳河、乌拉汉博图奥布亚河、奥丘圭博图奥布亚河等，左岸有马尔哈河、阿赫塔兰达河、琼格河等。其中，马尔哈河是其最大支流，发源于维柳伊河与奥列尼奥克河之间的分水岭，全长 1180km，流域面积 9.9 万 km^2。

琼格河发源于中西伯利亚台地，向东南流经雅库特中部平原，局部河段蜿蜒曲折。河流全长 1092km，流域面积为 4.9 万 km^2，多年平均流量为 180m^3/s。河水补给以雨水和融雪为主，河流在 10 月开始封冻，于次年 5 月中旬至 6 月初解冻。其主要支流有来自左岸的奇米迪克扬河和吉普帕河等。

维季姆河是勒拿河上游右岸最大支流，源于乌兰布尔加萨山脉分水岭上的维季姆湖，全长 1823km，流域面积 22.72 万 km^2。河口处多年平均流量约 2000m^3/s，河流补给主要来自降水，6 月流量最大可达 4900m^3/s，3～4 月最小，只有 80m^3/s。主要支流：右岸有孔达河、卡连加河、卡拉坎河、卡拉尔河、博代博河等，左岸有齐帕河、穆亚河、马马坎河、马马河等。

奥廖克马河是勒拿河右岸的支流，源于穆罗伊斯基山，全长1310km，流域面积20.18 万 km^2，多年平均流量 1950m^3/s。主要支流：右岸有通吉尔河、钮克扎河等，左岸有恰拉河。

下勒拿河的河谷逐渐狭窄，没有较大的支流。在丘修尔村的下游，河谷急剧变窄，整个河流向北流去。河谷的宽度在这里变窄，仅 3 ~ 4km，甚至一些地方窄至 1.5 ~ 2km。在将近 150km 的距离上，勒拿河就像流淌在一根管子中，因而这段河流又被称为勒拿河的“管子”。在丘修尔村下游 210km 处，河流中间矗立着一个 114m 高的岛屿——斯托尔勃岛。在这里，碎石块紧挨着哈拉乌拉赫山脉的河流。它像是一个自然界的边界柱，标明勒拿河河道的终点和勒拿河三角洲的起点。

勒拿河三角洲是宽阔的低地，占地面积 3 万 km^2。它是俄罗斯面积范围最大的三角洲，是世界第二大三角洲，仅次于美国的密西西比河三角洲。勒拿河三角洲比伏尔加河三角洲大 2 倍。勒拿河三角洲像是一个复杂的迷宫，它有 800 多条支流，其总长度为 6500km，河口年输沙量 1500 万 t。支流向各个方向流淌，有的分岔，有的汇合。最大和最适合于船舶航行的水道当属贝科夫水道。它被看作勒拿河流向大海的延续，依此计算，河流的长度正好等于 4400km。其次是奥列尼奥克水道（最西边的河流，长 208km）、图马特水道（长 149km）、特罗菲莫夫水道（长 134km）等。勒拿河三角洲具有复杂的镶嵌结构，由 1500 多个大小岛屿和 6 万个大小不同、形态不一的湖泊组成，每个湖泊的面积不超过 1km^2。支流和湖泊中有丰富的鱼类资源和野禽资源，是萨哈（雅库特）共和国较大的捕鱼区之一。表 2-3 为勒拿河的河流系统。

表 2-3　勒拿河河流系统

按照河流长度划分的等级	数量/条	数量所占比例/%	总长度/km	总长度所占比例/%
最小河流（25km 以内）	237 771	98.33	800 000	74
小河流（25 ~ 100km）	3 575	1.478	200 000	15
中河流（100 ~ 500km）	432	0.179	80 855	7.8
大河流（500 ~ 1 000km）	24	0.011	16 302	1.6
特大河流（1 000km 以上）	9	0.003	17 418	1.7
共计	241 811	100	1×10^6	100

2.1.1.2　水文气象

勒拿河流域气候属于大陆性气候，冬季持续时间较长，寒冷且少雪，通常达 200 多天，在勒拿河三角洲，几乎达 300 天。在中勒拿河流域，最严寒时达到-64℃。最冷月份（1 月）的平均温度为-45 ~ -32℃。流域各地的年平均气温也多为零下：南方在-0.9℃左右，北方在-13.5℃左右。月平均气温分别由南向北、由西向东降低，从-16℃降到-38℃（勒拿河河口处）。7 月平均气温，在 8℃（勒拿河下游）~19.4℃变动。几乎整个勒拿河流域都位于连绵不断的多年封冻区域，封冻程度从南部的几十米深到 60°N 以北的几百米深，最深的地方达 1500m 左右。

勒拿河的冰冻状态主要由气候条件决定——冬季的严寒程度和持续时间、冰上覆雪厚度和结构，还与来水情况、水量、河床和河谷的构成、水流流速等有关。10 月初，勒拿河下游开始出现河面秋季浮冰，浮冰快速向上游移动；10 月下旬，整个勒拿河上移动着成片的浮冰。秋季浮冰较快地出现在勒拿河流域广阔境域的主要原因是受北极冷空气的侵袭所致（应当指出，在个别年份，勒拿河结冰更早，致使通航期提前结束，给船舶过冬带来不利影响）。10 月下旬，勒拿河下游已经被冰层覆盖，进入封冻期。11 月上旬，勒拿河其他区段进入封冻期，上游持续 6 个月，下游持续 7 个月。在此期间，勒拿河会形成很厚的冰冻层，并在 3 ~ 4 月间达到最厚。在勒拿河的某些区段，冰层厚度达到 2m 以上（1902 年 3 月，丘修尔村附近测量的冰层厚度达 2. 8m）。无论沿河流纵剖面还是横断面方向，冰层的厚度都不一样。这主要与气象条件、冰上覆雪层的厚度、冰下水流流速及其他一些因素有关。冬天，在勒拿河及其支流的某些河段上会形成未结冰的水面和冰泉，而在另一些地方则完全被冻透。形成未结冰的水面主要由工厂排放温热的污水所致。此外，在水库下游段的封冻层以下有热水出口。例如，在乌斯季巴拉拉斯地区附近的京普通河（阿尔丹河右岸支流），从 10 月到次年 5 月都可以观测到未结冰的水面，就由于在封冻层以下有热水出口。冰泉多在水不太深的地方形成。随着冰覆盖层迅速扩大，河水就上面是冰覆盖层，下面是永久冻层，河水被迫向上（水面）流动形成冰泉。严寒和永久封冻的情况下，在勒拿河及其支流的一些枯水河段可以看到长距离冻透的河床。这是由地下水完全枯竭或者被冻透所造成的（博优捷伊达赫村附近勒拿河右岸支流苏奥拉河的封冻期长达200 ~ 220天，奥廖克马河上游与中游、阿尔丹河、维柳伊河和维季姆河某些河段的封冻期长达 3 个月以上）。

勒拿河上游一般在 5 月上旬解冻，下游一般在 6 月上旬解冻。一旦温度升到 0℃以上，冰雪便开始融化。随着温度继续上升，冰块离开岸边，开始漂浮。河水水位上升时，冰块向下游移动一段距离。水位继续快速上升引起紧靠岸边的积冰和冰块间的水域逐渐扩大，冰冻覆盖层破碎春季流冰期开始。大量的水和成片的碎冰一起顺着水流向下游移动，不时撞碎还没有移动的积冰。多冰群的积冰不时挤到河岸，将岸边的树木折断，撞击冲刷岛屿。在温度及力学因素的作用下，河流开河。大部分支流比勒拿河开河得早，这是因为在大支流的汇合处，流冰通过得更平稳些，没有积冰聚集——冰凌堆积（如果勒拿河卡丘格附近是 5 月初开河，那么下游的提特阿拉岛附近则是 6 月上旬开河）。当北极的冷空气侵袭萨哈（雅库特）地区时，春季延迟来临，勒拿河上游和中游的河流开冻推迟，而下游则会加快开河。而当西部或南部的暖空气来临时，则呈现出相反的现象。在雅库茨克附近，勒拿河解冻最晚的一次是 1843 年 6 月 7 日，最早的一次是 1943 年 5 月 7 日。勒拿河上的春季流冰期在上游平均持续 3 ~ 6 天，中游平均持续7 ~ 11天，下游平均持续 5 ~ 9 天。勒拿河下游的春季流冰期有时会持续到 6 月底（三角洲贝科夫水道的浮冰平均在 6 月 15 ~ 20 日流尽，季克西湾的浮冰平均在 6 月底流尽）。在勒拿河上的浮冰流尽之后，开始通航。通航期可一直持续到秋季流冰稠密时，即上游可以通航 150 ~ 160 天，下游可以通航 110 ~ 115 天，贝科夫水道可以通航 85 ~ 90 天。

夏季持续时间很短，通常在3个月以内。最温暖月份（7月）的平均温度在4℃（最北部）至19℃（中勒拿河河谷）。雅库茨克位于勒拿河流域，这里的冻层厚度达到210~220m，在10~15m的深处，土壤的温度大约为4℃。夏季，在最北部，冻层的上层会融化几厘米，在南部的勒拿河、阿尔丹河、奥廖克马河以及其他河流的河谷上，冻层的上层会融化2~3m。春季流冰期，勒拿河及其大支流从南到北（阿尔丹河、维季姆河、阿姆加河等）形成流冰壅塞（冰凌）。大块的积冰从上游急速向下游移动，撞到河流中还未解冻的积冰覆盖层上，形成多冰群。有时冰凌完全挤到河床上，成为独特的冰坝。冰凌经常出现在河床狭窄的地方、急转弯处、浅滩和小支流及较大的岛屿附近。水文学家查明勒拿河全线共有120多处形成春季流冰壅塞的地方。长时间的严寒和少雪的冬季促成巨大的流冰壅塞。冰凌沿河床的长度可以达到几百米到几百千米，持续时间从几小时到几个昼夜（1963年6月，在提特阿拉村附近的勒拿河下游，强大的流冰壅塞绵延130km，持续10个昼夜；1967年5月，在波科罗夫斯克附近，冰壅塞持续了12个昼夜）。在流冰壅塞（冰凌）的上游会出现凌汛，造成居民点被淹没、岸边设施被毁坏、河岸被破坏等。在勒拿河的有些地方，几小时内水位可上升10m或更多。勒拿河水位波动的最大幅度，在卡丘格附近为5m，在连斯克附近为18m，在下游为20m以上。过高的水位引起洪水，带来巨大的经济损失。在一些河床与河谷展宽的地方，如几十千米宽的中央雅库特平原，水位上升幅度不大，但河水还是经常漫出岸边。在丘修尔附近，春汛时的昼夜最大平均流量达到194 000m^3/s，比其冬季最小流量高出530倍。

在过去的一个半世纪里，勒拿河发生过十几起大规模流冰壅塞引起的大洪水（1820年、1864年、1894年、1902年、1924年、1933年、1958年、1966年和1998年等）。1864年5月28日，水位在一昼夜急速上升，比冬季水位高出13m，一个不太大的城镇几乎全部被淹没。1966年春天，勒拿河的上游与中游形成流冰壅塞，致使水位异常升高。一些城市（基廉斯克市、连斯克市和雅库茨克市）和村镇（维季姆镇、别列杜伊镇）以及近20个村庄被淹没。在连斯克市附近，水位上升16m，城市的大部分区域被淹没。1998年5月16~17日，水位上升16.94m，致使城市70%以上的区域被淹。43个居民点（2795座房屋，其中大半不能修复）被洪水淹没，150km公路被毁坏，93座堤坝被冲毁，18座桥被冲垮，近4万居民被疏散，10余人丧生。在勒拿河下游，大规模的流冰壅塞可使水位上升25m以上（1998年6月9日，在丘修尔附近，水位上升28m，持续近8个昼夜；同年6月初，在提特阿拉岛附近，水位上升27m，导致岛屿完全被淹没）。受强大的流冰壅塞影响，高水位沿着勒拿河向上游延伸950~100km，到达维季姆河河口。雅库茨克流域管理局每年对勒拿河的积冰状况进行航空观测。防洪委员会跟踪观察勒拿河及其支流的春季洪水发生情况，采取各种措施消除流冰壅塞的不良后果。但是，如果冰凌不引起高水位，还是有益的。这种临时的积冰覆盖层，使得广阔的河滩草地增加了蓄水量，变得湿润。土壤可以长时间地保持这些水分，这对干旱气候条件下的中央雅库特地区很重要。同时，由于融水的流入，河滩土壤中富含矿物质和有机质，这有益于河滩植物生长。此外，流冰壅塞现象加快了厚积冰覆盖层的破碎速度，促使河道尽快解冻，进而增加了船舶通航时间。除了春季凌汛，对于勒拿河及其支流来说，洪汛也很典型。洪汛由雨水和冰川融水而引起。在维柳伊河上，洪汛还会因水库通过水坝泄水而形成。勒拿河的洪汛经常发生在夏季后半段（8~9月），而且水量较大。在勒拿河的上游，常有8~12次洪汛。勒拿河中游的洪汛主要由其右岸的支流（维季姆河与奥廖克马河）决定，维季姆河和奥廖克马河流域雨水非常充足。1970年9月，在勒拿河中游观测到一次不同寻常的大洪汛，引起了水位上升。在某些年份，勒拿河上游的夏季洪水量超过春季洪水量，引发大洪水。勒拿河上游最大的洪水发生在1816年、1864年和1934年。

勒拿河流域年平均降水量250mm，年最大降水量（流域南部）达到500~600mm。流域的北部和中心地域缺少降水，不超过300mm。图2-3是勒拿河流域降水量分布图。勒拿河主要靠春季融雪补给，一小部分靠夏季雨水，两者占95%以上，土壤水补给只占1%~2%。春汛时通常有两次涨水：第一次水位最高，是由融雪形成的，发生在5月下半月；第二次是由雨水造成的，发生在6月。春季水位升高幅度很大，下游升高6~8m，中游升高10~15m，下游升高17~18m。该河流域特征是春汛水位较高夏季多洪水（特别是雨水）以及冬季极小流量（在河流冻结到底时，可以出现河水完全断流）。春汛期的流冰常阻塞河床，使河流水位上升，造成灾害。该河河口年平均流量16 400m^3/s，最大流量超过118 923m^3/s，最小流量低至1104m^3/s。在高水期间，水位平均上升9~15m，在下游河道，水位可达18m。春、夏、秋三个季节的流量占全年的80%~90%（表2-4）。流入拉普捷夫海的年径流量达488km^3，河水平均含沙量约为20g/m^3。勒拿河年平均流量情况见表2-5，图2-4是勒拿河流域年径流量分布图。

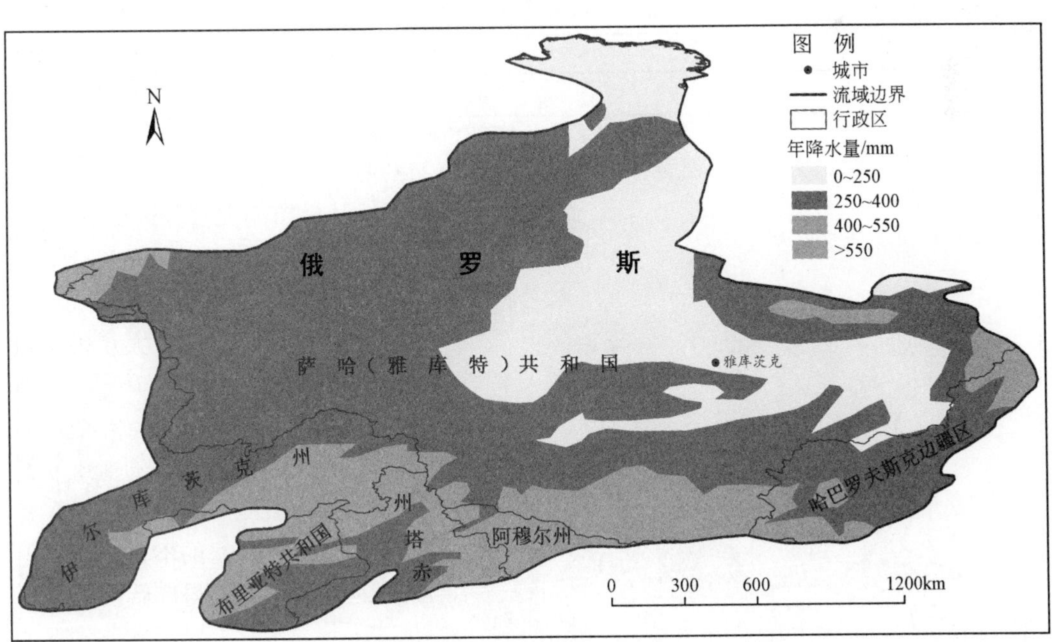

图2-3　勒拿河流域降水分布

表 2-4　勒拿河年径流量年内季节分布情况　(单位:%)

水文站	春季（5～6月）	夏季、秋季（7～10月）	冬季（11月至次年4月）
昌丘尔	44.8	40.2	15
卡丘格	35.5	46.7	17.8
格卢兹诺夫卡	39.8	40.2	20
乌斯季库特	45.4	39.7	14.9
兹梅伊诺夫卡	47	36.1	16.9
克列斯托夫斯科耶	40.8	48.5	10.7
索梁卡	41.8	49.4	8.8
塔巴加	39.5	51.3	9.2
丘修尔	39.4	54.1	6.5

表 2-5　勒拿河年径流量　(单位：km^3)

水文站	平均值	最大值	最小值
昌丘尔	15	3	1
卡丘格	2.9	4.8	1.6
格卢兹诺夫卡	6	11.4	2.8
乌斯季库特	12.1	15.8	5.2
兹梅伊诺夫卡	35.6	48	24
克列斯托夫斯科耶	132	165	91
索梁卡	209	270	143
塔巴加	226	283	159
丘修尔	517	631	417

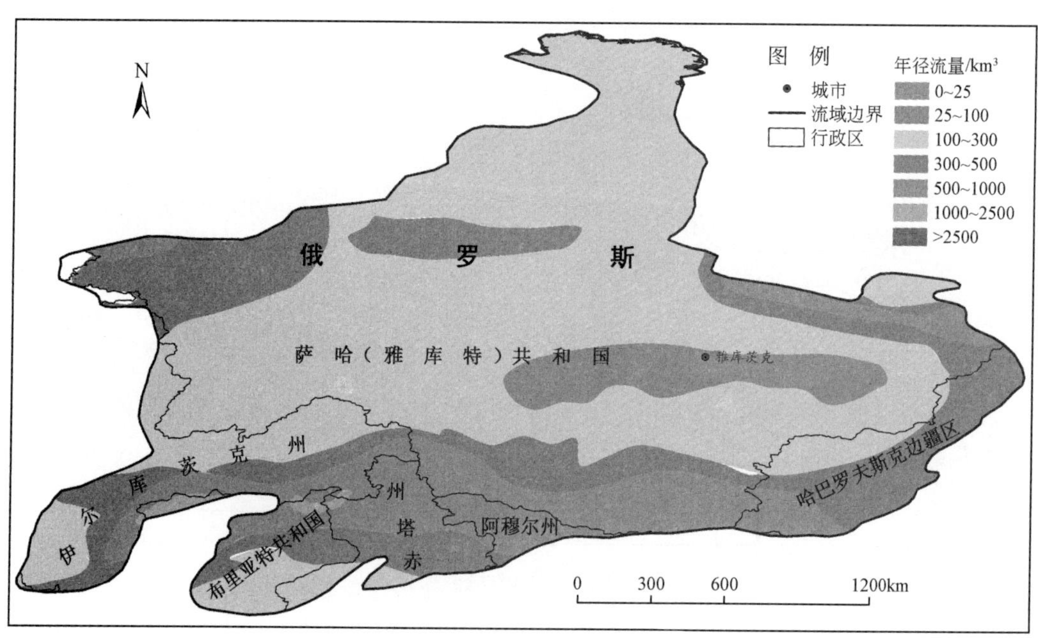

图 2-4　勒拿河流域年径流量分布

2.1.1.3　水资源特征及其利用

勒拿河年平均流量为17 000m^3/s（最大为200 000m^3/s，最小为368m^3/s），基谦加河口附近为480m^3/s，维季姆河口附近为1700m^3/s，奥廖克马河口附近为4800m^3/s，阿尔丹河口附近为6800m^3/s，维柳伊河口附近为12 100m^3/s。勒拿河的4条主要支流在其补给中所占比例分别为：维季姆河占14.5%，奥廖克马河占13%，阿尔丹河占34.6%，维柳伊河占12%。勒拿河每年入海的输沙量为1200万t，含沙量为0.05～0.06kg/m^3（上游0.05～0.15kg/m^3）。

（1）交通航运

勒拿河的航运价值很大，流域内可航行与可流筏的河段总长超过23 000km。勒拿河从乌斯季库特到河口之间的河段可以通航。乌斯季库特上游（到卡丘格）只能通行小船。支流中可以通航的有基廉加河、维柳伊河、维季姆河、奥廖克马河、阿尔丹河。在上游，通航时间可以持续160天左右；在下游，通航时间可以持续120天左右。沿勒拿河到萨哈（雅库特）共和国的主要水路：从奥谢特罗沃港口往下游，从提克西港往上游。勒拿河流域的通航线路总长约为1.9万km，其中7000km是可以得到保证的。勒拿河穿过萨哈（雅库特）共和国最重要的工业和农业区域，将它们与西伯利亚大铁路和北极的海上路线连接起来。

在萨哈（雅库特）共和国广阔的区域上，公路和铁路网不是很发达。勒拿河作为一条主要干线，承担了萨哈（雅库特）共和国50%的货物运输任务，维持着萨哈（雅库特）共和国的经济活动和各行业的发展。勒拿河货物运输的急剧增长开始于20世纪50年代初，这主要与从铁路转道到船舶通航、采矿工业的发展及建造大型工业设施等有关（其中包括马马坎河水电站和维柳伊河水电站）。运输的货物主要是食品、工业商品、金属、设备、石油产品、矿物、建筑材料等。依靠勒拿河，萨哈（雅库特）共和国运出煤炭、木材、毛皮，其中包括出口物资。勒拿河两岸建有一些大型港口和码头（奥谢特罗沃港、连斯基港、雅库茨克港），港口装备有龙门吊车和起重船，以及其他一些装货卸货机械。与勒拿河有机连接，提克西海港作为萨哈（雅库特）共和国“北方的大门”，是大型海上干线与河流干线最重要的枢纽。

（2）生活、生产用水

1997年勒拿河流域水资源总量达32 300万m^3。其中，可开发利用的水量为23 473万m^3，包括地表取水量17 135万m^3（73%）和地下开采量6338万m^3（27%）。实际使用水量19 560万m^3，包括地表取水量为15 080万m^3（77%），地下开采量为4480万m^3（23%）。工业用水占55.6%，生活用水占35.3%，农业用水占6.6%，其他用途占2.5%。1997年，勒拿河流域的总排水量25 550万m^3。其中，污水排放量为16 370万m^3（占64%），矿井矿山排放量为9180万m^3（占36%）。

从地域上看，勒拿河流域大部分位于萨哈（雅库特）共和国境内。勒拿河流域位于克拉斯诺亚尔斯克边疆区、伊尔库茨克区州、赤塔州、阿穆尔州和布里亚特共和国的境域内。萨哈（雅库特）共和国的水利事业几乎与所有经济行业都紧密相关，影响其生产力的发展。萨哈（雅库特）共和国主要有两个行业用水较多，占总需水量的70%：

金刚石开采业和金矿锡矿开采业。农业水量只占7%，公共事业和日常生活需水量占16.7%。在6条主要河流（阿纳巴尔河、奥列尼奥克河、勒拿河、亚纳河、因迪吉尔卡河、科雷马河），径流量最大的是勒拿河。在萨哈（雅库特）共和国区域内维柳依河是汇入勒拿河的最大支流，这里集中了金刚石开采工业。萨哈（雅库特）共和国用水主要采自于以下河流：勒拿河、阿尔丹河、维柳伊河、阿纳巴尔河、奥列尼奥克河、亚纳河、因迪吉尔卡河、科雷马河。水量平衡分析结果表明，即使在最缺水的年份（95%的保证率），水需求量也不会超过可利用水资源量。在北方地区，因气候原因会导致水资源分布不均，从而引发水需求量和可利用水资源量的矛盾。预测表明，由于冬季河流完全封冻，奥列尼奥克河流域、奥莫洛伊河流域、亚纳河流域和赫罗马河流域基本上处于缺水状态，而且未来仍将缺水。因此，为解决这些河流流域内的水资源不足的问题，不仅需要细致的水文勘察和水文地质勘察，还需建造一些水库用于季节性及年际调蓄水。

在勒拿河流域的其他一些地区，同样存在现有及未来水资源不足的问题。饮用水供应困难在中央雅库特低地尤其严重。水资源不足限制了这些地区的农业发展。解决这些农业地区的水供给、引水和灌溉问题，将会对当地的社会经济发展具有重要意义。解决这些地区的水供给问题首先应解决以下问题。调节河流水量、勘察地下水资源、用于公共事业的日常水供给、将阿姆加河的部分水量调到塔达河流域、将下通古斯卡河的部分水量调到维柳伊河。南雅库特是萨哈（雅库特）共和国发展最快和最为发达的地区，这主要是因为其周边地区分布有大量的铁矿石和煤矿资源。

需水量最大的是采金工业（占79%）和公用事业（18%）。近年来萨哈（雅库特）共和国新兴行业的用水量有所增加，黑色金属行业的用水量增加到总用水量的47.2%，化工行业的用水量增加到25%。公用事业和日常生活用水也有所增加，这主要与城市化发展有关。基于年内不均匀性的计算结果（按照95%保证率的缺水年份地表水和地下水计算）表明，中央雅库特平原的所有工业都存在着水供给困难的问题。在南雅库特预先设计方案的研究中，开始布置任何生产之前，水资源缺乏的问题就已经凸显出来了。这是因为气候严寒和多年冻层，大多数河流被冻透，没有水流。在这种缺水的情况下，就出现供水、水分配和水资源保护的问题。为了保护自然水质和防止周围环境污染，需要开发更昂贵的供水水源，而这一切都需要大量的资金支持。

（3）水力资源

勒拿河及其支流水能资源尚未充分开发利用，目前只在维柳伊河及其支流马马坎河进行了梯级开发，修建了维柳伊水电站和马马坎水电站。维柳伊水电站位于萨哈（雅库特）共和国的维柳伊河上，距河口1300km。水坝为堆石坝，坝高50m，库容108亿m^3，水库面积1200km^2。水电站建有2座电站厂房，即维柳伊Ⅰ和维柳伊Ⅱ电站，总装机6万kW，第1台机组于1968年12月投运。1983～1999年在Ⅰ、Ⅱ号厂房下游141.2km处修建了第2个梯级电站。电站装机36万kW，年发电量12亿kW·h。表2-6和表2-7分别为勒拿流域河水资源利用和大型水库主要参数。

表 2-6　勒拿河流域水资源利用　（单位：10^6m^3）

年份	水资源使用						循环供水
	总计	生活用水	生产用水	灌溉和引水	农业用水	其他	
1991	321.1	82.4	153.1	58.7	19.6	7.3	1699
1992	295.1	85.8	145	45.6	12	6.7	1509.7
1993	261.1	75.4	132.4	35	11.3	7	1344.5
1994	217.1	67.4	109.1	23.2	11.8	5.6	1224.9
1995	79.2	21.9	49	1.5	5.5	1.3	1431
1996	204.3	77.5	108.9	7.8	7.8	2.3	1472.7
1997	195.6	69	108.8	5.5	7.5	4.8	1412.2

表 2-7　勒拿河流域大型水库主要参数

水库名称	河流	位置	水库溢流周期	库容/$\times10^6m^3$		水面面积/km^2	水利枢纽集水面积/km^2	从河口到坝址距离/km	调节类型
				总库容	有效库容				
维柳伊水库	维柳伊河、勒拿河流域	伊尔库斯克州，萨哈（雅库特）共和国	1965～1972 年	35 880	17 830	2 176	136 000	1 345	多年调节

2.1.2　鄂毕河

2.1.2.1　流域概况

鄂毕河流域位于 63°E～87°E、47°N～68°N，河流全长 3680km，流域面积为 299 万 km^2（其中内陆水系流域面积 52.8 万 km^2）。在俄罗斯的河流中，鄂毕河的长度和集水面积居第 1 位，径流量居第 3 位（仅次于勒拿河与叶尼塞河）。鄂毕河流域水系如图 2-5 所示。鄂毕河是由卡通河与比亚河汇流而成，自东南向西北流再转北流，纵贯西伯利亚，在到达 55°N 前，鄂毕河曲折向北或者向西流，然后向西北划出一个巨大的弧线后再向北，最后注入北冰洋喀拉海鄂毕湾（鄂毕湾是一个上千米长的狭长海湾）。流域南界是额尔齐斯河流域与图尔盖河和萨雷河流域间的分水岭。流域东界是阿巴根山脉和库兹涅茨阿拉套山脉。自库兹涅茨阿拉套山脉向北，分水岭通过西西伯利亚平原，把鄂毕河支流和叶尼塞河支流分开，然后顺着终碛脊把鄂毕河和普尔河及纳迪姆河流域隔开。流域西界是乌拉尔山脉，位于鄂毕河流域和伯朝拉河、卡马河和乌拉尔河流域之间。鄂毕河流域面积非常不对称：左岸面积占 67%，右岸面积占 33%。

在俄罗斯境内，鄂毕河流域被分成不相等的两部分：西西伯利亚平原地区和阿尔泰山地地区。平原地区面积较大（东西宽 1500km，南北长 2500km），且具有相当平坦的地势（河流比降极小，每千米落差只有 1～10cm），只有北部稍有斜度。该区域有各种类型的湖泊：冰川型湖泊、水泛地式湖泊、沼泽内湖泊、热溶洞湖，还有水流汇成的古

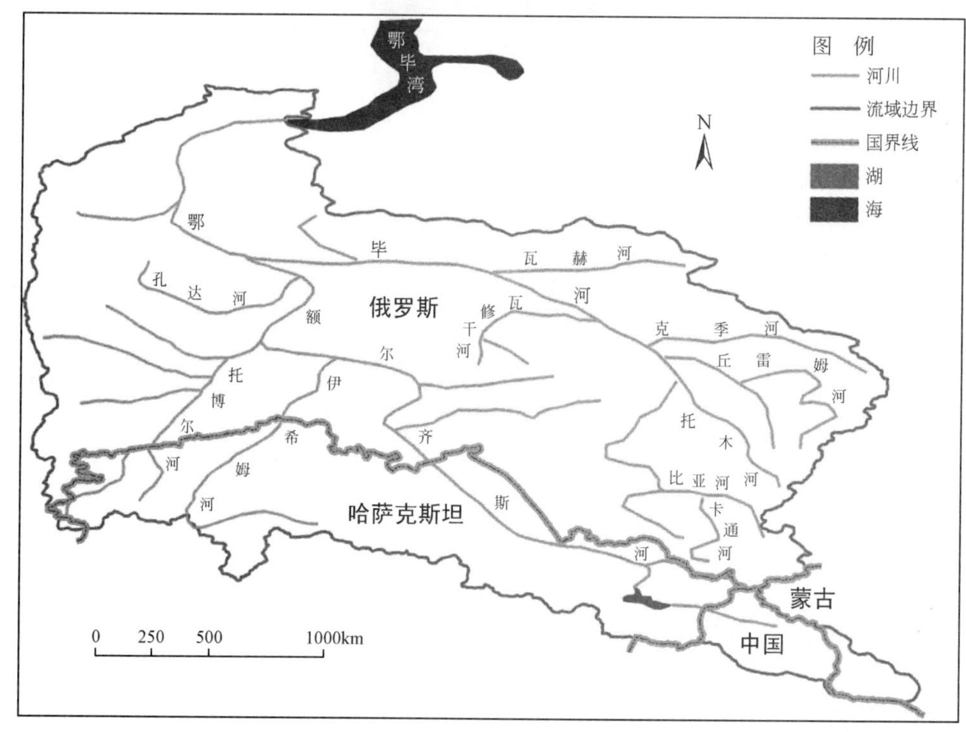

图 2-5 鄂毕河流域水系分布

代凹地、湖泊盆地等。其中，恰内湖是该区域最大的湖泊。阿尔泰山脉位于鄂毕河流域东南部最高的区域，是鄂毕河及其众多支流的发源地。阿尔泰山脉是地貌类型最多的山区，其中包括塔本-博格多奥拉山脉、丘业山脉和卡通山脉。

根据水文地理条件和水流动力特点，鄂毕河可以分为三大河段：上游段、中游段和下游段。鄂毕河上游段从比亚河与卡通河的汇流处起始，到托木河河口为止；中游段从托木河河口开始，到额尔齐斯河河口为止；下游段从额尔齐斯河河口开始，到鄂毕湾为止。除上游以外，几乎整条鄂毕河都是典型的平原河流。从比亚河与卡通河汇流处往下游，鄂毕河流经波状起伏的半森林半草原的平原。鄂毕河右岸有支流托木河汇入，然后流入原始森林区域。在这里，河谷宽度达 20km，河滩地宽为1 ~5km，低水位深度达 2 ~6m，流速为 0.3 ~0.5m/s，最大流速达 2m/s。在托木河河口的下游，鄂毕河水量大大增加，河流流经多沼泽的原始森林平原。鄂毕河与额尔齐斯河之间的河间地宽阔平坦，布满针叶林和沼泽地。河谷宽度增加到30 ~50km，河漫滩的宽度也增加到 20 ~30km。在布满草地和森林的河滩地内，有众多湖泊和旧河床。此处，河床为复杂的分岔型河道，低水位深度达 4 ~8m，流速为 0.2 ~0.5m/s，最大流速（汛期）达 1.8m/s。在中游段，流入鄂毕河的较大支流有克季河、丘雷姆河、特姆河、瓦休甘河、阿甘河、瓦赫河、额尔齐斯河。在下游段，额尔齐斯河流入之后，鄂毕河水量急剧增加。春季洪水期到来时，汛水宽度有些地方可达 40 ~50km。最大深度为 15 ~20m，流速为 0.2 ~0.5m/s，在洪水期则达到 1.6m/s。

额尔齐斯河是鄂毕河最大的支流，长 4248km，流域面积 164.3 万 km^2，其中中国境内河长 633km，流域面积 5.73 万 km^2。它的上游位于阿尔泰山，在中国和哈萨克斯坦的境内。在汇入斋桑湖之前，额尔齐斯河被称为黑额尔齐斯河，下游段被称为白额尔齐斯河或额尔齐斯河。从湖泊流出之后，额尔齐斯河流经草原，河岸很低，长满芦苇。额尔齐斯河在穿过阿尔泰山的西部支脉之后变成一条山区河流，流经山谷。在这一段，有几条水量充足的支流从右岸流入额尔齐斯河。之后，额尔齐斯河在东哈萨克斯坦州境域内流淌，绵延近1000km，穿过俄罗斯鄂木斯克州的边界。在鄂木斯克市的下游，额尔齐斯河流经原始森林。在这一段，左岸有伊希姆河流入额尔齐斯河，在托博尔斯克市附近又有一条主要的支流——托博尔河流入。在托博尔河流入之后，额尔齐斯河成为一条巨大的河流，水量急剧增加，河谷也随之延伸至35km。额尔齐斯河在流入鄂毕河之前，还有孔达河汇入。

托木河发源于阿巴坎山西部，在托木斯克附近汇入鄂毕河，全长827km，流域面积为6.12万km^2。河流补给主要依靠融雪，在托木河河口处年平均流量为1110m^3/s，最大流量为3960m^3/s。每年10月至11月初封冻，次年4月下旬至5月上旬解冻。左岸主要支流有姆拉苏河、孔多马河、乌尼加河等，右岸主要支流有乌萨河、上捷尔西河、中捷尔西河、下捷尔西河、泰栋河等。

丘雷姆河由发源于库兹涅茨阿拉套山东北部的白伊尤斯河和黑伊尤斯河汇合而成，是鄂毕河右岸最大的支流，全长1799km，流域面积为13.4万km^2。河流补给主要来自融雪、降水和地下水。河流通常在10月初结冰，于次年4月末或5月初解冻。丘雷姆河多年平均流量为785m^3/s，距河口131km处最大流量为8220m^3/s，最小为108m^3/s。河流年输沙量为210万t。

克季河发源于鄂毕河-叶尼塞河的分水岭（海拔200m），全长1621km，流域面积为9.42万km^2。河流的流向是自东向西，是典型的平原河流。19世纪末，克季河通过运河与卡通河、叶尼塞河相通。克季河的多年平均流量为502m^3/s（距河口236km处），汛期为5～8月，10月下旬封冻，次年4月底或5月初解冻。右岸主要支流有索丘尔河、奥尔洛夫卡河、利西察河等，左岸主要支流有小克季河、缅杰利河、叶洛娃亚河、恰恰姆加河等。

瓦休甘河发源于瓦休甘沼泽，全长1082km，流域面积为6.18万km^2，多年平均流量为381m^3/s（瑙纳克附近）。河流的主要补给来自融雪和降水。右岸主要支流有纽罗利卡河、奇扎普卡河等，左岸主要支流有切尔塔拉河、亚格利亚赫河等。

瓦赫河发源于鄂毕河、叶尼塞河及塔兹河的分水岭，全长为964km，流域面积为7.67万km^2，多年平均流量为504m^3/s（洛布钦斯克附近）。右岸主要支流有库雷尼戈尔河、萨邦河、科利克耶甘河等，左岸支流有大梅格蒂吉耶甘河等。

北索西瓦河发源于北乌拉尔山东部，于别列左沃城附近注入鄂毕河，全长720km，流域面积为8.98万km^2。距河口140km处的年平均流量为113m^3/s，最大流量为2210m^3/s，最小流量为4.48m^3/s。

2.1.2.2　水文气象

鄂毕河流域位于俄罗斯西西伯利亚地区，邻近东西伯利亚，该流域的气候属于典型的大陆性气候。冬季寒冷漫长，1月平均气温低于-20℃；夏季较温暖，南部7月平均气温为22℃，北部7月平均气温为9～10℃。最冷月和最热月的平均气温差北部为30～

35℃，南部为40～45℃。鄂毕河流域结冰期很长，在森林地带，如克季河、瓦休甘河以及托博尔河等地，结冰期往往长达4～6个月。鄂毕河下游地区封冻前有连续5～15天的秋季流冰期，冰厚1～1.5m，许多支流冰冻到底部。春季流冰时常同时发生很严重的冰塞。

鄂毕河流域的山地部分河网最发达。鄂毕河的水量最丰盈的支流都发源于阿尔泰、库兹涅茨阿拉套和萨拉伊尔等山地中，平均径流模数达0.01～0.05m^3/（s·km^2）。鄂毕河年径流量为3850亿m^3。上游诺沃西比尔斯克附近鄂毕河的年径流量为560亿m^3，从诺沃西比尔斯克到托木河河口长241km的河段内无支流汇入。在水量丰沛的支流托木河和丘雷姆河注入后，鄂毕河的年径流量增加到1220亿m^3（莫哥软镇），而在瓦休甘河和特姆河注入后年径流量达1720亿m^3（普罗霍尔基诺城）。在额尔齐斯河注入前，鄂毕河的多年径流量为2340亿m^3，在额尔齐斯河河口以下的别洛哥里耶村为3170亿m^3，河口处的萨列哈尔德为3820亿m^3。鄂毕河自比亚河和卡通河汇流处至河口的全程落差仅约160m，即比降4.4cm/km。春汛时，鄂毕河上游部分（巴尔瑙尔附近）通常有两次水位和流量的升高：第一次在4月末，由平原融雪形成；第二次在5月末至6月中旬，由高山积雪融化形成。自7月初起，被雨洪抬高的河水开始慢慢退落。鄂毕河各支流多年平均径流量的分配如下：自河源到克季河河口段，径流量占总径流量的36%，其中比亚河占3.8%，卡通河5.1%，托木河9.7%，丘雷姆河6.1%，其他支流11.3%；自克季河到额尔齐斯河汇口前，鄂毕河的径流增加了24%；额尔齐斯河汇入后，鄂毕河径流又增加24%；到鄂毕河河口，又增加了16%，其中北索西瓦河约占增量的一半。

鄂毕河流域的水流形成主要由广大地域的不同自然条件的水量平衡决定。鄂毕河流域典型河流汇水区的多年水量平衡特征列于表2-8中。大气降水是水量平衡的主要进项。年降水量最多（≥1500mm）的地区在鄂毕河的上游，这里属于阿尔泰山系。年降水量第二（700～800mm）的地方位于乌拉尔山脉的东北斜坡处，距鄂毕河河口很近。年降水量最小值（300mm）出现在平原地区的最南端，在斋桑湖北部的干旱草原上。降雨等值线沿阿尔泰山脉的山麓进入鄂毕河与额尔齐斯河之间的河间地，向北爬升，经过鄂木河，到达伊希姆河和托博尔河的发源地。在整个鄂毕河流域内，年内降水量是不均匀分布的。最大降水量出现在暖和的季节，冬季降水较少，主要以降雪的形式都是由于河流流量年分布和累计蒸发量严重不均造成的。

表2-8　鄂毕河流域典型河流集水区的多年水量平衡特征

河流（地点）		集水面积/km^2	降水/mm	蒸发/mm	径流/mm
上鄂毕河	鄂毕河（巴尔瑙尔市）	169 000	7 501	503	247
	乌萨河（梅日杜列琴斯克市）	3 320	620	210	1 410
	比亚河（比斯克市）	36 900	938	517	421
上额尔齐斯河	额尔齐斯河（卡梅申卡镇）	113 000	433	361	72
	科科别克塔河（科科别克塔镇）	4 660	409	387	22

续表

河流（地点）		集水面积/km²	降水/mm	蒸发/mm	径流/mm
中鄂毕河	鄂毕河（科尔帕舍沃市）	48 600	671	399	272
	巴克恰尔河（戈列洛夫卡镇）	6 610	570	489	81
	克季河（马克西姆金悬崖）	38 400	615	415	200
	瓦休甘河（纳乌纳克村）	58 300	559	389	170
中额尔齐斯河	额尔齐斯河（木斯克市）	321 000	531	442	89
	鄂木河（卡拉琴斯克市）	47 800	518	480	38
	塔拉河（克什托夫克卡村）	9 220	556	471	85
下鄂毕河	鄂毕河（萨列哈尔德市）	243 200	569	411	158
	利亚宾河（萨兰帕乌尔市）	18 500	580	138	442
	波卢依河（波卢依市）	10 600	600	278	322
下额尔齐斯河	额尔齐斯河（托博尔斯克市）	969 000	486	417	69
	图尔塔斯河（莫斯托沃耶镇）	9 850	563	444	139
	杰米扬斯卡河（雷姆科耶夫斯科耶帐篷点）	30 600	567	425	142
	孔达河（博尔恰累村）	65 400	548	417	131

蒸发是水量平衡的主要消耗分量。它的值与地域的湿润情况和热供应率有关。根据湿润程度和气候热力资源的分布情况，鄂毕河集水区域内的累计蒸发情况还受到纬度地带性和高地带性（除山区外）的影响。在鄂毕河发源地（鄂毕河流域的高山地带），累计蒸发量为 250 ~ 300mm/a。额尔齐斯河上游（干旱草原区域）的累计蒸发量为 300mm/a。最大蒸发量（450mm/a）出现在集水区域中部的小型叶森林地区和南部原始森林地区。自此往北，蒸发量有所下降，为 250mm/a（鄂毕河河口）。

根据多年的数据资料，降水量和蒸发量的差等于径流量。最大径流模数出现在鄂毕河上游的右岸支流——丘雷姆河的发源地，达到 40L/(s · km²)（径流深度约 1200mm）。径流模数第二位出现在鄂毕河河口附近的北乌拉尔山脉，为 25L/(s · km²)（径流深度约 760mm）。径流最小模数为 0.2L/(s · km²)（径流深度约 6mm），一般出现在干燥的草原地区。在流域的山地和草原地区，流量的等值线与地势紧密相关，等值线具有弯曲形状，其中许多是闭合的。在森林草原及其北方区域，流量的等值线走势逐步接近纬度线。从南向北（鄂毕河右岸很宽的流域），水流加大增加，径流模数达 8L/(s · km²)（径流深度约 250mm）。最大降水量和最大流量都在集水区域的山地部分（乌萨河-梅日杜列琴斯克市）。在额尔齐斯河集水区域内草原部分（科科别克塔河-科科别克塔镇），大气降水减少 4 倍，年径流量降低了 64 倍（与库兹涅茨克山的西部斜坡相比）。对于其他集水区域来说，水量平衡值的差异不太大。

2.1.2.3 水资源特征及其利用

鄂毕河由两大河流——比亚河与卡通河汇流而成。比亚河是鄂毕河右岸的一条河流（入河口平均流量为482m^3/s），发源于捷列茨科耶湖。捷列茨科耶湖对比亚河的水流起了很大的调节作用。卡通河是鄂毕河左岸的一条河流（入河口平均流量628m^3/s），发源于别卢哈山的冰川。卡通河流域是个山区，一些山岭比雪线还要高，常年被许多冰川和永久积雪覆盖。

从比亚河与卡通河汇流处开始，在向前延伸约1000km（杜博洛夫诺耶村）河段处，流量缓慢增加了530m^3/s。此后，流量开始迅猛增加，再向前延伸1000km的河段（普拉哈尔基诺镇），流量达到5160m^3/s，比在杜博洛夫诺耶村的流量多了3460m^3/s。继续向前延伸1000km，鄂毕河的流量更大，在贝洛果里耶村达到10 100m^3/s。到河口附近的萨列哈尔德市附近，流量增加到12 400m^3/s（实测最大流量为43 800m^3/s，最小流量为1650m^3/s）。鄂毕河河口年平均径流量为3850亿m^3，含沙量沿程呈递减趋势（从160 g/m^3递减至40g/m^3），年平均输沙量为5000万t。

鄂毕河流域用水的需求量为75亿m^3。从流域内的河流、湖泊、水库、地下含水层收集的水主要用于日常生活和生产需要。在取水过程中，一部分水在输送、废弃取水孔自流、矿井排水时流失。绝大部分的水被送到采掘工业地区。克麦罗沃州有库兹涅茨克煤田，年取水总量为28亿m^3，其中21亿m^3（82%）没利用。在斯维尔德洛夫斯克州，由于从煤矿和正在开采的矿井排水，有21%的水没被利用。在没有采矿工厂的地域，水的损耗量不超过4%（鄂木斯克州3.5%，阿尔泰边疆区4%）。

（1）交通航运

鄂毕河流域的可航行河段总长度近15 000km，经托博尔河，在秋明州与叶卡捷琳堡-彼尔姆铁路相连，然后与俄罗斯腹地的卡马河与伏尔加河连接。最大的港口是额尔齐斯河上的鄂木斯克，与西伯利亚大铁路相连。鄂毕河中段从1845年起便已有蒸汽船航行。

水路运输是一个重要的物流方式。在鄂毕河流域，特别是秋明州和托木斯克州的北部地区，在铁路网和公路网都不发达的情况下，水路运输的作用尤为重要。石油天然气的开发始于20世纪60年代，正是因为利用水路运送大量货物而兴起的。包括纳德姆河、普尔河与塔兹河在内的水路总长度为32 000km。这些水路中有16 000km可以行船，约28 000km有航道标志。在河面的宽度从20～30m变到100m时，流域河流的保障深度在干线水道中为2～3m，在非主要的支流中为0.65～0.8m。主要的货物运输任务由没有动力装置的船队担负，运送约75%的干货和55%的石油产品。没有动力装置的船队由驳船和运油船组成，驳船平台的载货能力为150～2800t，最大吃水深度为2.6m，运油船的载货能力为40～1850t，最大吃水深度为2.2m。自动船队使用150～2000马力的柴油机拖轮带动没有动力装置的船队，载货能力为150～2800t，最大吃水深度3.2～3.7m。

在鄂毕河-额尔齐斯河流域，有16个港口和360个码头及停泊点可以用于卸货。有15个工厂为船队提供停靠地点并实施修理。在鄂毕河流域最大的秋明州，船只每年运送230万t货物，其中94%的货物是干货，包括木材、煤炭、金属、配合饲料、水泥和粮食。

年载客量为381 000人次。近年来，运货量和载客量有所下降。秋明州的河船企业的污水排放量大约为80万m^3/a，其中95%以上是未经完全净化的污水。含石油的污水和公用污水由收集船、存储港口收集。只有船员在10人以下的船只可以随船排放公用污水。

(2) 生活用水

为了保证鄂毕河流域居民生活的需求，每年总共有18亿m^3用水从自然水中汲取。需水量最大的几个居民区分别位于斯维尔德洛夫斯克州（3.4亿m^3/a）、克麦罗沃州（3亿m^3/a）和车里雅宾斯克州（2.6亿m^3/a）。这些地区工业发达，城市居民多。居民少的地域和农村地区耗水量不多，如阿尔泰共和国（600万m^3/a）、库尔干州（4200万m^3/a）和托木斯克州（7600万m^3/a）。可利用水的主要用于居民日常生活用水。但是，自然水水质和净化系统现状不能保证饮用水完全符合现行标准。汉特-曼西自治区的饮用水质量最差，这里的公用自来水管道中63%的水样不符合卫生保健指标，其次是托木斯克州（55%的水样不达标）和秋明州（45%的水样不达标），阿尔泰共和国公用自来水管道中的饮用水质量最好。居民区的污水量大约为24亿m^3/a。通常未经完全净化，按标准净化过的污水仅占29%。

在阿尔泰边疆区，公用供水工程可保障12个城市和68个居民点的用水需求。取水设施的功率（4个河水引水设施和600多个地下水取水孔）为110万m^3/d。自来水管网长达3200km。11个城市和8个农村居民点有公用排水设备，排水功率达561 000m^3/d。在巴尔瑙尔、比斯克、别洛库利赫、鲁布佐夫斯克、新阿尔泰斯克、扎林斯克和戈尔利亚克等城市，污水净化设备完善；而在鄂毕河畔卡缅市，则采用不完全的生物净化手段。

克麦罗沃州用于日常生活饮用的地表水和地下水达30 600万m^3/a，集中化供水工程可保障91%的居民（93%的城市居民和82%的农村居民）的需求。6%的居民使用当地水源的供水，0.6%的居民使用外地引进水。大约38%的汇水设施没有划定卫生保护区域，167个供水系统没有配套的净化设备。许多供水系统的功率落后于居民的需求量，饮用水差量达212 000m^3/d。

新西伯利亚州每年消耗25 800万m^3的地表水和地下水，用于日常生活饮用水供应。人均单位需水量从317L/d（新西伯利亚市）到10L/d（维格罗夫斯克区和基什托夫斯克区）不等。供应日常用水的自来水管网和设施的总长度为2600km，其中68%（1768km）需要改造和重新装备，有518km的自来水管网需要完全更换。

鄂木斯克州的主要用水户是鄂木斯克市，有41个排水工程泵站。从居住区、企业和社会日常生活设施排出的污水被送到净化设备，进行全面生物净化，之后完全净化的水被排入额尔齐斯河。污水的主要成分包括硝酸盐、氨氮、悬浮物、氯化物、脂肪、油脂、铁。

秋明州（秋明州南部和汉特-曼西自治区）居民区年需水量为24 900万m^3。每年有22 500万m^3污水排出。在饮用水质量和自来水管道设施的主要性能方面，秋明州大大落后于俄罗斯平均水平。516个（61%）现用自来水管道不符合卫生标准。在戈加累穆、涅夫捷尤干斯克、利亚加尼、贝契亚赫、苏尔古特、汉特-曼西斯克，集中供水系统的卫生技术状况被评估为不符合标准，这主要是因为净化设施的净化能力不够。

库尔干州居民区年用水量为4207万m^3，集中化供水设备保障9个城市和6个工人新村612 000人的用水需求。人均单位需水量从227L/d（库尔干斯克市）到14L/d（米什基诺工人新村）不等。总的来看，整个库尔干州的饮用水水量不足。集中化排水系统保障 7 个城市的需求，但除了库尔干市之外，排水工程网发展缓慢。在正常状态下，仅有两个城市（库尔干斯克和佩图霍沃）的净化设施能够正常运行。

车里雅宾斯克州每年用水 26 200 万 m^3。米阿斯河上的谢尔什涅夫斯克水库是其主要的水源，它为车里雅宾斯克市、科佩伊斯克市、科尔基诺市、叶蔓热林斯克区供水。水净化设施的服务能力为 31 000 万 m^3/a。车里雅宾斯克市人均需水量为 357L/d。排水工程的净化设施的处理能力为 21 900 万 m^3/a。车里雅宾斯克市有 135 个企业的污水先排放到城市排水系统中，然后进入净化设施，进行全面生物净化处理。斯维尔德洛夫斯克州的居住公用事业主要是市政企业和公司、村镇行政机构。在循环供水系统中使用的水量为 1600 万 m^3，节约清洁水 17%。排水工程净化设施的功率为 48 100 万 m^3/a。

(3) 工业用水

鄂毕河流域工业平均用水大约为 55 亿 m^3。用水量最大的行业是电力部门（约 30 亿 m^3/a）、燃料工业的煤炭和石油天然气开采行业（约 6 亿 m^3/a）、冶金业（6 亿 m^3/a）。其他工业（机械制造业、木材加工业和纸浆造纸业、建筑材料、化工等）用水量为 13 亿 m^3/a。工厂排放到地表水设施的污水总量为 41 亿 m^3/a。未完全净化的污水为 12 亿m^3/a,标准净化的污水为 7 亿 m^3/a。排放污水最多的行业是电力企业（23 亿 m^3/a）、燃料工业（6 亿 m^3/a）和冶金企业（10 亿 m^3/a）。

冶金工厂主要位于鄂毕河流域东部和西部边缘的克麦罗沃州、车里雅宾斯克州和斯维尔德洛夫斯克州。在克麦罗沃州，库兹涅茨克冶金联合企业是最大的用水户，每年需要 10 000 万 m^3 用水量。在鄂毕河流域的车里雅宾斯克州，大型冶金企业都集中在州中心，如电力冶金联合企业（ЧЭМК）、电解锌工厂等。除此之外，在鄂毕河的流域内还有卡拉巴什炼铜厂、克什特姆铜电解质厂等其他企业。斯维尔德洛夫斯克州的冶金企业不但在鄂毕河流域是最大的，在俄罗斯也是最大的。黑色冶金工业的需水量为 23 000 万 m^3/a。在循环供水系统中使用的水量为 21 亿 m^3，节约用水 94%，污水排放量为 26 500 万 m^3/a，其中未净化的污水达 1600 万 m^3/a，未完全净化的污水为19 000万 m^3/a，标准净化水仅为 700 万 m^3/a。产生污水量最多的是维索科戈尔(1000 万 m^3/a)、卡奇卡纳尔（1400 万 m^3/a）和下塔吉尔冶金联合企业（2600 万 m^3/a）。有色冶金业每年用水 11 000 万 m^3，水循环量为 93%。每年有 21 500 万 m^3 水排放到地表水设施中，为 7000 万 m^3/a。

新西伯利亚洲的冶金工业发展很快，设有许多黑色冶金和有色冶金企业，例如，新西伯利亚锡业联合企业、新西伯利亚冶炼厂、新西伯利亚稀有金属厂。每年排放污水 2600 万 m^3，其中未净化就排放的为 60 万 m^3，未完全净化的为 160 万 m^3。产生污水量最多的是制铝工厂。在阿尔泰边疆区和鄂木斯克州也有一些冶金工厂。

鄂毕河流域的整个境域内燃料工业都很发达。在鄂毕河流域东部和西部分水岭地区（克麦罗沃州、斯维尔德洛夫斯克州、车里雅宾斯克州）集中了煤炭工厂，在鄂毕河流域中部地区（秋明州、托木斯克州、新西伯利亚州）则集中了石油天然气开采和加工企业。清洁水总需求量约为 6 亿 m^3/a，最大的需水量在秋明州（50 000 万 m^3/a）和克麦罗沃州（11 000 万 m^3/a）。工业排水量约为 6 亿 m^3/a，其中受污染的水为 5 亿 m^3/a，标准清洁水（无需净化）为 5000 万 m^3/a，标准净化水为 3200 万 m^3/a。

在秋明州，石油天然气开采工业的用水量超过 50 000 万 m^3/a，其中 37 600 万 m^3/a

从地表水中获取，14 800 万 m^3/a 从地下水中获取。开采石油时，为保持地层压力每年要消耗 38 500 万 m^3 水。每年排放到地表水设施的污水量为 2300 万 m^3，其中未净化的污水1400万 m^3/a，未完全净化的污水 170 万 m^3/a，标准净化水 730 万 m^3/a。

在鄂毕河流域所有区域中，化学工业和石油化学工业都比较发达。新西伯利亚州的化工企业每年往地表水设施排水 2400 万 m^3，其中未净化的污水 10 万 m^3/a，未完全净化的污水 2000 万 m^3/a，标准清洁水（无需净化）360 万 m^3/a。鄂木斯克州的化工和石油化工企业每年用水量为 2800 万 m^3 清洁水和 31 500 万 m^3 循环水。除了鄂木斯克橡胶厂和鄂木斯克化工，所有石油化工企业往额尔齐斯河与鄂米河排放的生产污水总量达 2100 万 m^3/a（其中标准净化的污水 1750 万 m^3/a，未净化的污水 350 万 m^3/a）。

秋明州的化工和石油化工企业需水量为 1700 万 m^3/a，循环供水量为 2200 万 m^3/a，清洁水节约率达到 99%。在鄂毕河流域范围内，车里雅宾斯克州的化工企业有车里雅宾斯克油漆颜料厂、塑料厂、乌拉尔橡胶厂等。这些企业每年使用水量约 300 万 m^3，每年排放污水约 100 万 m^3。

斯维尔德洛夫斯克州集中了较大型的化工企业，主要有乌拉尔化工塑料厂、克拉斯诺乌拉尔斯克化工厂等。这些企业每年用于自身工艺技术需要和其他目的用水量大约为 4000 万 m^3 清洁水。循环供水系统中使用的水量为 32 000 万 m^3，节约率 94%。污水排放量为 6800 万 m^3/a。

鄂毕河流域所有大型城市均有发达的机械制造和金属加工工业。这些行业生产汽车、拖拉机和挖掘机、飞机和无线电电子产品、柴油机和农业机械、国防产品及其他产品。大型机械制造企业多设在新西伯利亚州和鄂木斯克州。这些行业的主要用水户是电镀车间、制作印刷电路板的零件冲洗和工艺设备冷却部分、压缩空气站的压缩机水冷却部分、冷却机站、锅炉。除此之外，热处理车间、染色车间、装配车间、修理车间、实验室、净化设施和水处理装置中也要消耗水。

鄂木斯克州的机械制造企业每年消耗 700 万 m^3 水，占用水总量（2300 万 m^3）的 33%。每年排放的污水量为 900 万 m^3，其中 700 万 m^3 污水未净化或未完全净化。

秋明州的机械制造的总生产规模不大，因此用水量也未超过 500 万 m^3/a，主要从地下水源抽取地下水。循环供水系统中使用的水量为 1200 万 m^3，水节约率为 80%。车里雅宾斯克州的机械制造企业每年使用 5000 万 m^3 水。循环供水量为 46 700 万 m^3/a。污水排放量为 5400 万 m^3/a，其中 4900 万 m^3/a 是受污染的水。

鄂毕河流域最大型的机械制造行业在斯维尔德洛夫斯克州，用水需求量为 11 000 万 m^3/a，循环供水系统中水量使用为 25 300 万 m^3，节约率为 83%。污水排放量为 6700 万 m^3/a，其中受污染的水为 5900 万 m^3/a。大约 5000 万 m^3/a 的污水经过净化处理，但通常净化程度不高，所以有 75% 的水未完全净化就排放掉了。一部分污水（1600 万 m^3/a）完全没有经过净化就排放到水设施中（库什瓦滚轴厂、博布罗夫绝缘材料厂、乌拉尔车厂）。

（4）农业用水

鄂毕河流域的草原和森林草原地区农业生产相当发达。这里生长小麦及其他谷类作物、蔬菜、种类繁多的饲料类植物。阿尔泰边疆区栽植向日葵和甜菜。就农业方面而言，水主要满足村镇的公共事业需求，给畜牧场及家禽场供水、灌溉土地和为山地牧场增加蓄水量。鄂毕河–额尔齐斯河流域农业总用水量为65 860万m^3/a，其中39 880万m^3/a用于供水，25 980万m^3/a用于灌溉。在阿尔泰共和国，农村居民点的供水量为700万m^3/a，灌溉用水量为200万m^3/a。阿尔泰边疆区是鄂毕河流域农业最发达的地区，大部分农村居民享用集中化供水。农村居民的人均用水量为126L/d。这里总共建有50个钻井式地下水取水设施，每个水井的功率超过100万m^3/a，取水设施累计功率为13 360万m^3/a。这其中包括恰雷什河输水道的引水设施，主要水管长1125km供水能力为2120万m^3/a。该引水设施可保障82个居民点和11个工厂的用水需求。

阿尔泰边疆区广泛使用引水灌溉，这里有西伯利亚最古老的阿尔泰灌溉系统，面积为12 400hm^2。它的第1期工程于1930年建成，目前该系统80%的土地已经盐渍化。现在发挥作用的是第2期工程。第3期阿尔泰系统工程正在建设。另外，现已开始建设从新西伯利亚水库取水的布尔林灌溉系统（面积为1万hm^2）。阿尔泰边疆区用于灌溉的总取水量为15 700万m^3/a，灌溉引水设施的功率可以达到67 400万m^3/a。

新西伯利亚州农业用水量为11 300万m^3/a，生产用水为8600万m^3/a，灌溉用水2700万m^3/a。最大的灌溉系统是切明斯克灌溉系统（第1期3600hm^2，第2期12 700hm^2）和伊尔缅斯克灌溉系统（12 400hm^2）。西西伯利亚地区的干旱土地集中在新西伯利亚州和秋明州。这里有西伯利亚最古老的卡拉普兹排干系统（5600hm^2）。还有乌古尔蔓排干系统（6900hm^2）、唐多夫排干系统（6500hm^2）、列日涅夫排干系统（3300hm^2）等其他系统。

托木斯克州村镇的生活水量为900万m^3/a，灌溉用水量为100万m^3/a。从农村和农产品加工企业排出的污水全都流入地表水设施，总量为720万m^3/a，其中370万m^3/a是未净化的水。畜牧业的污水总量为500万m^3/a，一部分被用在翻耕土地和灌溉上，其余部分被排放到地表水体中。克麦罗沃州农村用水量为4300万m^3/a，主要用于为农村居民点供水（3200万m^3/a），灌溉用水量为700万m^3/a。集中化供水可以保障全州82.4%的农业人口需求。鄂木斯克州是农业较发达的地区。全州总用水量为10 700万m^3/a。其中，农业生产供水量5700万m^3/a，灌溉用水量5000万m^3/a。但灌溉用水没有得到有效利用30%～40%的引水从灌溉的土地上流走。污水总量为344万m^3/a，其中未净化就排放的有324万m^3/a。

秋明州的主要农业生产都集中在南部地区。汉特–曼西自治区是农业生产的发源地，一些非传统行业（养鹿业、养兽业、狩猎）集中在此。农业生产用水量为2600万m^3/a，主要在秋明州南部（96%）。灌溉用水量不超过300万m^3/a。秋明州内没有大型灌溉系统，灌溉用水量不超过300万m^3/a。受灌溉面积的影响秋明市的周围地区主要生产蔬菜，使用人工降雨机实施浇水。秋明州境域内有一些采用陶制排放管的大型排干系统（例如贝斯特鲁欣排干系统，面积超过1000hm^2）。秋明州农业生产的污水总排放量为1260万m^3/a，直接流入水设施的有600万m^3/a，而且62%没有经过净化处理。

库尔干州具有农业生产优势，农业生产用水量为3500万m^3/a，灌溉用水量为900万m^3/a。农业生产用水的主要来源是地表水。集中化的日常生活饮用水供应可保证58%的农业人口使用。所有的农村居民点都没有自来水管道。为了给库尔干州东部地区（113个居民点）供水，修建了从托博尔河和伊希姆河取水的普列斯诺夫集群式输水管道，供应能力为930万m^3/a。由于管道耗损和长时间使用，水网的实际使用状况不能令人满意，库尔干州东北部地区饮用水供应相当困难。因此，这里多使用当地水源，但水质大大低于标准要求。为了给车里雅宾斯克州的农业提供用水，共取水 9700 万 m^3/a，其中 4300 万 m^3/a是地表水，5400 万 m^3/a 是地下水。灌溉用水量为 4000 万 m^3/a。由于灌溉系统损坏和故障以及人工降雨机被拆卸不能正常工作，部分受土地的灌溉水来源主要是小河流。清除畜牧场里牲畜粪便的主要方法是将牲畜粪便运到田野中并用水冲洗。污水排放量为 2200 万 m^3/a（其中大部分是未完全净化的水）。

斯维尔德洛夫斯克州的农工综合体共使用清洁水 8400 万 m^3/a。用于农村居民点的供水为 3600 万 m^3/a，灌溉用水为 400 万 m^3/a。污水量为 900 万 m^3/a，其中 97% 的污水属于未完全净化的级别。这里排干系统很发达。

（5）渔业资源

鄂毕河-额尔齐斯河流域在俄罗斯的渔业中占主导地位。整个流域水系中有 69 种鱼，其中 33 种是捕捞对象，包括价值极高的鱼种（如新西伯利亚鲟鱼、小体鲟、目荀白鲑、高白鲑、西伯利亚白鲑、高白鲑）和价值一般的鱼种（如鲤鱼、圆腹鲦、狗鱼、鲈鱼、鲫鱼）。鄂毕河-额尔齐斯河流域在渔业经济比例中可以分成两部分：第一部分是鄂毕河中游和额尔齐斯河下游（托木斯克州和秋明州的地域），可捕捞大部分有价值的鱼种；第二部分是鄂毕河上游和鄂毕河中游（阿尔泰边疆区、新西伯利亚州、鄂木斯克州、托博尔河河口上游的秋明州南部、库尔干州、车里雅宾斯克州和斯维尔德洛夫斯克州），可从湖泊、水库和带冷却装置的水池中用密网捕捞大量的鱼类。鄂毕河下游的典型特点是浅河滩异常发达，是肥白鲑的主要养殖区。欧洲白鲑、胡瓜鱼和西伯利亚白鲑也从鄂毕湾逆流而上来到这里，但不进入额尔齐斯河河口的上游。高白鲑和白北鲑在鄂毕河下游左岸的一些支流中产卵。北索西瓦河中盛产图贡白鲑（索西瓦河鲱鱼）。

鄂毕河-额尔齐斯河流域上游位于草原和森林草原区域，能捕鱼的主要水体是湖泊（较大的湖泊有恰内湖、萨尔特兰湖、乌宾斯科耶湖、库伦达湖、萨尔塔伊姆湖、伊克湖、埃伊别帝湖）和新西伯利亚水库。工业发达区域（斯维尔德洛夫斯克州、克麦罗沃州和车里雅宾斯克州）广泛发展池塘养鱼。用于养鱼的湖泊和池塘的生产能力从 $4kg/hm^2$ 到 $300kg/hm^2$ 不等。近年来，鄂毕河流域平均捕鱼量估计在 3～3.5 万 t/a。这里捕捞的有价值的鱼种有：鲟鱼（3400t）、穆松白鲑（170t）、小体鲟（14.3t）、北白鲑（9.1t）及高白鲑（320t）。鄂毕河中下游的鱼类捕捞总量为 5564t。在新西伯利亚州的鄂毕河-额尔齐斯河流域南部（恰内湖、萨尔特兰湖、新西伯利亚水库及其他水设施），每年捕捞 904t 鲤鱼、鲈鱼、阿穆尔鲫鱼、河鲈、高白鲑及其他鱼种。在工业发达的车里雅宾斯克州，渔业的捕捞量为 1 378t。渔业发展主要是利用湖泊、水塘和温水养鱼池，鱼类人工养殖的总面积达 24 万 hm^2。车里雅宾斯克州不断提高养鱼场的生产能力（阿尔加津斯克养鱼场年产鱼苗 1 亿尾，别尔瓦奥泽尔养鱼场年产鱼苗 1 亿尾，上乌拉尔斯克养鱼场年产鱼苗 5 千万尾，谢尔什涅夫养鱼场年产鱼苗 5 千万尾），作为对现有的阿拉库里斯克鱼类工厂的补充。在斯维尔德洛夫斯克州和秋明州建成一些鱼类养殖企业，如斯维尔德洛夫斯克州的塔瓦图伊斯克鱼类工厂、养鱼池和养鱼塘，秋明州的阿巴拉克鲟鱼养殖场和托博尔孵化场。

尽管一直在发展渔业经济，鄂毕河-额尔齐斯河流域的捕鱼量却持续下降。1962～1976 年，渔业的年平均捕鱼量为 56 460t，而现在为 11～14t，特别是有价值鱼种的捕捞量急剧下降。1948～1972 年，每年捕捞 2218t 鲟鱼，1996 年只捕捞到 5.9t；1963～1972 年，每年捕捞 1058t 穆松白鲑，1997 年仅捕捞 495.1t。不仅鄂毕河里的捕鱼量急剧下降，湖泊、水塘养鱼业的捕捞量也急剧下降。渔业产能的效率下降与一系列原因有关。例如，新西伯利亚水库的水坝设施挡住了西伯利亚鲟鱼和白北鲑到卡通河河口产卵的道路，鄂毕河流域每年有固定的低水位时期，河水被工业排放污水污染，养鱼企业发展缺少资金，等等。渔业的用水量和排水量不大。在库尔干斯克州，库尔塔梅什湖的春季湖泊养鱼需要汇水 180 万 m^3，秋季放水 150 万 m^3。在秋明州，池塘养鱼用水 933 万 m^3/a，排水量为 673 万 m^3/a，其中包括未完全净化的污水 40 万 m^3/a 和标准清洁水（无需净化）633 万 m^3/a。这样的水循环方式在鄂毕河流域的其他地区大致相近。

（6）水力资源

鄂毕河水力资源丰富，流域内水力资源量达 2500 亿 kW·h，其中可开发的水力资源为 1600 亿 kW·h，可利用的为 1000 亿～1200 亿 kW·h。这些资源的分布相对均衡：俄罗斯秋明州 30%，俄罗斯阿尔泰边疆区 35%，哈萨克斯坦 15%，俄罗斯克麦罗沃州、新西伯利亚州、托木斯克州等占 20%。目前建有新西伯利亚水电站、布赫塔尔马水电站和乌斯季卡缅诺戈尔水电站等，但已开发利用的水力资源不超过 10%。其中，新西伯利亚水电站建在新西伯利亚城附近鄂毕河干流上，坝高 33m，库容 88 亿 m^3，装机容量 40 万 kW，年均发电量 16.87 亿 kW·h。

整个鄂毕河流域在热力电力工程方面共用水 30 亿 m^3，其中克麦罗沃州 12 亿 m^3/a，斯维尔德洛夫斯克州 6 亿 m^3/a，秋明州 5 亿 m^3/a。此外，阿尔泰共和国电力生产用水量仅为 1 万 m^3，库尔干州 20 万 m^3，秋明州（不包括西伯利亚化学联合企业）30 万 m^3。循环供水普遍得到应用，节约清洁水 93%～95%。排水量达 23 亿 m^3/a，其中标准清洁水（无需净化的）占多数，为 18 亿 m^3/a。标准净化污水量是累计排放量的 20%。小部分污水（5000 万 m^3/a）没有经过净化就被排放。

托木斯克州、斯维尔德洛夫斯克州、车里雅宾斯克州和新西伯利亚州都有核动力设施。托木斯克州的西伯利亚化学联合企业（谢维尔斯克市）的反应堆用于国防。该企业年用水量为 5.4 亿 m^3 清洁水，来源于托米河。污水也被排放到托米河中，年排放污水量略超过 500m^3。与这些污水一起流入河中的还有大量污染物质：悬浮粒子 4000t，有机物质 516t，石油产品 38t，盐 11t，氮 280t。

鄂毕河流域只有一座核电站，即别洛亚尔斯克核电站。它建于 1964 年，建造在距叶卡捷琳堡不远的佩什马河发源地。现在，此核电站第一个机组和第二个机组已停止工作，正等待清理。目前使用的只是第三个发电机组，建于 1980 年。清洁水主要用于冷却。生产废水排放到佩什马河上的别洛亚尔斯克水库，排放量为 640 万 m^3/a。排放的污水属于标准清洁水（无需净化）级别。

（7）旅游资源

在鄂毕河流域，东部和西部汇水区的山区与山前区具有可供休闲活动的场所。阿尔泰山地地貌景观丰富多彩，从气候温和、植被丰富的低矮山地到气候严寒的高山，山下是绿色森林，山上的深色山岩上覆盖着冰雪。阿尔泰位于工业中心附近，吸引了大量旅游者前来观光。中乌拉尔和南乌拉尔的山区也是疗养、旅游和休闲的胜地。鄂毕河流域约 96% 的疗养保健资源位于东乌拉尔、阿尔泰边疆区、克麦罗沃州和新西伯利亚州。在南乌拉尔，有风景如画的切巴尔库利湖、乌维利德湖、阿拉嘎亚什湖、图尔戈亚克湖，这些湖泊的水清澈见底。附近有卡谢加契疗养区、乌维利德疗养区等疗养胜地。

鄂毕河-额尔齐斯河流域的低地也具有疗养的功能，主要治疗方法就是利用地下深层的矿化水和湖泊腐殖泥。阿赫曼卡疗养区和塔拉斯库利湖疗养区是著名的泥浴治疗所，采用阿赫曼卡湖和大塔拉斯库利湖的水底腐殖泥进行治疗。秋明州、鄂木斯克州、新西伯利亚州和托木斯克州的境内至少有二十几个使用深层地下水进行治疗的水疗所，包括秋明市附近的亚尔斯克水疗所、扎沃达乌科夫水疗所、鄂木斯克水疗所、新西伯利亚州的卡拉契湖疗养院等。一些地方泉水溢出无需安装设备即可用来治疗疾病。

2.2　北亚亚寒带河流

2.2.1　色楞格河

2.2.1.1　流域概况

色楞格河流域地处多山的亚洲大陆中部，从南至北、由西向东呈狭长形，介于 96°50′E ~ 112°50′E、46°20′N ~ 53°00′N。色楞格河流域总面积约为 44.7 万 km^2。其中，色楞格河中上游位于蒙古境内，总面积为 29.9 万 km^2，约占流域总面积的 67%；下游位于俄罗斯境内，总面积约为 14.8 万 km^2，占流域总面积的 37%。流域水系如图 2-6 所示。

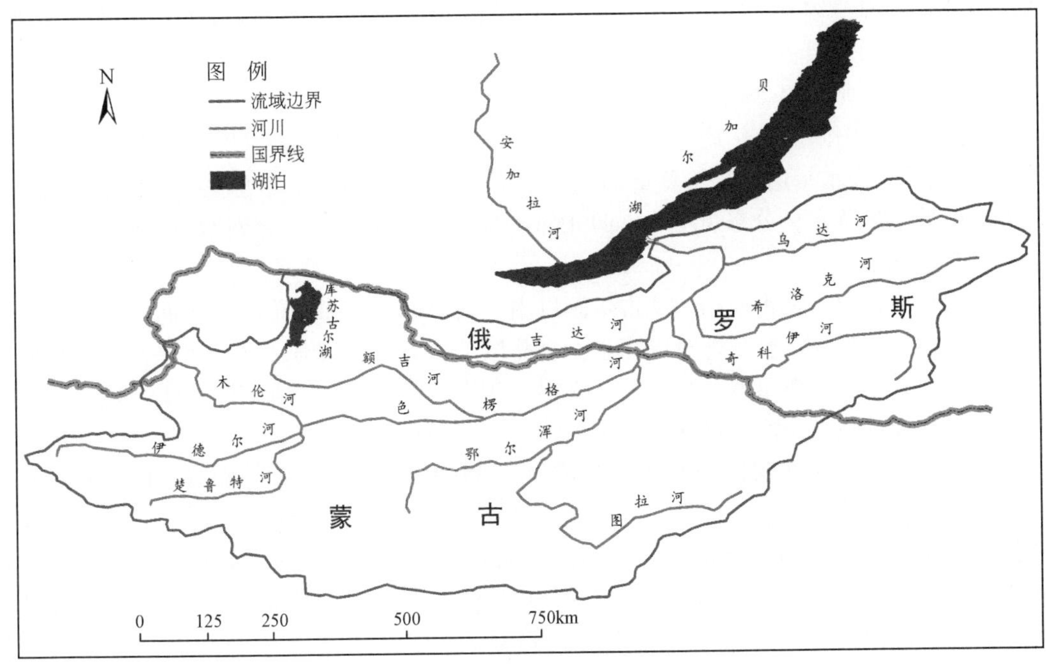

图 2-6　色楞格河流域水系分布

色楞格河流域以其周围山脉为界，北部发源于俄罗斯哈马尔达坂山和乌兰布尔加瑟山，东北部水界不明显，从希洛克河、乌达河一直延伸到亚布罗诺夫山脉；东部分水岭为杭爱–奇科伊高原；南部则以喀尔喀丘陵和杭爱支脉为界。

色楞格河流域最显著的地形特征是中高山、宽阔山间盆地相间分布。色楞格河流域被杭爱山、肯特–奇科伊高原、库苏古尔山、鄂尔浑–色楞格中高山、色楞格–达乌里亚山脉、哈马尔达坂山和乌兰布尔加瑟山隔开。流域内海拔高度差距较大，约 3500m。如贝加尔湖畔海拔 456m，而杭爱山脉的阿特贡–唐格尔山海拔达 4000m。流域往东北部地势逐渐变低，以海拔 1500～2000m 的中高山为主。整个色楞格河流域几乎都是山地地形，只有湖网密布的山间盆地以及奥尔洪河、土拉河下游地区才有大片的山间平原地带。

色楞格河流域地层为新近系上新统到第四系，新地壳构造运动导致整体地势抬高，构成现在流域内的主要地貌。总体上，整个流域为向南倾斜的背斜，从斯塔诺夫山脉（外兴安岭）一直延伸到杭爱山脉、肯特山脉、达斡尔山脉。贝加尔型盆地是第四纪形成过程中最活跃的地形，直接导致整个流域地形差距极大。第四系沉积层很厚（达 400～500m），因此流域内岩相变化显著。整个流域盆地内部结构蕴含沟状断层、向斜区地、断层阶地、地壳裂缝，这都与强地震紧密关联。因此，新时期新地壳构造过程曲线仍趋于上升，整个色楞格河流域地震系数较高。

2.2.1.2 水文气象

色楞格河流域是典型的大陆性气候，一年四季温差较大，昼夜温差也很大。总体上，冬季时间长，降雪少；春季风大，气候干旱；夏季时间短，七八月炎热且潮湿；秋季凉爽，昼夜温差较大。一年之中，流域南部约 200 天平均温度超过 10℃，流域北部则仅有 130 天平均气温超过 10℃。

色楞格河流域四季降水量分布不均，高原地区年均降水量较大，最大为 500～600mm；河谷、山间盆地年均降水量较少，最少仅有 300～350mm。降水主要集中在夏季 7、8 两月，降水量达到全年总量的 60%；冬季降水量约为全年总量的 10%～40%。此外，山坡上的降水量分布也不均，西北部比东南部雨量充足，导致流域内出现大量半森林半草原地带。

色楞格河发源于蒙古境内库苏古尔湖以南，由伊德尔河和木伦河汇合而成。该河流向东北，与鄂尔浑河汇合于苏赫巴托尔，自此以下称为色楞格河，继续北流，进入俄罗斯境内转向东，到达布里亚特首府乌兰乌德。河水从此处向北流到塔陶罗沃，再向西弯转，流经一片三角洲，注入贝加尔湖。

色楞格河流域水系网极为发达，总长约 53 000km，流域集水面积为 14.9 万 km^2。其中，蒙古段约占总集水面积的 63%，俄罗斯段约占 37%。色楞格河流域河网密度变化较大，从 0.19～0.55km/km^2。通常山区河网密度较大，而山麓平原和山间盆地河网密度较小。大型河流河口宽 80～150m，小型河流河口宽 0.5～20m。大型河流中最深处达 4～5m，最浅仅 0.5～1m。主要支流包括蒙古境内鄂尔浑河（Орхон）和额吉河（Эгийн–Гол），俄罗斯境内奇科伊河（Чикой）、希洛克河（Хилок）、乌达河（Уда）、吉达河（Джида）和捷姆尼克河（Темник）。

色楞格河10～11月开始结冰，次年4～5月解冻，流经蒙古重要的农牧经济地区。色楞格河流入贝加尔湖的平均径流量从冬天的100m^3/s到春天融雪期的1700m^3/s不等。色楞格河多年平均年径流量和季径流量及其变化系数见表2-9。

表2-9　色楞格河多年平均年径流量和季径流量及其变化系数

河流（水文站）	集水区高度/m	径流量/（m^3/s）				径流变化系数			
		年径流	春～夏	秋季	冬季	年径流	春～夏	秋季	冬季
色楞格河（胡塔克）	1909	46.1/100	37.6/81.6	5.4/11.7	3.1/6.7	0.25	0.28	0.30	0.24
色楞格河（英格特）	1762	46.1/100	40.7/88.3	3.3/7.2	2.1/4.5	0.14	0.14	0.47	0.36
伊德尔河（塔松增格尔）	2285	54.3/100	48.6/89.5	4.5/8.2	1.2/2.3	0.34	0.36	0.38	1.90
伊德尔河（祖尔赫）	2179	51.1/100	46.0/90.0	4.7/9.2	0.4/0.8	0.38	0.39	0.38	0.51
德尔格尔（穆兰河－穆兰市）	2023	57.4/100	51.8/90.3	4.3/7.4	1.3/2.3	0.32	0.33	0.37	0.42
布尔戴斯河（巴杨祖尔赫村）	2089	19.2/100	17.8/92.9	1.3/7.0	0.1/0.1	0.62	0.58	1.09	
布克赛伊河（图穆尔布尔卡村）	1980	26.6/100	20.9/81.6	3.0/11.7	1.7/6.7	0.45	0.46	0.51	1.67
艾金河（兴泰伊）	1706	66.9/100	56.7/84.7	7.6/11.4	2.6/3.9	0.29	0.30	0.37	0.52
鄂尔浑河（哈尔霍林）	2241	61.5/100	45.7/74.3	10.3/16.7	5.5/9.0	0.58	0.68	0.40	0.50
鄂尔浑河（鄂尔浑村）	1900	38.2/100	33.1/86.7	4.4/11.6	0.7/1.7	0.41	0.41	0.42	0.97
鄂尔浑河（鄂尔浑图尔）		—/100	—/75.6	—/18.7	—/5	0.24	0.29	0.26	0.84
鄂尔浑河（苏赫巴阿塔尔）	1500	27.8/100	24.2/87.1	2.7/9.8	0.9/3.1	0.33	0.33	0.49	0.46
伍尔特塔米尔河（泽泽尔莱克）	2364	122/100	102/83.6	15.4/12.6	4.6/3.8	0.34	0.42	0.25	0.47
霍伊塔米尔河（伊赫塔米尔）	2373	83.0/100	75.2/90.6	5.8/7.0	2.0/2.4	0.47	0.45	0.87	0.70
托拉河（乌兰巴托尔市）	1851	122/100	114/93.4	7.7/6.3	0.3/0.3	0.52	0.54	0.76	1.24
哈拉河（巴伦哈拉）	1331	30.0/100	24.9/83.1	3.6/11.8	1.5/5.1	0.48	0.52	0.45	0.46
耶罗河（耶罗）	1424	177/100	154/86.8	18.0/10.3	5.0/2.9	0.45	0.46	0.69	0.57

注：分子是绝对值，分母为其占年径流量的百分比值。

表2-10 列举了色楞格河流域的主要湖泊。

表 2-10 色楞格河流域主要湖泊

湖泊名称	深度/m	面积/hm^2	矿化度/（g/L）	补给河流
库苏古尔湖	1645	2620	0.23	艾金河
查干湖	2060	约 60	0.2	苏米河
图拿马尔湖	1876	>50	>3.0	无
塔尔蒙湖	1789	194	>3.0	无
乌奇湖	1664	约 50	<1.0	厄尔霍纳支流
古西诺耶湖	552	162	<1.0	捷姆尼克河
阿拉赫列伊湖	965	58.5	<1.0	日洛克河
沙克申斯科耶湖	964	52.6	<1.0	日洛克河

2.2.1.3 水资源特征及其利用

色楞格河主要靠地下水、雪水和雨水补给，其中大部分来自于地下泉水。色楞格河流域内的水资源开发利用主要集中在居民生活供水、工农业生产用水、矿产资源开发、渔业、航运、水库修复等。色楞格河上游位于蒙古，集水面积约占蒙古领土总面积的20%。流域内人口占蒙古总人口的70%，蒙古80%的工业生产和60%的农业生产位于该流域，包括许多大型采矿、燃料动力、轻工等企业。乌兰巴托、达尔汗、额尔登特等三大城市都位于该流域内。在蒙古，色楞格河93%的水用于生产。色楞格河中下游位于俄罗斯，流域内总人口约70万，集中在经济不太发达的布里亚特中南部和后贝加尔边疆区西部等地区。

色楞格河全年水量丰沛。春季冰雪融化时，特别在夏季降雨后，河水暴涨，有时溢出河槽，淹没草地和牧场，毁坏建筑物。如1934年，河水升高了2～3m，冲走了河岸上苏赫巴托尔市的货场，使该市高大的房屋和其他建筑物遭受了毁坏。通常色楞格主河床宽70～200m，深约2m。但在洪水期，色楞格河分出许多支流，有些地方漫出河槽约1km，在深槽处和防洪地段水深达6～7m。

色楞格河是贝加尔湖及其南部流域最主要的支流，也是叶尼塞河–安加拉河的源头之一。色楞格河63%的集水面积位于蒙古境内，其年平均流量为140亿～150亿m^3。哈努依河和鄂尔浑河从右岸注入，德勒格尔河和额吉河从左岸注入，水流湍急，河床落差为720m。自河口可通航到苏赫巴托市。10～11月开始结冰，次年4～5月解冻，流经蒙古重要的农牧经济地区。色楞格河从苏赫巴托尔到河口顺缓坡向下流动，是蒙古进入俄罗斯西伯利亚平原的通道。西伯利亚大铁路循该河谷上溯到达乌兰乌德，再设支线进入苏赫巴托尔，然后沿鄂尔浑河上行至蒙古的乌兰巴托。

色楞格河经过几百公里的水路携带大量泥沙和污染物，流到下游的三角洲湿地。这条贝加尔湖最大入湖河流所带来的工业和生活废水被认为是贝加尔湖局部水域污染的主要原因之一。湿地里茂盛的水生植被相当于一个绿色屏障，将这些泥沙和污染物截流在整个湿地中。三角洲向对岸不断推进，造成了水深不断变浅，使得进入贝加尔湖的污染物大量减少。表 2-11 为 1991 年和 2001 年色楞格河水资源利用情况。

表 2-11　1991 年和 2001 年色楞格河水资源开发利用情况　（单位：$10^6 m^3$）

用途	年份	取水量			用水量			排放量	不可重复利用供水
		地表水	地下水	总计	自然水	循环水	总计		
工业	1991	131.2	63.1	194.3	159.9	1141.8	1301.7	122.8	71.5
	2001	422.0	32.8	454.8	434.9	368.8	803.7	425.5	29.4
生活	1991	2.7	56.5	59.2	67.5	0.02	67.7	73.6	-14.4
	2001	8.4	74.8	83.2	81.0	1.3	82.3	63.4	19.7
农业	1991	96.6	26.5	123.1	114.0	6.1	120.1	0.1	123.0
	2001	72.6	3.8	76.4	69.3	1.2	70.5	4.1	72.3
其余	1991	1.0	38.1	39.1	11.7	4.1	15.8	33.9	5.3
	2001	0.2	37.2	37.4	6.4	0.6	7.0	35.3	2.0
共计	1991	231.5	184.2	415.7	353.1	1152.02	1505.12	230.4	185.4
	2001	503.2	148.6	651.8	591.6	371.9	963.5	528.3	123.4

根据俄罗斯官方资料，2006 年色楞格河总水量约为 9.19 亿 m^3（表 2-12），流域内排入河网的污水为 6.6 亿 m^3。表 2-12 为 2006 年色楞格河流域水资源使用情况。由于色楞格河水资源 70% 来自地下水，水资源的不合理利用导致了地下水资源过度开发。2006 年，色楞格河流域消失的河川径流总量占多年平均径流总量的 2%，其中有 1% 甚至是不可逆转的。因此，俄罗斯专家和学者非常关注色楞格河水质监测、污染控制等问题，希望与蒙古加强合作，为色楞格河流域的水资源开发利用制定相关法律法规，从而促进流域水资源的综合。

表 2-12　2006 年色楞格河流域水资源使用情况　（单位：$10^6 m^3$）

用途	蒙古	俄罗斯	总计
工业	265/232.4	278.2/264.8	543.2/497.2
住宅和公用事业	119.5/97.3	66.3/57.6	185.8/154.9
农业	77.3/—	49.4/3.0	126.7/3.0
其他行业	33.4/4.5	30.2/1.3	63.6/5.8
小计	495.2/334.2	424.1/326.7	919.3/660.9

2.2.2 黑龙江（阿穆尔河）

2.2.2.1 流域概况

黑龙江（阿穆尔河）流域位于108.5°E～140.6°E、41.3°N～55.9°N流域跨中国、蒙古和俄罗斯3个国家。流域总面积为185.5万km^2，其中俄罗斯境内面积为100.3万km^2，中国境内面积为82万km^2，蒙古境内面积为3.2万km^2。黑龙江（阿穆尔河）是世界十大河流之一，按长度计算占第9位，按流域面积计算占第10位。在俄罗斯黑龙江（阿穆尔河）按长度计算占第3位，按集水区面积和水量计算占第4位，次于叶尼塞河、鄂毕河及勒拿河。

黑龙江（阿穆尔河）发源于中国东北、内蒙古北部与西伯利亚的边界，大体沿这条边界向东和东南方向流往西伯利亚城市哈巴罗夫斯克（伯力），然后再转弯朝东北方向流去，注入鞑靼海峡，将西伯利亚和萨哈林岛（库页岛）分开。图2-7为黑龙江（阿穆尔河）流域水系分布图。流域边界以山脉划分，包括斯塔诺夫山脉（外兴安岭）（Становой）、雅布洛诺夫山脉（Яблоновый）、切尔斯可山（Черского）、图库林格拉-贾格德山（Тукурингра-Джагжды）、布列亚山（Буреинский）、锡霍特山脉（Сихотэ-Алиньский）、大兴安岭（БолшойХинган）和小兴安岭（МалыйХинган）。流域内主要的平原有结雅河-布列亚河平原（Зейско-Буреинская）、松辽平原（Сун-Ляо）、阿穆尔中游平原及珀利汗斯可平原（Приханйская）。表2-13为黑龙江（阿穆尔河）流域俄罗斯部分的水系数据。

黑龙江（阿穆尔河）上游有两源：北源石勒喀河（上源鄂嫩河）出蒙古北部肯特山东麓和南源克鲁伦河-额尔古纳河。上源又分3支，其中一支为海拉尔河，发源于中国内蒙古自治区大兴安岭西侧古利牙山麓。黑龙江（阿穆尔河）由石勒喀河和额尔古纳河合流而成，由西至东流至鞑靼海峡阿穆尔三角湾，河口湾长48km，河口区宽16km。从源头额尔古纳河算起黑龙江（阿穆尔河）长度达4363km，在中国境内长2965km。

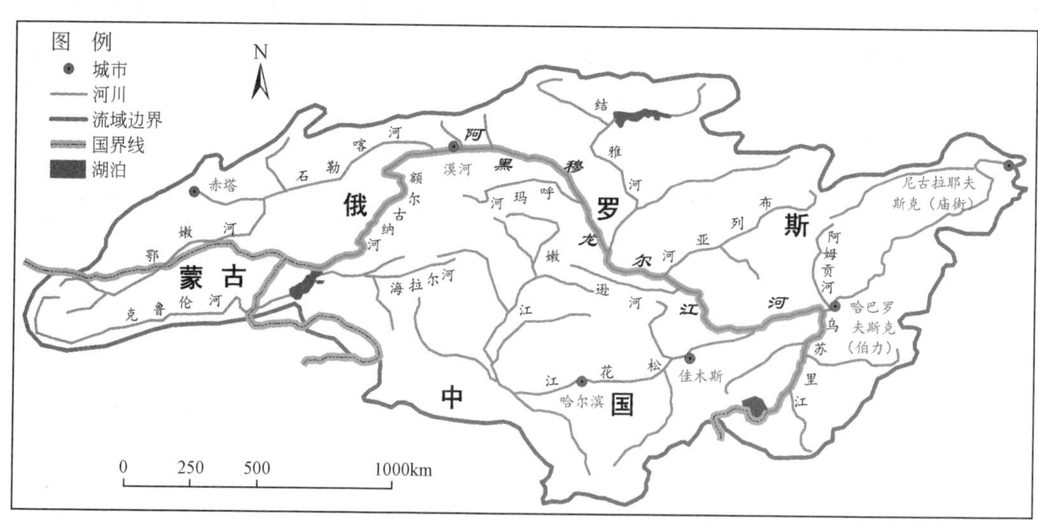

图2-7 黑龙江（阿穆尔河）流域水系分布

黑龙江（阿穆尔河）流域山岭耸立，平原较为集中，森林茂盛，植被情况良好；河流众多，土地肥沃，生物种类繁多；农、林、牧、副、渔业较为发达。黑龙江（阿穆尔河）流域南部中国境内主要有大兴安岭、小兴安岭、长白山和张广才岭等山脉。大小兴安岭海拔约1000m，自北向南形成一道屏障环抱松嫩平原。大兴安岭是额尔古纳河和嫩江的分水岭。图 2-8 为大兴安岭地区的黑龙江（阿穆尔河）第一湾。黑龙江（阿穆尔河）、松花江、乌苏里江汇合的三角地带称为三江平原，海拔一般为 60 ~ 80m。流域北部的斯塔诺夫山脉（外兴安岭），是黑龙江（阿穆尔河）与勒拿河之间的分水岭。分水岭以南是海拔 300 ~ 500m 的黑龙江（阿穆尔河）–结雅平原和结雅–布列亚平原。结雅–布列亚平原南部海拔低于 200m。流域下游的大型平原有平均海拔为 50m 的阿穆尔低地和乌苏里江低地。东部宽阔的锡霍特山脉海拔达 2000m，将这些低地与日本海隔开。黑龙江上、中、下游河段信息见表 2-13。黑龙江（阿穆尔河）上游，从发源地到结雅河河口大约为 900km，大多是山地地貌；黑龙江（阿穆尔河）中游，从结雅河河口到乌苏里江河口，山地与平原区域的交替分布［结雅–布列亚平原、小兴安岭、黑龙江（阿穆尔河）中游平原］；黑龙江（阿穆尔河）下游，从乌苏里江河口至阿穆尔河河口，多为中等山地和低山地段，在山区中分布着数量众多的盆地和平原。

图 2-8　黑龙江（阿穆尔河）第一湾

表 2-13　黑龙江（阿穆尔河）上、中、下游河段

河段	分段位置	河段长/km	比降/‰
上游	自洛古河村至黑河附近的结雅河河口	900	0.2
中游	自结雅河河口至乌苏里江	950	0.09
下游	自乌苏里江河口至阿穆尔河入海口	970	

黑龙江（阿穆尔河）流域河网密布，支流、湖泊众多，拥有大小支流 1 万多条，湖泊 6 万多个。右岸（中国侧）较大的支流有松花江、乌苏里江、呼玛河、逊河；左岸（俄罗斯侧）较大支流有结雅河、布列亚河、阿姆贡河。各主要支流基本特征见表 2-14。流域内的主要湖泊有呼伦湖、贝尔湖、镜泊湖、天池、兴凯湖、五大连池、博隆湖、乌德利湖、奥列利湖和基齐湖等。

松花江是黑龙江（阿穆尔河）最大的支流，河流全长2317km，流域面积55.18万km^2。松花江有南、北两源，南源为西流松花江，北源为嫩江。以嫩江为源，松花江河流总长2317km；以西流松花江为源，长度为1897km。从南源的河源至三岔河为松花江上游，河道长958km，落差1556m。从三岔河至佳木斯为松花江中游，河道长672km。从佳木斯至同江为松花江下游，河道长267km，中下游落差共78.4m。

乌苏里江，始自乌拉河源，河长890km，流域面积18.7万km^2，其中中国境内河长约473km，流域面积6.15万km^2。下游多年平均流量约1700m^3/s，最大流量达10 520m^3/s。其主要支流左岸有松阿察河、穆棱河、挠力河；右岸有伊曼河、比金河等。

呼玛河，又名库玛尔河、呼玛尔河，在黑龙江省北部。呼玛河全长526km，流域面积29 562km^2，多年平均流量215.0m^3/s，落差740m，水能蕴藏量45.21万kW。河道几经弯曲，呈不规则河型，支流发育，年结冰期5～6个月。呼玛河主要支流有古龙干河、倭勒根河、塔哈河等。

逊河，亦名逊别拉河，在黑龙江省东北部。全长279km，流域面积15 738km^2，多年平均流量111.6m^3/s，落差490m。水能蕴藏量9.11万kW，可开发装机容量1.98万kW。已建水电站1座，装机容量0.38万kW。水深0.8～2.0m，河槽宽度由上游3m到下游40m，水系发育，支流众多，年结冰期约5个月。逊河主要支流有沾河、茅栏河、卧牛河、辰清河等。

结雅河，埃文基人称其为精奇里河，是黑龙江（阿穆尔河）左岸（俄罗斯境内）支流。河长1242km，流域面积23.3万km^2，年径流量为590亿m^3，多年平均流量1870m^3/s。结雅河每年都有590亿m^3左右的河水流入黑龙江（阿穆尔河），占黑龙江（阿穆尔河）年径流量的17%以上。结雅河的主要支流右岸有托克河、穆里姆加河、布里扬塔河、基柳伊河、乌尔坎河，左岸有库普里河、阿尔基河、杰普河、谢列姆贾河、托米河等。

布列亚河上中游在俄罗斯哈巴罗夫斯克边疆区境内，下游在阿穆尔州境内。布列亚河长623km（自右布列亚河河源算为739km），流域面积7.07万km^2，平均流量940m^3/s，最大流量18 000m^3/s。布列亚河的主要支流右岸有尼曼河、图永河，左岸有乌尔高河、特尔马河等。布列亚河的中游和下游适于漂流运输木材，主要港口有切孔达和马里诺夫卡。

阿姆贡河是黑龙江（阿穆尔河）下游左岸最大的支流，由发源于上阿姆贡高原地区的霍卢克河与阿亚基特河汇流而成，河长723km，流域面积5.6万km^2。阿姆贡河的两条源流都有山区河流特性，汇合处以下阿姆贡河十分湍急。中游河床开始弯曲，流速下降。下游阿姆贡河在宽阔的泛洪区流动，形成许多大岛和岔流。

表2-14　黑龙江（阿穆尔河）主要支流基本特征

支流名称	起点	终点	河长/km	流域面积/万km^2	年平均流量/（m^3/s）
松花江	南源发源于长白山主峰白头山天池；北源发源于小兴安岭的嫩江	于同江县东北约7km处由右岸注入黑龙江（阿穆尔河）	2309	55.68	2416

续表

支流名称	起点	终点	河长/km	流域面积/万 km^2	年平均流量/（m^3/s）
乌苏里江	锡霍特山脉的西坡	向东北流至哈巴罗夫斯克（伯力），汇入黑龙江（阿穆尔河）	890	19	1700
呼玛河	北源出自大兴安岭面包山西侧，西源出自大兴安岭东麓、大白山北坡	在呼玛县城郊汇入干流	526	2. 9562	215
逊河	源自小兴安岭东南麓、黑河市西部山区	在逊克县车陆附近汇入黑龙江（阿穆尔河）	279	1. 5738	111. 6
结雅河	发源于斯塔诺夫山脉（外兴安岭）东南侧	在布拉戈维申斯克（海兰泡）市附近汇入黑龙江（阿穆尔河）	1242	23. 3	1870
布列亚河	右布列亚河发源于艾左普山脉的南部坡地，左布列亚河发源于杜谢阿林山脉的西部坡地	汇入黑龙江（阿穆尔河）	623	7. 07	940
阿姆贡河	发源于上阿姆贡高原地区的霍卢克河与阿亚基特河汇流	汇入黑龙江（阿穆尔河）	723	5. 6	500

黑龙江（阿穆尔河）流域地势低洼地段是湖泊区的主要聚集地，山地区则湖泊较少。按发源地形式可将湖泊划分为残存式、冰河期式、侵蚀性式、谷底式、热喀斯特式、构造式和混合式。最大的残存式湖泊是汉卡湖，位于乌苏里江流域。除此之外，黑龙江（阿穆尔河）流域拥有着秋科恰给勒思考耶湖，位于高勒永-爱瓦隆河流域。侵蚀式湖泊分布在黑龙江中游支流的大型盆地。其发源地为冰河期式的湖泊分布于图库林格拉-德拉格地山脉，布列亚山脉的东南山坡和巴德拉勒斯科山等其他山脉。热喀斯特式湖泊被发现于黑龙江（阿穆尔河）北部流域的边缘地带。

按海拔高度将湖泊分为 3 组：①结雅河上游流域的山地湖泊，如谢列姆德雷河和布列亚河流域的冰河期湖泊，海拔高度为 1200 ~ 1500m；②凸起平原和山地之间的盆地湖泊，如结雅河上游和布列亚河上游盆地湖泊，海拔高度为 300 ~ 400m，以及结雅-谢列姆德仁斯科山麓平原湖泊，高度为 250 ~ 300m；③结雅-布列亚平原湖泊，高度为 100 ~ 200m。黑龙江（阿穆尔河）流域被分为两大湖泊区：结雅河上游湖泊区和结雅-谢列姆德仁斯科湖泊区。最发达的热喀斯特湖泊呈现出最小程度的水侵蚀性，流域湖泊覆盖达 10% ~12%。位于结雅-谢列姆德仁斯科湖泊区的湖泊大多分布在大型河流盆地，是成熟的热喀斯特湖泊。湖泊按区域呈不均匀分布，大部分的蓄水池和水库分布于黑龙江（阿穆尔河）河滩，而绝大部分大型湖泊集中在黑龙江（阿穆尔河）中游河滩地区、科贼-伍德雷斯科和齐俩-奥列勒司考伊平原。绝大多数的湖泊与黑龙江（阿穆尔河）及其大型支流相关联。所有湖泊的总面积占总流域面积的 1. 6%，湖泊在乌苏里江流域呈现出地区不均衡分布的特点，它们大部分集中在西部泊利莫勒思科平原，山区湖泊稀少。在珀利汗斯可低地平原大小总计有 1163 个大小湖泊。在大乌苏里江流域有 426 个，比肯那有 82 个。乌苏里江流域湖泊覆盖面积达 2. 6%。

2.2.2.2 水文气象

黑龙江（阿穆尔河）流域位于寒温带与温带，受海洋气候以及大陆性气候因素影响，季风气候明显，来自大陆和海洋的风随季节转换。流域冬季由东部亚洲高气压占据，来自西伯利亚的干冷空气带来晴朗干燥的天气，伴有强霜，封冻期近半年，其中上游160天以上，中游140～160天。每年10月上旬上游出现初冰，中游10月下旬始见初冰，翌年4月中下旬中游与上游先后解冻。流域夏季受太平洋季风影响，温暖潮湿的海风带来大雨流域主要支流的水位上涨。7、8月其影响达到最强。秋季温暖而干爽。1月平均气温南部-24℃，北部-33℃，7月平均气温南部21℃，北部约18℃。

流域多年平均降水量400～600mm，且时间分布不均，自上游向下游渐增，沿海地带最大。4～10月降水量占全年总量的90%～93%。其中，6～8月占60%～70%，且多暴雨。图2-9是黑龙江（阿穆尔河）流域降水量分布图。春汛河流流量不太大，但少数年份最大流量可超过年均流量的3～5倍，夏汛流量大，洪峰高，历时长，其流量可超过年均流量的5～10倍。受暴雨或长期阴雨影响，8、9月出现汛期最高洪峰。洪水峰高且量大，一次洪水洪峰流量可达多年平均流量的10～20倍，上游尤为突出。洪水历时较长，上游一般10天左右，最长达29天，中游最长可达58天。最大的洪水发生在1897年、1928年和1956年。

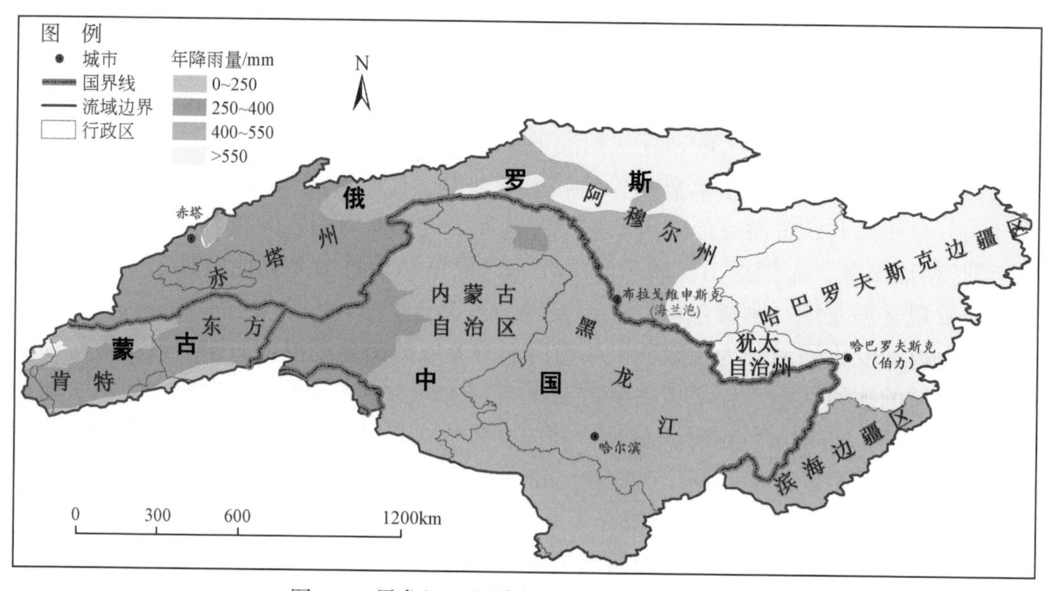

图2-9　黑龙江（阿穆尔河）流域降水量分布

黑龙江（阿穆尔河）径流年际变化明显。与乌苏里江河口处黑龙江（阿穆尔河）干流，丰水的1897年达12 400 m^3/s，枯水的1921年为3620m^3/s，径流量的多年变化还表现为丰水和枯水年的交替现象。1898～1927年为枯水年，黑龙江（阿穆尔河）干流在洛古河村只有7年超过多年平均流量，1927年以后出现丰水年期，洛古河村自1928～1956年仅有5年低于多年平均流量。流域年径流量3465亿m^3，空间分布呈现不均匀性。图2-10为黑龙江（阿穆尔河）流域多年平均径流量分布图。11月进入冬季枯水期，降水以降雪为主。地表积雪厚度一般在 20 ~ 50cm。春季气温回升，积雪融化补给河流，河水上涨形成春汛。河流径流量的季节分配是：春季占 10% ~27%，夏季约占 50%，秋季占 20% ~30%，冬季占 4% 以下。干流径流量的年际变化也大，丰水年的径流量为枯水年的 3.5 ~4.0 倍。图 2-11 和图 2-12 分别为黑龙江（阿穆尔河）结雅河-博姆纳克镇段、色布恰尔河-萨马尔卡村和共青城段流量过程线图。

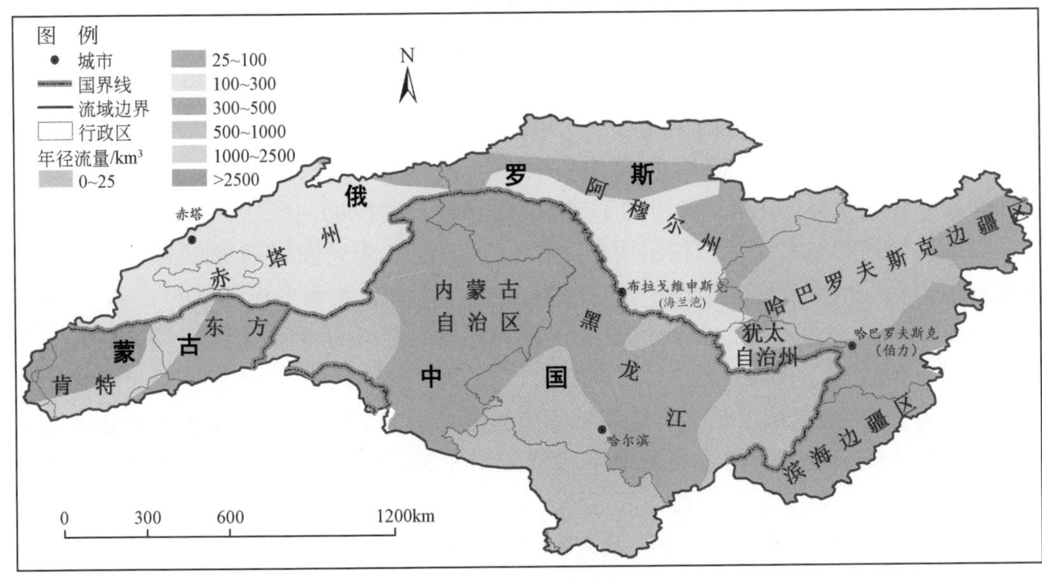

图 2-10　黑龙江（阿穆尔河）流域多年平均径流量分布

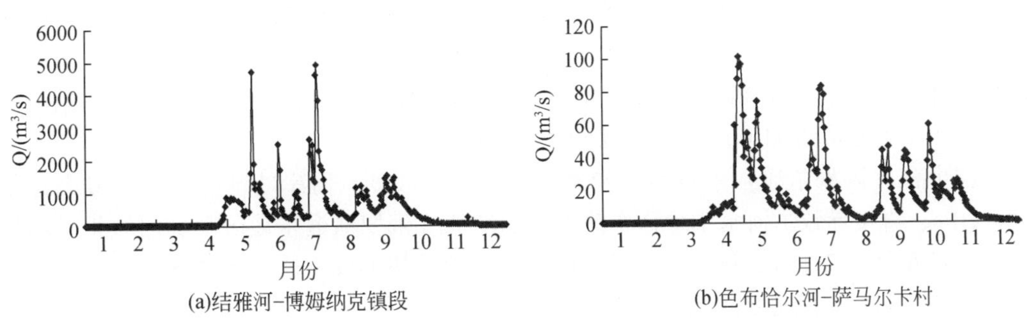

图 2-11　流量过程线

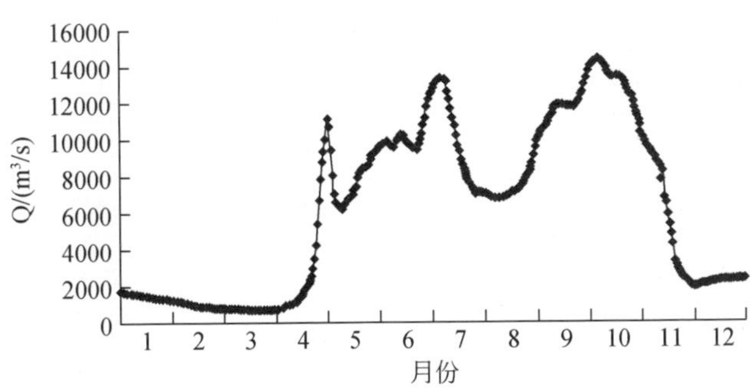

图 2-12　黑龙江（阿穆尔河）共青城段流量过程线

黑龙江（阿穆尔河）是以雨水补给为主、积雪融水补给为辅的河流，径流中雨水补给占75%~80%，融雪水补给占15%~20%，地下水补给占5%~8%。夏秋季雨水很快汇入河中，形成5~10月的洪涝期，其平均流量约10 900m^3/s。冬季，在哈巴罗夫斯克（伯力）附近，流量降低至148~199m^3/s。10月下旬黑龙江（阿穆尔河）开始结冰。上游在11月初封冻，下游在11月下旬封冻，河流下游在4月底解冻，上游在5月初解冻。冰塞常在河流急湾处发生，暂时抬升水位高达15m。河流每年带来约2000万t沉淀物。黑龙江（阿穆尔河）常是春、夏、秋三汛相连，全年中出现几次洪水过程，一般分为三种情况：一是大面积的降雨，出现干支流同时涨水的大范围洪水；二是主要支流同时涨水汇集干流引起的大洪水；三是前述的春汛、凌汛洪水。

黑龙江（阿穆尔河）流域大部为森林区，水土流失较轻，河水含沙量年均为0.1kg/m^3，仅为长江的1/4，黄河的1/300，是含沙量甚少的河流之一。多年平均含沙量在额尔古纳河和黑龙江（阿穆尔河）上游仅50g/m^3。黑龙江（阿穆尔河）较大支流分布均匀，除洪水季节外，水面平静，水位稳定，其南北两源来水约275亿m^3，其中北源占54.2%，南源占45.8%。黑龙江（阿穆尔河）在中游接纳结雅河约590亿m^3、布列亚河300亿m^3、松花江约734.7亿m^3、乌苏里江536亿m^3的年径流量。因此，干流年均径流总量约2 720亿m^3，占全流域年均径流总量的79.8%。从地下水的分布情况看，俄罗斯一侧与地表径流无关的地下水资源约8.5km^3/a，且近一半在结雅河流域的含水层中。中国一侧地下水资源总量为47.48亿m^3/a。其中，山丘区地下水补给量为37.74亿km^3/a，平原区地下水补给量为10.07亿km^3/a，地下水重复计算量为0.33亿km^3/a。

俄罗斯国家监测系统已对黑龙江（阿穆尔河）中沉积物进行了测定。根据远东水文气象与环境监测局提供的多年观测资料，1981~2003年黑龙江（阿穆尔河）亚硝酸盐的平均含量为0.016mg/L，硝酸盐的含量为0.110mg/L，磷酸盐平均含量为0.050mg/L。考虑到年均河流流量为369.1mg/L，黑龙江（阿穆尔河）流域流入海洋的年均亚硝酸盐约5 900t，硝酸盐约41 000t，磷酸盐约18 500t。

黑龙江（阿穆尔河）水量增加导致河道形状的改变。河岸冲刷的速度一般为每年10~20m，直接导致了河水中悬移质输沙量的增加（俄罗斯远东地区南部河流年平均悬移质输沙量见表2-15），从而加速了大面积移动沙嘴的形成。这可能会导致支流分岔和泥沙沉积，从而降低通航能力。

表2-15　俄罗斯远东地区南部河流年平均悬移质输沙量（水文站所得数据）

序号	河流（水文站）	流域面积/$\times10^3$ km^2	观测时长/年	泥沙沉积量/$\times10^3$t
1	阿穆尔河（哈巴罗夫斯克）（伯力）	1 630	31	24 000
2	阿穆尔河（阿穆尔共青城）	1 730	23	19 000
3	阿穆尔（博格罗茨科耶）	1 790	16	19 500
4	阿尔乔莫夫卡河（施得科沃）	0.89	29	18.5
5	绥芬河（杰列霍夫卡）	15.5	25	310

续表

序号	河流（水文站）	流域面积/×10³ km²	观测时长/年	泥沙沉积量/×10³t
6	科玛罗夫卡河（岑特拉利内）	0.16	14	3.3
7	伊利斯塔亚河（哈尔基东）	4.03	28	40.6
8	斯帕索夫卡河（斯帕斯克达利尼）	0.33	8	2.4
9	阿尔谢尼耶夫卡河（阿努奇诺）	2.48	10	80
10	阿瓦库莫夫卡河（韦特卡）	1.74	17	31.4
11	路德纳亚河（达利涅戈尔斯克）	0.29	10	3.3
12	乌苏里江（诺沃米哈伊洛夫卡）	5.17	7	85
13	乌苏里江（基罗夫斯基）	24.4	26	385
14	大乌苏尔卡河（沃斯特列采沃）	18.5	21	190
15	马林诺夫卡河（拉吉特诺耶）	4.73	28	70
16	比金河（红亚尔）	13.1	18	120
17	霍尔河（霍尔）	24.5	17	330
18	阿姆贡河（卡缅卡）	21.3	9	320
19	阿姆贡河（古加）	41	26	810
20	通古斯卡河（阿尔汗格洛夫卡）	29.4	27	490
21	比拉河（比罗比詹）	7.56	19	60
22	布列亚（卡缅卡）	67.4	27	1 140
23	谢列姆贾河（乌斯奇乌里玛）	67	19	1 820
24	结雅河（结雅瓦罗塔）	82.4	14	1 420
25	结雅河（别洛戈里耶）	229	23	4 910
26	大佩拉河（德米特里耶夫卡）	3.2	13	25.7

2.2.2.3　水资源特征及其利用

黑龙江（阿穆尔河）流域自然地形和气候因素导致供水区域在较广的范围内变化。行政区域内每年可再生的水资源由当地形成水（地方径流）和相邻区域支流水构成。区域当地径流确定河径流和该区域范围内水道的总量，区域内水流入量等于水径流量和该范围内毗邻区域水道流量的总和，年度总的可再生水资源被理解为当地水径流和相邻区域流入量的总和。天然地下水资源来自于大气降水，水的渗透和过滤。地质结构包括自然通风区域的结构和组成，含水层和隔水层，岩石层构造的特殊性，存在的裂断性损坏，岩石成岩阶段。这些因素决定了天然地下水资源形成环境的范围。

黑龙江（阿穆尔河）流域开发的地表水与地水资源见表2-16和表2-17。其中，大型水库2座，总库容169.02亿m^3，占全部水库总库容的76%（大型水库概况见表2-18）；中型水库119座，总库容34亿m^3，占全部水库总库容的15.3%；小型水库1734座，总库容19.43亿m^3，占全部水库总库容的8.7%。黑龙江（阿穆尔河）流域已开发水能资源主要集中在松花江流域，松花江流域已建水电站8座，总装机容量338.81万kW，年发电量56.69亿kW·h。黑龙江（阿穆尔河）流域俄罗斯境内的水力发电是从20世纪70年代初开始的，至今已建2座水力发电站，总装机容量329万kW，占可能总装机容量的41%。结雅水电站位于结雅市北面的结雅河上，电站始建于1964年，1975年11月第1台机组发电，1980年6月第6台机组安装完毕，并投入运行，电站总装机容量129万kW，年发电量50亿kWh，是俄罗斯远东地区的第1座水电站。布列亚河水电站位于布列亚镇以北100km的塔拉坎镇，水电站于1982年动工，1990年第1台机组发电，电站总装机200万kW，年发电量70亿kW·h。

表2-16　黑龙江（阿穆尔河）流域开发的地表水资源

俄罗斯	面积（在阿穆尔河流域范围内）/ km^2	当地		来自邻近区域的流入量/(km^3/a)	总和/(km^3/a)
		流入量/(km^3/a)	面积/km^2		
外贝加尔边疆区	223 100	17.9	80.2	10	27.9
阿穆尔州	302 000	80.1	265.2	68	148.1
犹太自治州	36 000	7	194.4	211.1	218.1
哈巴罗夫斯克边疆区	336 900	128.1	380.2	253.3	357.3
滨海边疆区	105 000	26.8	255.2	0.5	27.3

表2-17　黑龙江（阿穆尔河）流域开发的地下水资源

俄罗斯	面积/×10^3 km^2	开发的资源		开发地下水资源的模数/[L/(s·km^2)]
		流量/(m^3/s)	年径流量/(km^3)	
外贝加尔边疆区	223.1	114	3.6	0.49
阿穆尔州	363.7	331	10.4	0.91
哈巴罗夫斯克边疆区和犹太自治区	824.6	298	9.4	0.36
滨海边疆区	165.9	96	3	0.58
总计	1 577.3	839	26.4	0.53

表2-18　黑龙江（阿穆尔河）流域大型水库概况

水库名称	河流	蓄水年份	水库正常水位水面面积/km^2
布列亚水库	布列亚河	2003	740
结雅水库	结雅河	1974	2 119

2.3　中国西北干旱地区河流

2.3.1　伊犁河

2.3.1.1　流域概况

伊犁河是中国河川径流量最丰富的内陆河流，是仅次于阿姆河与锡尔河的亚洲中部大河。伊犁河流域跨中国新疆和哈萨克斯坦，流域总面积 15.12 万 km^2，河流全长 1236.5km，中国境内流域面积 5.67 万 km^2，河长 442km，上游有特克斯河、巩乃斯河和喀什河三大主要支流。伊犁河水系如图 2-13 所示。

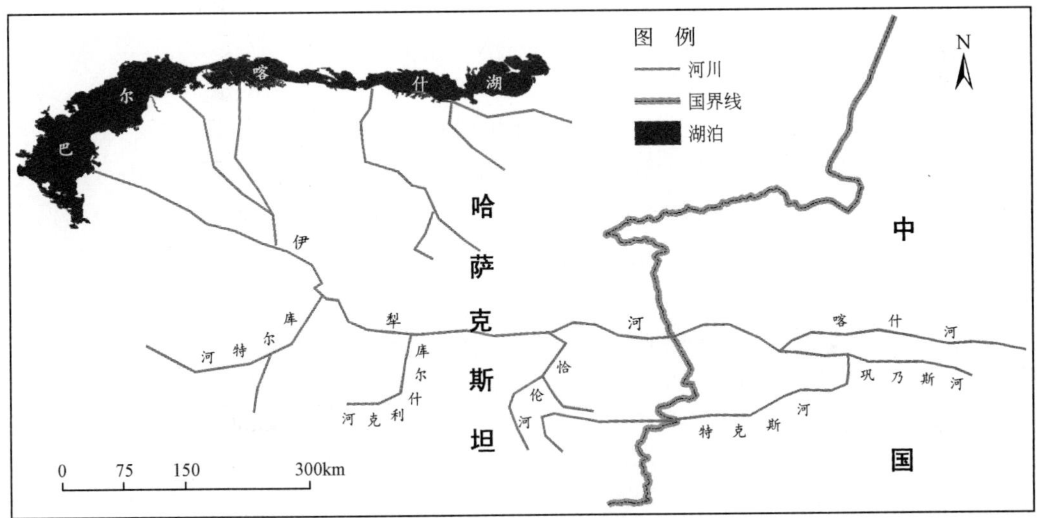

图 2-13　伊犁河水系图

2.3.1.2　水文气象

伊犁河流域地处北半球中纬度西风带，地势东南高、西北低，造成了流域内水文气候的东西向和垂直地带性的差异。中国境内伊犁河流域形似向西开口的三角形，有 3 条自西向东的山脉，北为天山北支婆罗科努及伊连哈比尔尕山段，南为天山南支哈尔克及那拉提等山段，中为山势较低的克特绵、伊什格里克等山段。北部和中部山段之间为伊犁河谷与喀什河谷，南部和中部山段之间为特克斯河谷与巩乃斯河谷。因流域向西敞开且受流域周边高山的拦阻抬升作用，年降水量较多，谷地年降水量约 300mm，山地区年降水量 500～1000mm。

伊犁河流域多年平均径流量为 230.94 亿 m^3，其中中国境内产生的径流量为 161.23 亿 m^3，占径流总量的 69.8%。加上从哈萨克斯坦境内流入的径流量 5.77 亿 m^3，中国可控制的年径流量为 167.0 亿 m^3。伊犁河流域内河川径流的补给类型多样化，如雨水补给、地下水补给、高山冰川补给、季节积雪融水补给以及各种混合型补给。这些补给具有显著的垂直地带性规律，且在空间分布上也差异较大。

伊犁河流域山系岩石类型主要由坚硬的石英片岩、片麻岩、大理岩及华里西中晚期花岗岩等组成。天然剥蚀轻微，故各河含沙量及年输沙量均较小。干支流多年平均含沙量一般在 0.6kg/m^{3}左右，少数支流约 0.2kg/m^3。伊犁河含沙量年际变化差异较大，最大与最小含沙量极值比达 3.11，河流含沙量年内分配不均匀，含沙量最大月份为 8 月，平均含沙量 1.1kg/m^3，最小月份为 1 月，平均含沙量仅 0.044kg/m^3。

伊犁河主要支流每年均有汛期。但由于降水的均匀分布和冰川的有效调节，洪峰和洪量均处于相对平稳状态，历史上未曾出现过大范围的严重洪水灾害。

2.3.1.3　水资源特征及其利用

据 2009 年资料显示，伊犁河流域地表水资源量为 228.4 亿 m^3，其中，中国境内产流 158.7 亿 m^3，哈萨克斯坦境内产流 69.7 亿 m^3。全流域地下水资源量为 52.5 亿 m^3，地下水可开采量 26.4 亿 m^3，地下水埋藏浅，水量丰富，便于开采。

伊犁河流域的水资源开发利用已初具规模。1985 年全年引水量 93.44 亿 m^3，其中中国引水 50.24 亿 m^3，占 53.8%；哈萨克斯坦引水 43.2 亿 m^3，占 46.2%。水资源利用途径主要包括农田和人工草场灌溉用水、高耗水的纺织、造纸、冶炼、火电等的工业用水、伊犁河谷地的生态环境用水及抑制霍城西部沙漠东移的固沙用水。中国境内该流域已建成各类永久性渠首 64 座，总引水能力达到 853m^3/s。先后新建、改建、扩建引水干渠 164 条，总长超过 2600km。

伊犁河流域处于天山最高峰地区，降水多，径流丰富，落差也大，水能蕴藏量超过 700 万 kW，占新疆水能蕴藏总量 21%，如全部开发，每年可得电能 620 亿度。开发条件好的水力地址有 30 多处，可装机 300 万 kW，占新疆开发条件好的水力资源 30%。在中国境内，伊犁河流域现已建成中小型水电站 132 座，总装机容量约 10 万 kW。其中，规模最大（装机 5 万 kW）的是的喀什河托海水电站，适于灌溉、防洪、发电及水产养殖综合开发利用。在哈萨克斯坦境内，伊犁河已修建卡普恰盖水库，面积 1850km^2，容积 281.4 亿 m^3，库长 180km，最大宽度为 22km，平均深度为 15.2m，最大深度为 45m，水位变幅约为 4m，为多年调节水库。水库不仅用于发电和灌溉，还是城市居民的休养地。

2.4　东亚温带季风区河流

2.4.1　海河

2.4.1.1　流域概况

海河流域东临渤海，南界黄河，西靠云中山和大岳山，北依蒙古高原。流域面积为 32 万 km^2，其中山区面积占 59.1%，平原面积占 40.9%。全流域地势西北高东南低，大致分高原、山地及平原三种地貌类型。西部为黄土高原和太行山区，北部为蒙古高原和燕山山区，东部和东南部为平原。海河流域地跨北京、天津、河北、山西、山东、河南、内蒙古和辽宁等 8 个省（自治区、直辖市）。其中，北京、天津全部属于海河流域。海河流域人口密集，大中城市众多，占有重要的政治经济地位。海河水系包括五大支流（潮白河、永定河、大清河、子牙河、南运河）和一个小支流（北运河）。海河流域水系如图 2-14 所示。

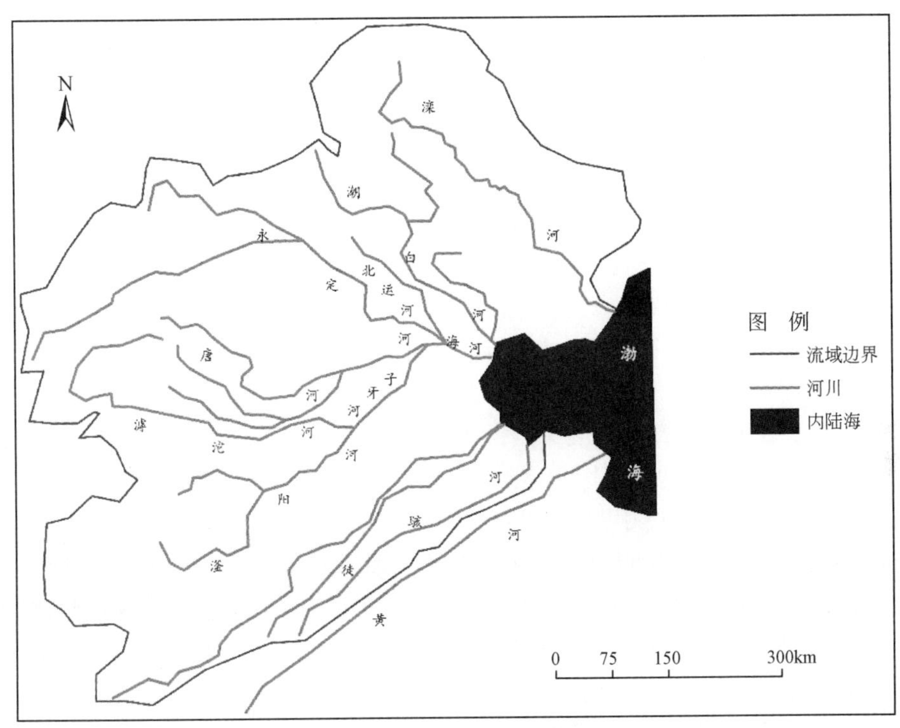

图 2-14　海河流域及支流示意

2.4.1.2　水文气象

海河流域地处温带半湿润、半干旱大陆性季风气候区。流域年平均气温由南往北同时由平原向山地降低，最大温差可达 14.5℃。据 2005 ~ 2008 年资料统计，流域多年平均降水量约为 488 mm，总降水量 1559.53 亿 m^3。降水量年内分配不均匀且年际变化很大，汛期降水量（6 ~ 9 月）占全年的 75% ~ 85%。流域多年平均水面蒸发量为 850 ~ 1300mm，平原地区大于山区。

海河流域河川径流的年际变化大且年内分配集中。据 2000 ~ 2015 年的《海河水资源公报》数据显示，该流域多年平均径流量为 216 亿 m^3，径流的年内分配主要集中在汛期（6 ~ 9 月），期间的径流量占全年的 70% ~ 80%，个别河流达到 90%。对于部分有春汛、泉水补给且调节性能好的河流，汛期的径流量则仅占全年径流量的 50% ~ 60%。

海河干支流的含沙量在中国仅次于黄河。由于流经地区自然地理条件不同，各支流的含沙量又有差异。各支流泥沙的年内分配呈现出高度的集中性，即 6 ~ 9 月的输沙量均占年输沙量的 94% 以上，其他各月输沙量很小。此外，各支流泥沙的年际变化很大，最大年与最小年的平均含沙量比值一般都在 10 ~ 20，甚至超过 20，最高可达 45。

海河流域暴雨时间短、强度大且集中在 7 月下旬至 8 月上旬，洪水与暴雨相应，最大 30 天洪量一般占汛期（6 ~ 9 月）洪量的 50% ~ 90%，而 5 ~ 7 天洪量可占 30 天洪量的60%～90%，峰型尖瘦。流域内的暴雨强度和洪峰模数都达到了中国大陆的最大值。1963年8月海河流域的大范围暴雨引发海河南系（南运河、子牙河、大清河）稀遇的洪水，此次洪水给整个海河流域带来了巨大的损失。

2.4.1.3 水资源特征及其利用

海河流域水资源严重匮乏。2005～2008年《中国水资源公报》统计数据显示，海河流域水资源总量为257.29亿m^3，地表水资源111.68亿m^3，地下水资源214.65亿m^3。2005年，流域人均当地水资源占有量只有276m^3，只相当于全国平均的13%；亩[①]均水资源量只有213m^3，只相当于全国平均的12%。人均、亩均水资源量在全国十大流域（长江、珠江、华东华南沿海、西南诸河、松花江、辽河、黄河、淮河、海河及西北内陆河流域）中是最低的。海河流域径流时空分布极不均匀，经常发生连续枯水年，如1980～1987年和1999～2005年两个较长的枯水段。

海河流域水资源过度开发问题突出。2005年经济社会总用水量383亿m^3，扣除引黄水量的31亿m^3外，当地水利用量达到了352亿m^3，超过多年平均可利用量50%，大大超过了流域水资源承载能力。据2005～2008年资料统计，海河流域年均用水消耗总量为266.28亿m^3，耗水率69.9%，其中农业灌溉消耗189.30亿m^3，林牧渔业消耗16.19亿m^3，工业消耗26.23亿m^3，生活消耗29.97亿m^3，生态环境消耗5.18亿m^3。

至2008年年底海河流域已建成大中型水库144座，蓄水量达到74.18亿m^3，其中大型水库35座，蓄水量66.39亿m^3，中型水库109座，蓄水量7.79亿m^3。这些水库以防洪为主，兼有灌溉、供水、发电等作用。流域水力资源贫乏，理论水能蕴藏量仅316万kW，已开发装机量为213万kW。

2.4.2 黄河

2.4.2.1 流域概况

黄河是中国第二长河，世界第五大长河。它发源于青海省青藏高原的巴颜喀拉山脉北麓约古宗列盆地的玛曲，呈“几”字形，流经青海、四川、甘肃、宁夏、内蒙古、陕西、山西、河南及山东9个省区，最后流入渤海。黄河全长约5464km，流域面积约79.5万km^2。由于河流中段流经中国黄土高原地区，因此夹带了大量的泥沙，故被称为世界上含沙量最高的河流。图2-15为黄河流域水系图。

2.4.2.2 水文气象

黄河流域位于中国北中部，属大陆性气候，其东南部基本属于湿润气候，中部属半干旱气候，西北部则为干旱气候。多年平均降水量约400mm，降水季节性强，大部分地区连续最大4个月降水量出现在6～9月，占年降水量的70%～80%，而且多以暴雨形式出现。黄河流域大部分地区多年平均水面蒸发量在800～1800mm，地区差异比较大，

---

① 1亩≈666.7m^2。

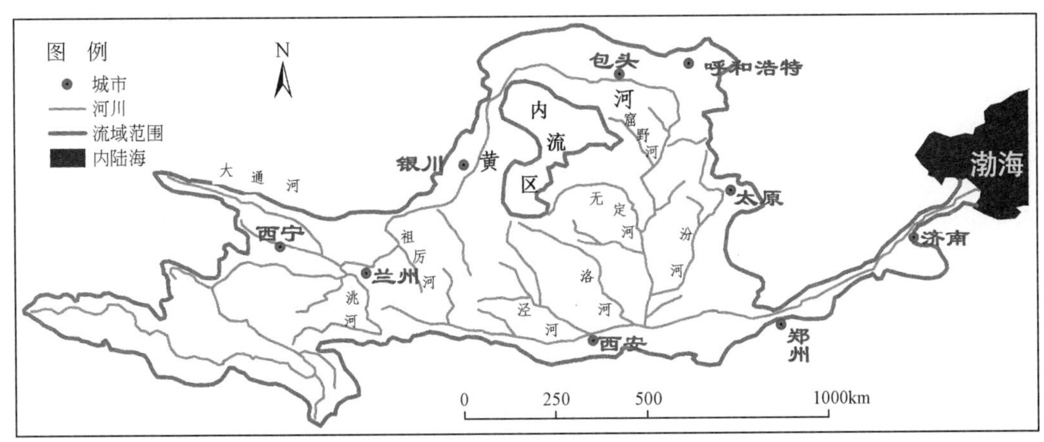

图 2-15　黄河流域水系

水面蒸发量的主要高值区在年降水量小于 400mm 的区域。

黄河流域年径流量主要由大气降水补给。因受大气环流的影响，降水量较少，而蒸发能力很强，黄河多年平均径流量 580 亿 m^3，仅相当于降水总量的 16.3%，产水系数很低。受降水季节性变化差异的影响，径流年内分配极不均匀，主要集中在汛期（7 ~ 10 月），占年径流量的 60% 以上，个别支流可达到 85%。只有个别以地下水补给为主的支流，其汛期来水比例占 35% 左右。

按 1919 ~ 1960 年资料统计，黄河三门峡多年平均输沙量为 16 亿 t，平均含沙量 37.8kg/m^3，而长江每 1m^3水含沙量还不到 1kg。按 1956 ~ 2000 年资料统计，黄河每年输送至河口地区的泥沙平均约 10 亿 t，向渤海延伸 22km，年平均净造陆地 25 ~ 31km^2。据 2006 ~ 2015 年资料统计，黄河每年输送至河口地区的泥沙平均约 0.74 亿 t。可以明显看出，近年来黄河下游的泥沙输送量大幅度降低。

下游河段除南岸东平湖至济南间为低山丘陵外，其余均为堤防挡水，堤防总长超过 1400km。历史上，下游河段决口泛滥频繁。黄河 1958 年 7 月因暴雨引发大洪水，仅下游淹没受灾面积就超过 6350km^2，受灾人口 364 万，死亡人数超过 18 000 人，灾害极为严重。此外，黄河下游由西南向东北流动，冬季北部的河段先行结冰，从而形成凌汛。凌汛易导致冰坝堵塞，造成堤防决溢。下游河段利津以下为黄河河口段。因泥沙淤积，黄河入海口不断延伸摆动。目前的黄河的入海口位于渤海湾与莱州湾交汇处，是 1976 年人工改道后经清水沟淤积塑造的新河道。

2.4.2.3　水资源特征及其利用

据 2005 ~ 2008 年资料统计，黄河流域水资源总量为 633.74 亿 m^3，地表水资源 527.38 亿 m^3，地下水资源 372.96 亿 m^3。2005 年人均水资源总量 647m^3，还不到全国人均资源总量的 30%，居第五位。亩均水资源总量 290m^3，仅仅是全国亩均水资源总量水平的 20%，居全国七大江河的第六位。可以看出，黄河流域水资源是相当贫乏的。

黄河引水主要用于农业灌溉，占总引水量的 90% 以上。两岸用水量的逐年增加是黄河下游水资源供需紧张的重要原因，使得下游的径流锐减，加上下游的用水高峰期正好在黄河枯水季节，这更加剧了供水矛盾，也是黄河近几年频繁断流的重要原因。据2005~2008年数据统计，黄河流域年均用水消耗总量为219.88亿m^3，耗水率57%，其中农业灌溉消耗152.62亿m^3，林牧渔业消耗13.25亿m^3，工业消耗24.74亿m^3，生活消耗26.05亿m^3，生态环境消耗3.23亿m^3。

至2008年年底黄河流域已建成大中型水库189座，蓄水量达到280.62亿m^3，其中大型水库23座，蓄水量271.01亿m^3，中型水库166座，蓄水量9.61亿m^3。龙羊峡至宁夏下河沿的干流河段是黄河第一大水电基地。河口镇至禹门口是黄河干流上最长的一段连续峡谷（晋陕峡谷）。该河段比降很大，水力资源丰富，是黄河第二大水电基地。近50年黄河流域已修建了3000多座水库，总库容已相当于黄河的年径流总量，黄河水资源的利用率已达60%。

2.5 水资源与水环境空间差异

由表2-19可知：7条河流的多年平均降水量为250~760mm/a，多年平均径流量为23亿~514亿m^3/a。河流的流域面积最小的为31.8万km^2，最大的为51.4万km^2。河流的平均。离子浓度为黑龙江（阿穆尔河）最小（57g/m^3），海河最大（538g/m^3）。就平均含沙量而言，勒拿河最小（0.035kg/m^3），黄河最大（27.8kg/m^3）。色楞格河上无水电站，海河上最多200座，黄河上水电站装机容量最大1000万kW，鄂毕河水库库容最大624.5亿m^3。图2-16和图2-17分别为降水量、径流量随纬度变化规律。

2.5.1 中国北方及其毗邻地区主要河流水资源空间差异

（1）降水量

由图2-16可见，7条河流的年平均降水量趋势总体随纬度的变化而变化，由高纬度至低纬度逐渐增大。其中，鄂毕河、色楞格河、黑龙江（阿穆尔河）三条河流的地理位置相近，降水量相差不大。位于44.5°N的伊犁河，其降水量每年比黑龙江（阿穆尔河）多264mm（纬度相差7.5°），且每年高出纬度更低的海河88mm。伊犁河、海河、黄河年降水量均高于550mm。

表2-19 7条河流各项指标对比

河流名称	多年平均降水/(mm/a)	多年平均径流量/(亿m^3/a)	流域面积/10^3km^2	平均离子浓度/(g/m^3)	平均含沙量/(kg/m^3)	水电站数量/座	水电站装机容量/万kW	水库库容/亿m^3
勒拿河	250	514	2500	165	0.035	2	6	108
鄂毕河	380	385	2500	130	0.037	3	140.7	624.5
色楞格河	400	291	448	93	0.175	0	0	0
黑龙江（阿穆尔河）	380	350	1800	57	0.072	28	585.62	222.45
伊犁河	644	161	570	120	0.6	132	10	281.4
海河	556	23	318	538	3.54	200	66	300
黄河	760	49	770	372	27.8	11	1000	574

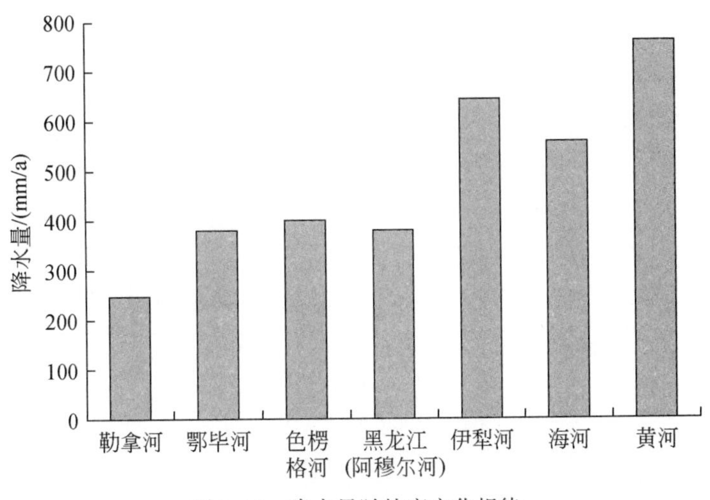

图 2-16　降水量随纬度变化规律

(2) 径流量

7 条河流的年径流量大致随纬度的变化而变化，从高纬度至低纬度逐渐减小。勒拿河径流量最高，为 514 亿 m^3/a；黑龙江（阿穆尔河）径流量次之，为 380 亿 m^3/a；海河和黄河径流量较小，均在 50 亿 m^3/a 以下（图 2-17）。

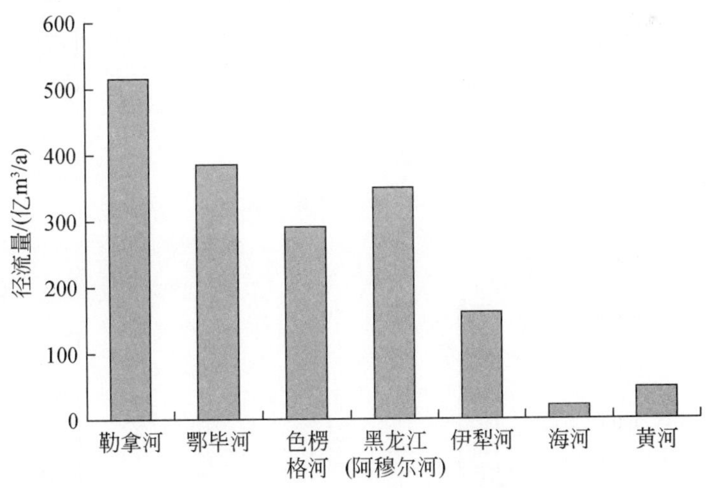

图 2-17　径流量随纬度的变化规律

(3) 水资源利用情况

由图 2-18 可见，与中低纬度河流水电站数量相比，高纬度地区的河流水电站数量较少。所考察的 7 条河流中，海河的水电站数量最多。其中，黄河流域水电站装机容量最多（图 2-19），而鄂毕河流域的水库库容最大（图 2-20）。

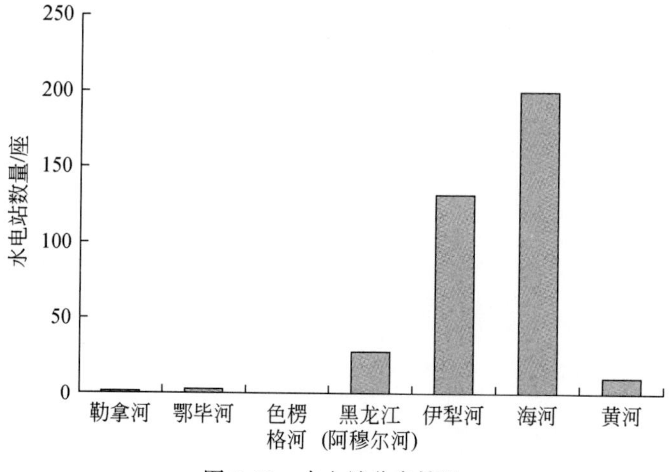

图 2-18　水电站分布情况

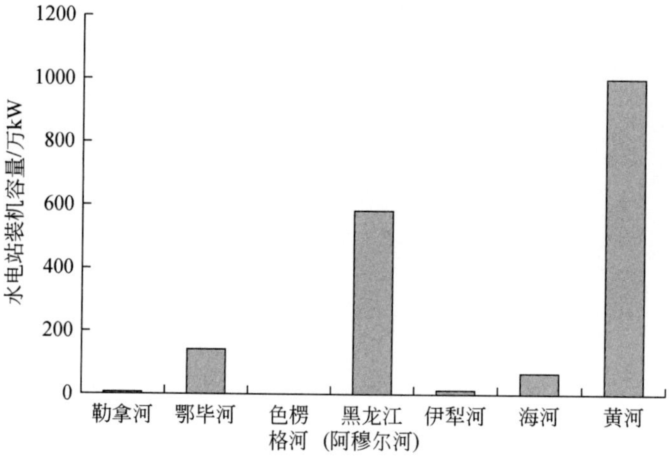

图 2-19　水电站装机容量

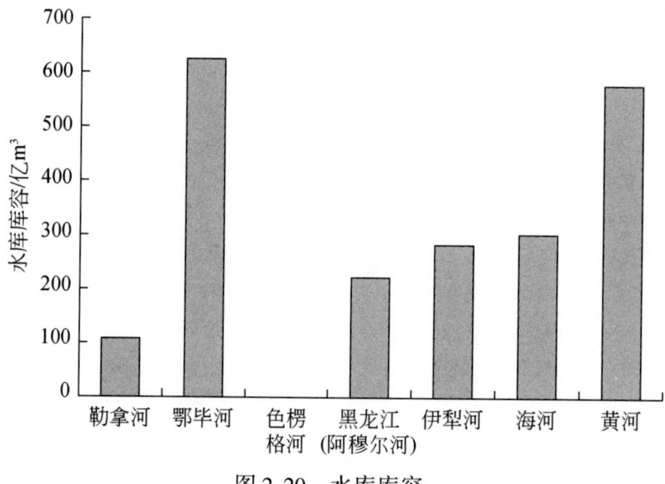

图 2-20　水库库容

2.5.2　中国北方及其毗邻地区主要河流水环境空间差异

(1) 水温度

由图 2-21 可见，由于受日照时间长短影响，从高纬度至低纬度，河流平均水温呈逐渐上升趋势。其中，鄂毕河、色楞格河、伊犁河和黑龙江（阿穆尔河）基本位于同一纬度，平均水温相差无几；纬度最高的勒拿河与纬度最低的黄河平均水温相差 21℃。

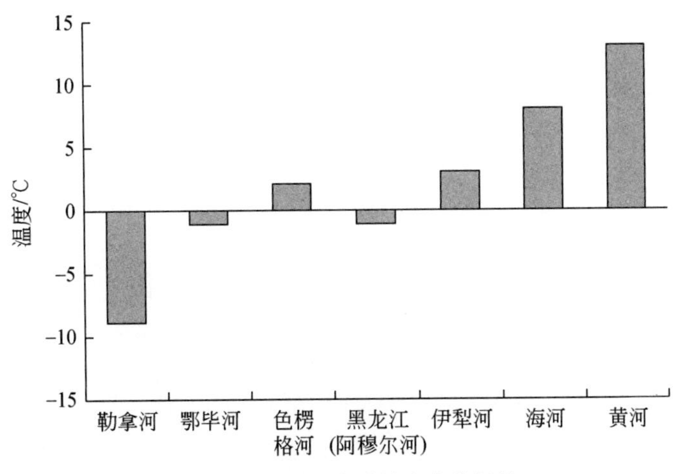

图 2-21　河流温度随纬度变化规律

(2) 离子浓度

图 2-22 表明，从高纬度至低纬度，入海河流的离子浓度趋于减小。海河的离子浓度最高，达 538g/m^3；黑龙江（阿穆尔河）的离子浓度最低，平均 57g/m^3。尽管海河和黄河所处的纬度较低，但是其离子浓度却远超过勒拿河和鄂毕河等处于高纬度的河流。这是因为高强度的人类活动造成海河和黄河的环境污染严重，故其离子浓度较高。

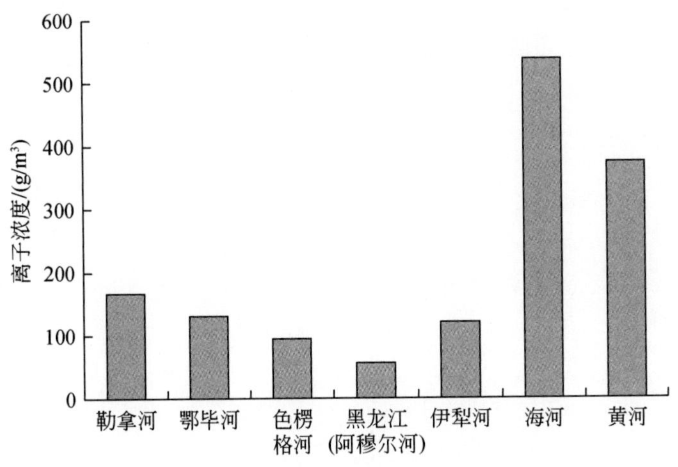

图 2-22　离子浓度随纬度变化规律

(3) 泥沙

图 2-23 显示了河流的含沙量随着纬度变化而变化，从高纬到低纬含沙量逐渐增加。黄河因其源头位于黄土高原，夏季暴雨导致大量泥沙流入黄河，致使其含沙量过大，高达 27.8 kg/m^3，是其他河流含沙量的 10～800 倍。

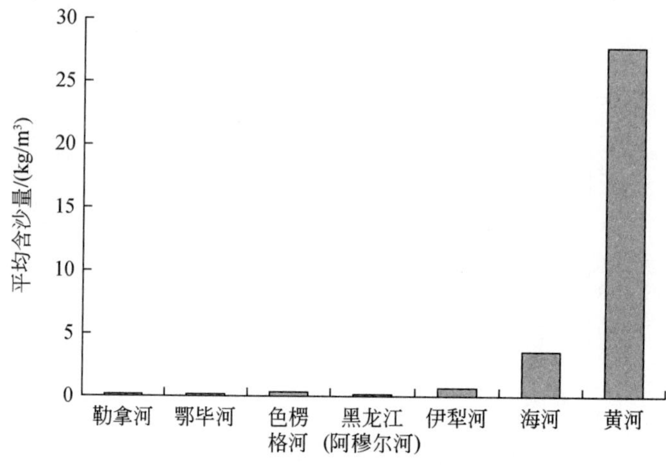

图 2-23 平均含沙量随纬度变化规律

第3章 中国北方及其毗邻地区典型河流水文特征

3.1 色楞格河水质与泥沙特征

3.1.1 色楞格河上游水质特征

色楞格河上游流域靠近蒙古和俄罗斯边界，区域内水系发达（图3-1）。流域内有蒙古最大的湖泊——库苏古尔湖，水域总面积为2760km^2，最深处达262m。共有大小96条河流汇入湖中，湖水储量为3807亿m^3，占全世界淡水储备量的2%，是蒙古重要的淡水源。

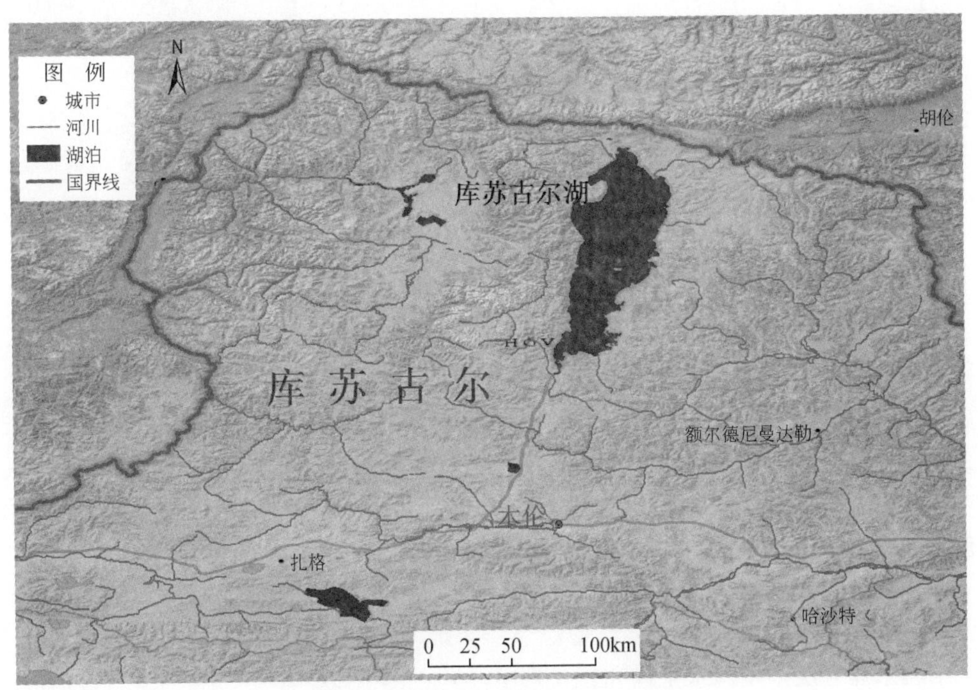

图3-1 色楞格河上游流域水系分布

2011年，在色楞格河上游地区现场采取水样，包括以下几个参数：测量时间、水温、电导率、溶解氧、pH等指标，共取样6处。

3.1.1.1 测点布设

水样采集测量点的布设，力求以较少的测点获取最具代表性的样品和数据，全面、真实、客观地反映该地区水环境质量的时空分布状况与特征。避开死水和回水区，选择水速平缓、无急流湍滩且交通方便处取样。对开阔水体，需考虑地点不同和温度分层现象可能引起水质差异。在考察水质状况时，一般选取连续晴天、水质稳定的日子。基于上述要求，此次水样采集测量点基本沿着湖中最深水位线和湖岸中心线布设（图3-2）。

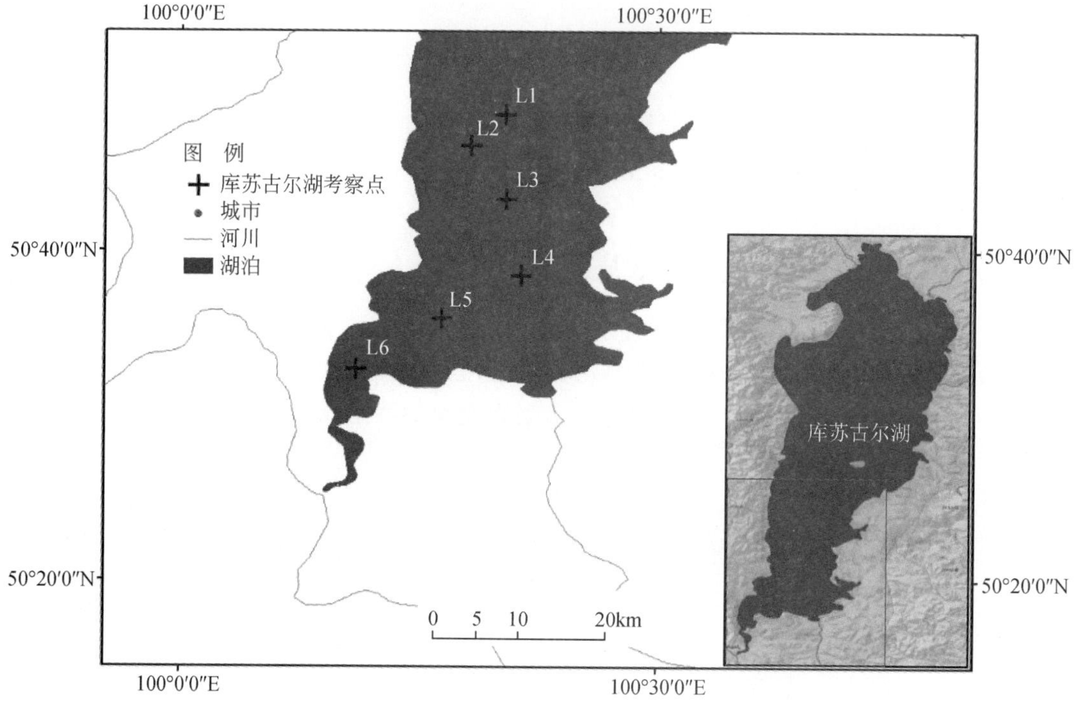

图3-2　2011年色楞格河上游地区水样采集点分布

3.1.1.2　采样测量

（1）准备采样瓶和测量仪器

采样时根据采样方案采集水样，使水样在采集过程到进行分析之前既不变质也不能受到污染。此次准备的采样瓶需数量足够、质量可靠、容量合适（50ml）且有内塞，见图3-3（a）。采样瓶使用前，先用蒸馏水洗两三遍。水质测量仪器为YSI 6600V2型多参数水质监测仪，见图3-3（b）。测量作业前必须进行相应探头的安装与校核，见图3-4。

（2）采集水样并作记录

水质采样方法采用涉水采样和船只采样，见图3-5。采集水样前在每个水样瓶上贴好标签，标明样品编号、采样日期、地点、时间等信息。

采集水样时，应注意以下几点：

1）采样前先用被检测水体清洗两三遍，再将水样装满采样瓶；

2）采集到水样后，务必尽量保证采样瓶内没有空气，用止水膜和胶带密封住瓶口内外，以防水样渗漏；

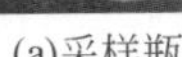

(a)采样瓶

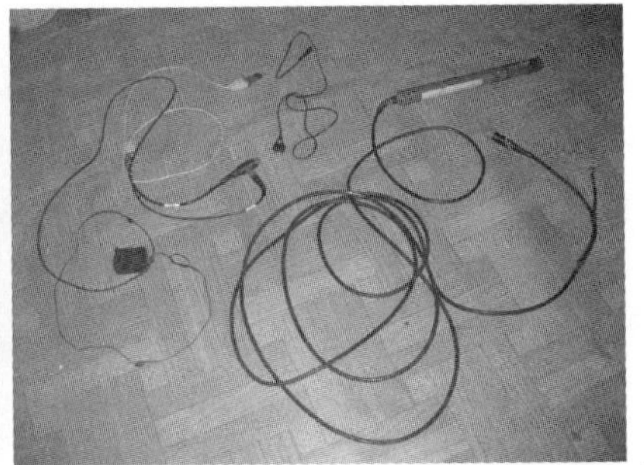

(b) YSI 6600V2型多参数水质监测仪

图 3-3　采样瓶和水质测量仪

(a)探头安装

(b)校核

图 3-4　仪器安装与调试

(a)色楞格河上游Erkhel咸水湖涉水采样

(b)色楞格河上游Delgermurun河涉水采样

(c)色楞格河上游库苏古尔淡水湖船只采样

图 3-5　水样采集

3）在每个水样瓶上标明水样的编号、采样地点（名称）、采样日期（年/月/日）和采样时间；

4）在记录表上记录每个水样的编号、采样地点（名称、经度、纬度、海拔）、采样日期（年/月/日）和采样时间、采样时水温、天气情况、采样人员姓名及其他相关信息；

5）尽量保证常温保存，避免高温或低温情况（防止结冰）；

6）尽量避免光照；

7）防止挤压，保护好采样瓶。

水样允许存放的时间随水样的性质、所要检测的项目和存储条件而定。一般而言，水样采集和分析的时间间隔越短，分析结果越可靠。因此，用仪器在现场测定水样的成分和物理特性（如温度、pH、溶解氧和电导率等）。在测上述值时，应尽量避免外界环境的干扰，并及时记录稳定后的数据（图3-6）。

(a)导航、测量、记录

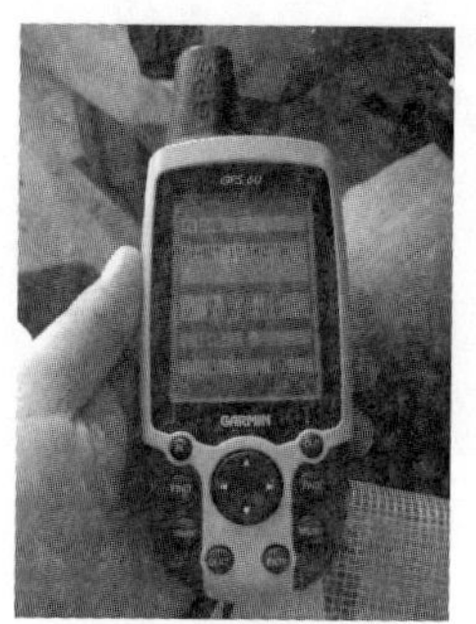

(b)手持GPS定位仪

图3-6　现场测量记录

3.1.1.3　水样指标

现场检测的水样指标包括水温、电导率、溶解氧浓度和pH，见表3-1～表3-7。取样后，做进一步的水质分析。

表3-1　2011年色楞格河上游流域测点L1水样指标数据

水深/m	时刻/(时：分：秒)	水温/℃	电导率/(μS/cm)	溶解氧浓度/(mg/L)	pH
0	13：19：00	7.87	143	12.50	8.12
	13：19：04	7.86	143	12.32	8.12
	13：19：08	7.86	143	12.17	8.12
1	13：21：13	7.85	143	11.25	8.11
	13：21：25	7.85	143	11.19	8.11
	13：21：37	7.85	143	11.12	8.11

续表

水深/m	时刻/(时：分：秒)	水温/℃	电导率/(μS/cm)	溶解氧浓度/(mg/L)	pH
2	13：21：52	7.84	143	11.05	8.10
	13：21：56	7.84	143	10.99	8.10
	13：22：00	7.84	143	11.03	8.10
3	13：22：24	7.83	143	11.08	8.09
	13：22：28	7.83	143	10.98	8.10
	13：22：32	7.83	143	10.81	8.09
	13：22：36	7.82	143	10.75	8.09
4	13：22：48	7.83	143	10.30	8.09
	13：22：52	7.83	143	11.16	8.09
	13：22：56	7.83	143	10.29	8.09
5	13：23：04	7.82	143	10.75	8.08
	13：23：08	7.82	143	10.81	8.09
	13：23：12	7.82	143	10.73	8.09
	13：23：28	7.81	143	10.65	8.08
6	13：23：32	7.81	143	10.20	8.08
	13：23：36	7.81	143	10.71	8.08
	13：23：48	7.81	143	10.46	8.08
7	13：23：56	7.81	143	11.22	8.08
	13：24：00	7.81	143	10.70	8.09
	13：24：04	7.81	143	10.71	8.08
	13：24：08	7.81	143	10.70	8.08
	13：24：12	7.81	143	10.68	8.09
平均	—	7.82	143	10.76	8.09

表3-2　2011年色楞格河上游流域测点L2水样指标数据

水深/m	时刻/(时：分：秒)	水温/℃	电导率/(μS/cm)	溶解氧浓度/(mg/L)	pH
0	13：48：00	8.43	145	12.50	8.00
	13：48：04	8.43	145	12.32	8.02
	13：48：08	8.43	145	12.17	8.03
	13：48：12	8.43	145	11.99	8.04

续表

水深/m	时刻/(时：分：秒)	水温/℃	电导率/(μS/cm)	溶解氧浓度/(mg/L)	pH
1	13：48：24	8.12	144	11.88	8.04
	13：48：28	8.10	143	11.75	8.04
	13：48：32	8.10	144	11.90	8.05
	13：48：36	8.10	144	11.77	8.05
	13：48：48	8.03	143	11.54	8.05
2	13：48：52	8.02	143	11.63	8.05
	13：48：56	8.02	143	11.57	8.06
	13：49：00	8.02	143	11.70	8.06
	13：49：04	8.02	143	11.51	8.06
3	13：49：16	7.97	143	11.60	8.06
	13：49：20	7.97	143	11.59	8.06
	13：49：24	7.96	143	11.60	8.06
4	13：49：36	7.94	143	11.59	8.07
	13：49：40	7.94	143	11.56	8.07
	13：49：44	7.94	143	11.57	8.07
	13：49：48	7.94	143	11.58	8.07
5	13：50：00	7.89	143	11.57	8.07
	13：50：04	7.88	143	11.59	8.07
	13：50：08	7.88	143	11.57	8.07
	13：50：12	7.88	143	11.58	8.07
6	13：50：28	7.83	142	11.53	8.07
	13：50：32	7.83	142	11.63	8.07
	13：50：36	7.82	142	11.60	8.07
	13：50：52	7.81	142	11.61	8.07
7	13：50：56	7.80	142	11.60	8.07
	13：51：00	7.81	142	11.62	8.07
	13：51：04	7.81	142	11.60	8.07
平均	—	8.00	143.1	11.70	8.06

表 3-3　2011 年色楞格河上游流域测点 L3 水样指标数据

水深/m	时刻/(时：分：秒)	水温/℃	电导率/(μS/cm)	溶解氧浓度/(mg/L)	pH
0	14：06：00	8.37	145	12.75	8.26
	14：06：04	8.37	144	12.60	8.26
	14：06：08	8.37	144	12.45	8.25
	14：06：12	8.37	145	12.42	8.24

续表

水深/m	时刻/(时：分：秒)	水温/℃	电导率/(μS/cm)	溶解氧浓度/(mg/L)	pH
1	14：06：24	8.22	144	12.26	8.22
	14：06：28	8.17	144	12.25	8.22
	14：06：32	8.15	144	12.16	8.22
	14：06：36	8.27	144	12.12	8.22
	14：06：44	8.14	144	12.12	8.19
2	14：06：48	8.11	143	12.05	8.19
	14：06：52	8.10	143	12.12	8.19
	14：06：56	8.10	143	12.07	8.19
	14：07：00	8.09	143	12.09	8.19
3	14：07：12	8.06	143	12.05	8.16
	14：07：16	8.06	143	12.05	8.17
	14：07：20	8.06	143	11.96	8.17
	14：07：24	8.06	143	12.02	8.17
4	14：07：36	8.04	143	11.92	8.14
	14：07：40	8.04	143	12.02	8.14
	14：07：44	8.04	143	11.95	8.15
	14：07：48	8.04	143	11.99	8.15
5	14：07：56	8.04	143	11.96	8.12
	14：08：00	8.03	143	11.99	8.13
	14：08：04	8.03	143	11.97	8.13
	14：08：08	8.03	143	11.96	8.13
6	14：08：16	8.02	143	12.00	8.12
	14：08：20	8.01	143	11.92	8.12
	14：08：24	8.01	143	11.95	8.12
	14：08：28	8.01	143	12.00	8.12
7	14：08：40	8.01	143	11.96	8.11
	14：08：44	8.01	143	11.97	8.11
	14：08：48	8.01	143	11.98	8.11
	14：08：52	8.01	143	12.01	8.11
	14：08：56	8.01	143	11.92	8.11
平均	—	8.10	143.3	12.09	8.17

表 3-4　2011 年色楞格河上游流域测点 L4 水样指标数据

水深/m	时刻/(时：分：秒)	水温/℃	电导率/(μS/cm)	溶解氧浓度/(mg/L)	pH
0	14：20：00	8.46	145	13.21	8.19
	14：20：04	8.46	145	13.20	8.19
	14：20：08	8.45	145	13.04	8.18
	14：20：12	8.44	145	12.91	8.18
	14：20：16	8.45	145	12.80	8.15
1	14：20：52	8.46	145	12.43	8.15
	14：20：56	8.46	145	12.45	8.15
	14：21：00	8.45	145	12.43	8.15
	14：21：04	8.43	145	12.34	8.13
2	14：21：16	8.43	145	12.29	8.14
	14：21：20	8.43	145	12.28	8.14
	14：21：24	8.43	145	12.25	8.14
	14：21：28	8.45	145	12.22	8.13
3	14：21：40	8.44	145	12.26	8.13
	14：21：44	8.44	145	12.28	8.13
	14：21：48	8.44	145	12.32	8.13
	14：21：52	8.44	145	12.27	8.12
4	14：22：04	8.35	144	12.34	8.12
	14：22：08	8.38	145	12.36	8.12
	14：22：12	8.40	145	12.34	8.12
	14：22：16	8.40	145	12.31	8.11
5	14：22：28	8.35	144	12.22	8.12
	14：22：32	8.35	144	12.45	8.12
	14：22：36	8.33	144	12.20	8.12
	14：22：40	8.32	144	12.48	8.11
6	14：22：52	8.31	144	12.38	8.11
	14：22：56	8.31	144	12.29	8.11
	14：23：00	8.31	144	12.37	8.11
	14：23：04	8.32	144	12.32	8.11
7	14：23：24	8.31	144	12.35	8.11
	14：23：28	8.31	144	12.35	8.11
	14：23：32	8.31	144	12.40	8.11
	14：23：36	8.31	144	12.31	8.11
平均	—	8.39	144.6	12.4	8.13

表 3-5　2011 年色楞格河上游流域测点 L5 水样指标数据

水深/m	时刻/(时：分：秒)	水温/℃	电导率/(μS/cm)	溶解氧浓度/(mg/L)	pH
0	14：40：00	8.22	144	13.51	8.21
	14：40：04	8.23	144	13.47	8.21
	14：40：08	8.22	144	13.23	8.20
	14：40：12	8.22	144	12.94	8.20
1	14：40：20	8.22	144	12.71	8.19
	14：40：24	8.22	144	12.91	8.19
	14：40：28	8.23	144	13.05	8.19
	14：40：32	8.23	144	13.05	8.18
2	14：40：48	8.21	144	12.89	8.17
	14：40：52	8.18	144	12.86	8.17
	14：40：56	8.18	144	12.84	8.17
	14：41：00	8.22	144	12.81	8.17
3	14：41：12	8.19	144	12.79	8.15
	14：41：16	8.21	144	12.79	8.15
	14：41：20	8.21	144	12.80	8.15
	14：41：24	8.18	144	12.69	8.15
4	14：41：36	8.09	143	12.49	8.13
	14：41：40	8.08	143	12.53	8.14
	14：41：44	8.13	144	12.67	8.14
	14：41：48	8.16	144	14.00	8.14
5	14：42：00	8.11	143	12.59	8.14
	14：42：04	8.11	143	12.54	8.14
	14：42：08	8.14	143	12.62	8.14
	14：42：12	8.14	144	13.70	8.14
6	14：42：28	8.07	143	12.78	8.13
	14：42：32	8.07	143	12.82	8.13
	14：42：36	8.07	143	14.54	8.13
	14：42：40	8.07	143	12.47	8.14
7	14：42：52	8.06	143	12.62	8.12
	14：42：56	8.06	143	14.30	8.12
	14：43：00	8.06	143	12.50	8.13
	14：43：04	8.07	143	12.73	8.12
平均	—	8.16	143.6	13.0	8.16

表 3-6　2011 年色楞格河上游流域测点 L6 水样指标数据

水深/m	时刻 /(时：分：秒)	水温/℃	电导率 /(μS/cm)	溶解氧浓度 /(mg/L)	pH
0	15：24：00	7.67	142	12.91	8.08
	15：24：04	7.67	142	12.03	8.07
	15：24：08	7.67	142	14.18	8.07
	15：24：12	7.67	142	11.92	8.08
1	15：24：32	7.67	142	12.48	8.07
	15：24：36	7.67	142	12.17	8.07
	15：24：40	7.68	142	12.84	8.07
	15：24：44	7.68	142	12.28	8.07
2	15：24：56	7.66	142	12.85	8.07
	15：25：00	7.66	142	12.48	8.07
	15：25：04	7.66	142	13.81	8.07
	15：25：08	7.66	142	12.72	8.07
3	15：25：16	7.66	142	13.58	8.07
	15：25：20	7.66	142	14.37	8.07
	15：25：24	7.66	142	11.71	8.07
	15：25：28	7.66	142	13.45	8.08
4	15：25：40	7.65	142	13.46	8.07
	15：25：44	7.65	142	13.04	8.07
	15：25：48	7.65	142	13.76	8.07
	15：25：52	7.63	142	12.71	8.07
5	15：26：04	7.63	142	13.25	8.07
	15：26：08	7.63	142	13.06	8.07
	15：26：12	7.63	142	14.16	8.07
	15：26：16	7.63	142	13.34	8.07
6	15：26：28	7.64	142	13.06	8.07
	15：26：32	7.64	142	12.87	8.07
	15：26：36	7.64	142	13.58	8.07
	15：26：40	7.63	142	12.44	8.07
7	15：26：48	7.63	142	13.74	8.07
	15：26：52	7.61	142	13.26	8.07
	15：26：56	7.60	142	13.26	8.07
	15：27：00	7.61	142	13.18	8.08
平均	—	7.65	142	13.1	8.07

表 3-7　2011 年色楞格河上游流域水样指标数据汇总

测点	L1	L2	L3	L4	L5	L6
经度	100°20′39. 5″E	100°19′52. 3″E	100°19′12. 4″E	100°22′17. 9″E	100°15′30. 8″E	100°10′23. 1″E
纬度	50°46′07. 9″N	50°44′16. 5″N	50°40′21. 2″N	50°37′12. 2″N	50°34′59. 8″N	50°30′41. 9″N
海拔/m	1650	1655	1654	1649	1650	1650
采样时间/(时：分)	13：19-13：24	13：48-13：51	14：06-14：09	14：20-14：23	14：40-14：43	15：24-15：27
水温/℃	7. 82	8. 00	8. 10	8. 39	8. 16	7. 65
电导率/(μS/cm)	143	143. 1	143. 3	144. 6	143. 6	142
溶解氧浓度/(mg/L)	10. 76	11. 70	12. 09	12. 4	13. 0	13. 1
pH	8. 09	8. 06	8. 17	8. 13	8. 16	8. 07

注：库苏古尔湖西岸为山区，东岸为平原，12 月份开始结冰，5 月份完全消融，2～3 月份湖面结冰厚度达最大，最厚处可达 1. 5 m。

通过对色楞格河上游流域的考察，可以发现，色楞格河上游流域水量丰富，水质良好，湖水基本无污染，可见度良好。秋季晴天水温 8℃左右时，水中溶解氧饱和度均在 90% 以上；水质呈弱碱性，pH 范围为 8. 00～8. 26。

3. 1. 2　色楞格河下游泥沙特征

3. 1. 2. 1　水文测验

2008 年，在色楞格河河口三角洲实地考察，现场实测水库水质，测定河流断面流速等要素。为了更好地反映色楞格河河口的水深分布情况，本次水样测点的布设尽可能覆盖流入贝加尔湖的色楞格河河口主要通道。为保证河口测量的连续性和有效性，样点布设考虑了河口水深变化大、流量分布不均和入湖支流的差异性等特性，结合实地考察以及所携仪器的特点，选择了 43 个断面，共计 191 个测点。具体所选的河流截面位置如图 3-7、图 3-8 所示。

对选取的 191 个测点进行水深测量。各测点采用手持 GPS 仪定位。水深测量采用手持式超声波水深仪。先将传感器放入水中，传感器在重力的作用下会自动下沉，待传感器下沉稳定后，从手持仪表上读出数据。图 3-9 为水深测量过程。表3-8为各测量断面的色楞格河口水深分布情况。测量数据表明，色楞格河河口附近水深较浅，河道主泓线深度位置介于 2. 5～3m，且岸边滩地较宽，靠近深泓位置水深变化较大。

图 3-7　南部和中部河流测量断面

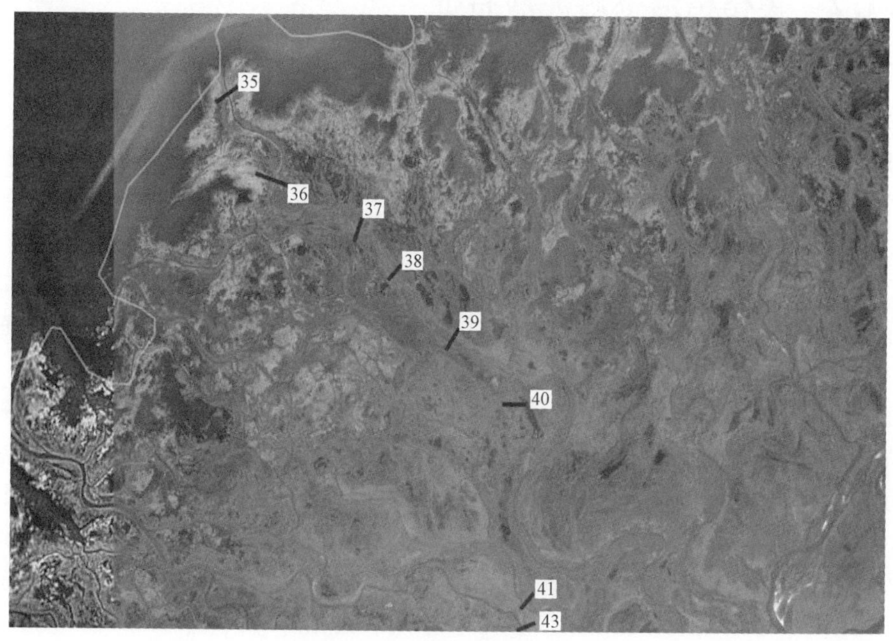

图 3-8　北部河流测量断面

(a)传感器放入水中　　(b)手持仪表读数

图 3-9　水深测量过程

表 3-8　色楞格河河口采样位置水深

断面号	点号	纬度	经度	水深/m
1	1	52°03′42.9″ N	106°39′42.6″ E	0.5
	2	52°03′43.1″ N	106°39′45.7″ E	1.72
	3	52°03′43.9″ N	106°39′47.3″ E	2.06
	4	52°03′43.8″ N	106°39′50.1″ E	2.73
	5	52°03′43.7″ N	106°39′51.7″ E	1.55
2	1	52°03′44.0″ N	106°39′52.9″ E	1.44
	2	52°03′44.7″ N	106°39′54.0″ E	2.90
	3	52°03′46.2″ N	106°39′56.7″ E	2.45
	4	52°03′46.8″ N	106°39′56.9″ E	1.09
3	1	52°04′08.6″ N	106°39′15.2″ E	1.68
	2	52°04′08.5″ N	106°39′16.7″ E	2.84
	3	52°04′10.1″ N	106°39′17.6″ E	2.48
	4	52°04′11.1″ N	106°39′18.8″ E	2.66
	5	52°04′12.4″ N	106°39′21.6″ E	1.84
	6	52°04′14.1″ N	106°39′28.4″ E	1.19
4	1	52°04′40.0″ N	106°38′48.3″ E	1.0
	2	52°04′41.2″ N	106°38′50.6″ E	1.4
	3	52°04′42.2″ N	106°38′53.4″ E	2.77
	4	52°04′42.7″ N	106°38′56.1″ E	2.66
5	1	52°05′11.8″ N	106°38′38.8″ E	1.36
	2	52°05′11.5″ N	106°38′39.0″ E	1.59
	3	52°05′10.9″ N	106°38′37.9″ E	1.48
	4	52°05′13.1″ N	106°38′33.4″ E	1.01

续表

断面号	点号	纬度	经度	水深/m
6	1	52°06′00.6″ N	106°37′16.1″ E	2.41
	2	52°06′01.0″ N	106°37′17.9″ E	2.67
	3	52°06′01.5″ N	106°37′19.8″ E	2.64
	4	52°06′02″ N	106°37′21.8″ E	2.2
	5	52°06′03.7″ N	106°37′22.0″ E	2.0
7	1	52°06′56.5″ N	106°37′07.8″ E	1.16
	2	52°06′56.5″ N	106°37′06.8″ E	2.82
	3	52°06′56.3″ N	106°37′05.2″ E	2.68
	4	52°06′56.3″ N	106°37′04.0″ E	4
	5	52°06′59.7″ N	106°36′56.3″ E	2.01
	6	52°07′00.0″ N	106°36′53.4″ E	3.5
	7	52°07′00.0″ N	106°36′51.9″ E	2.29
8	1	52°07′30.9″ N	106°36′39.8″ E	2.36
	2	52°07′30.0″ N	106°36′38.2″ E	2.6
	3	52°07′29.0″ N	106°36′35.7″ E	2.72
	4	52°07′27.8″ N	106°36′34.6″ E	1.36
9	1	52°07′50.7″ N	106°35′04.6″ E	1.5
	2	52°07′48.3″ N	106°35′05.2″ E	2.66
	3	52°07′47.1″ N	106°35′05.4″ E	2.54
	4	52°07′46.3″ N	106°35′05.8″ E	2.68
10	1	52°07′59.0″ N	106°34′07.5″ E	1.56
	2	52°07′59.3″ N	106°34′09.0″ E	2.77
	3	52°08′01.6″ N	106°34′11.1″ E	2.78
	4	52°08′02.9″ N	106°34′14.1″ E	2.72
	5	52°08′03.8″ N	106°34′16.2″ E	1.31
11	1	52°08′55.8″ N	106°33′55.8″ E	2.76
	2	52°08′55.6″ N	106°33′58.1″ E	2.82
	3	52°08′55.3″ N	106°34′02.5″ E	2.86
	4	52°08′54.6″ N	106°34′07.5″ E	2.80
	5	52°08′54.1″ N	106°34′10.1″ E	2.75
	6	52°08′54.0″ N	106°34′10.6″ E	2.04

续表

断面号	点号	纬度	经度	水深/m
12	1	52°09′22.8″ N	106°33′28.4″ E	2.6
	2	52°09′22.2″ N	106°33′29.4″ E	2.8
	3	52°09′21.0″ N	106°33′30.7″ E	1.97
	4	52°09′20.8″ N	106°33′31.7″ E	1.04
13	1	52°10′01.9″ N	106°32′21.5″ E	2.68
	2	52°10′00.3″ N	106°32′20.4″ E	2.85
	3	52°09′59.5″ N	106°32′18.4″ E	1.42
	4	52°09′59.2″ N	106°32′17.5″ E	1.54
14	1	52°10′24.8″ N	106°31′27.5″ E	0.99
	2	52°10′22.8″ N	106°31′28.8″ E	1.82
	3	52°10′21.2″ N	106°31′26.5″ E	2.7
	4	52°10′20.0″ N	106°31′24.5″ E	2.1
15	1	52°10′56.2″ N	106°31′01.2″ E	2.02
	2	52°10′54.9″ N	106°30′58.9″ E	2.17
	3	52°10′54.4″ N	106°30′56.2″ E	2.35
	4	52°10′54.0″ N	106°30′54.3″ E	1.78
16	1	52°11′12.4″ N	106°29′54.9″ E	2.25
	2	52°11′13.6″ N	106°29′55.5″ E	2.38
	3	52°11′15.3″ N	106°29′55.9″ E	1.29
	4	52°11′16.8″ N	106°29′57.3″ E	1.37
	5	52°11′17.1″ N	106°29′58.2″ E	1.19
17	1	52°11′47.5″ N	106°29′18.0″ E	1.85
	2	52°11′49.1″ N	106°29′20.8″ E	2.50
	3	52°11′50.4″ N	106°29′23.9″ E	2.36
	4	52°11′51.6″ N	106°29′27.8″ E	2.55
18	1	52°12′09.1″ N	106°28′20.1″ E	2.75
	2	52°12′08.8″ N	106°28′20.5″ E	2.72
	3	52°12′13.2″ N	106°28′24.9″ E	1.36
	4	52°12′13.9″ N	106°28′26.3″ E	0.7

续表

断面号	点号	纬度	经度	水深/m
19	1	52°12′27. 1″ N	106°27′17. 5″ E	2. 5
	2	52°12′28. 1″ N	106°27′18. 1″ E	2. 07
	3	52°12′29. 9″ N	106°27′18. 9″ E	2. 36
	4	52°12′32. 0″ N	106°27′19. 4″ E	2. 71
	5	52°12′32. 8″ N	106°27′19. 6″ E	2. 63
20	1	52°12′27. 7″ N	106°25′43. 1″ E	1. 52
	2	52°12′28. 3″ N	106°25′44. 9″ E	2. 54
	3	52°12′29. 7″ N	106°25′45. 6″ E	2. 77
	4	52°12′30. 5″ N	106°25′46. 6″ E	2. 79
	5	52°12′31. 0″ N	106°25′46. 8″ E	2. 68
21	1	52°12′43. 0″ N	106°24′45. 7″ E	2. 2
	2	52°12′42. 1″ N	106°24′44. 6″ E	2. 7
	3	52°12′41. 1″ N	106°24′44. 4″ E	3. 17
	4	52°12′40. 0″ N	106°24′44. 3″ E	1. 85
22	1	52°12′51. 4″ N	106°24′05. 0″ E	2. 6
	2	52°12′50. 3″ N	106°24′05. 1″ E	2. 86
	3	52°12′48. 0″ N	106°24′05. 4″ E	1. 56
	4	52°12′46. 6″ N	106°24′05. 7″ E	1. 82
23	1	52°13′11. 5″ N	106°23′07. 9″ E	3. 04
	2	52°13′11. 8″ N	106°23′09. 4″ E	2. 9
	3	52°13′12. 7″ N	106°23′12. 0″ E	1. 29
	4	52°13′13. 9″ N	106°23′14. 5″ E	1. 14
	5	52°13′14. 4″ N	106°23′15. 2″ E	1. 55
24	1	52°13′22. 1″ N	106°22′15. 3″ E	2. 2
	2	52°13′22. 2″ N	106°22′16. 8″ E	2. 79
	3	52°13′22. 2″ N	106°22′18. 6″ E	1. 8
	4	52°13′22. 4″ N	106°22′19. 9″ E	1. 03
25	1	52°13′25. 0″ N	106°21′06. 7″ E	1. 76
	2	52°13′25. 9″ N	106°21′07. 7″ E	2. 0
	3	52°13′27. 0″ N	106°21′09. 0″ E	1. 93
	4	52°13′27. 7″ N	106°21′10. 3″ E	1. 75
	5	52°13′28. 1″ N	106°21′11. 8″ E	1. 75
26	1	52°13′15. 6″ N	106°20′04. 1″ E	2. 29
	2	52°13′16. 0″ N	106°20′05. 9″ E	2. 72
	3	52°13′15. 6″ N	106°20′08. 9″ E	2. 93
	4	52°13′15. 3″ N	106°20′10. 5″ E	1. 0

续表

断面号	点号	纬度	经度	水深/m
27	1	52°13′11. 5″ N	106°19′29. 0″ E	2. 65
	2	52°13′12. 3″ N	106°19′30. 2″ E	2. 9
	3	52°13′13. 4″ N	106°19′32. 2″ E	2. 41
	4	52°13′14. 2″ N	106°19′34. 2″ E	1. 64
28	1	52°13′09. 7″ N	106°19′21. 1″ E	2. 15
	2	52°13′09. 8″ N	106°19′21. 6″ E	2. 5
	3	52°13′09. 7″ N	106°19′22. 4″ E	1. 5
29	1	52°12′47. 8″ N	106°18′48. 5″ E	1. 9
	2	52°12′47. 8″ N	106°18′48. 8″ E	2. 05
	3	52°12′47. 4″ N	106°18′49. 3″ E	1. 0
	4	52°12′47. 3″ N	106°18′49. 2″ E	0. 7
30	1	52°11′17. 4″ N	106°21′57. 5″ E	1. 04
	2	52°11′16. 7″ N	106°21′58. 5″ E	1. 82
	3	52°11′15. 5″ N	106°21′59. 9″ E	1. 83
	4	52°11′14. 6″ N	106°22′01. 2″ E	2. 43
	5	52°11′17. 4″ N	106°22′02. 8″ E	2. 75
	6	52°11′17. 4″ N	106°22′03. 9″ E	2. 81
	7	52°11′17. 4″ N	106°22′05. 2″ E	1. 0
31	1	52°10′23. 1″ N	106°21′29. 2″ E	1. 8
	2	52°10′23. 4″ N	106°21′28. 0″ E	2. 86
	3	52°10′23. 9″ N	106°21′27. 3″ E	2. 02
	4	52°10′24. 5″ N	106°21′26. 1″ E	1. 56
	5	52°10′25. 4″ N	106°21′25. 3″ E	1. 2
	6	52°10′26. 1″ N	106°21′24. 3″ E	1. 18
	7	52°10′27. 1″ N	106°21′23. 3″ E	1. 65
	8	52°10′27. 4″ N	106°21′22. 9″ E	1. 96
32	1	52°10′27. 4″ N	106°18′55. 1″ E	1. 68
	2	52°10′28. 0″ N	106°18′54. 4″ E	2. 03
	3	52°10′28. 5″ N	106°18′53. 8″ E	2. 43
	4	52°10′29. 4″ N	106°18′52. 8″ E	2. 7
	5	52°10′30. 2″ N	106°18′52. 3″ E	2. 74
33	1	52°10′23. 4″ N	106°18′44. 1″ E	2. 65
	2	52°10′23. 1″ N	106°18′44. 6″ E	2. 77
	3	52°10′22. 2″ N	106°18′44. 5″ E	2. 75
	4	52°10′21. 7″ N	106°18′45. 3″ E	2. 02

续表

断面号	点号	纬度	经度	水深/m
34	1	52°09′12.6″ N	106°17′18.1″ E	1.05
	2	52°09′12.1″ N	106°17′18.6″ E	1.47
	3	52°09′11.6″ N	106°17′19.3″ E	2.25
	4	52°09′11.1″ N	106°17′19.5″ E	1.93
35	1	52°20′22.7″ N	106°21′48.1″ E	2.27
	2	52°20′22.4″ N	106°21′47.6″ E	1.69
	3	52°20′22.4″ N	106°21′47.2″ E	1.50
36	1	52°19′30.4″ N	106°22′33.9″ E	1.68
	2	52°19′30.4″ N	106°22′33.6″ E	2.18
	3	52°19′30.6″ N	106°22′33.3″ E	1.3
37	1	52°19′03.7″ N	106°24′14.7″ E	1.2
	2	52°19′03.6″ N	106°24′14.4″ E	1.28
	3	52°19′03.6″ N	106°24′13.4″ E	1.1
38	1	52°18′37.0″ N	106°24′46.6″ E	1.07
	2	52°18′37.8″ N	106°24′46.3″ E	2.7
	3	52°18′37.8″ N	106°24′47.1″ E	1.3
39	1	52°18′00.6″ N	106°25′59.9″ E	1.67
	2	52°18′00.3″ N	106°25′59.8″ E	1.8
	3	52°17′59.9″ N	106°25′59.7″ E	1.04
40	1	52°17′21.2″ N	106°27′03.3″ E	0.97
	2	52°17′21.1″ N	106°27′02.7″ E	0.99
	3	52°17′21.1″ N	106°27′02.2″ E	1.5
41	1	52°15′23.4″ N	106°27′11.2″ E	1.69
	2	52°15′23.4″ N	106°27′11.9″ E	1.53
	3	52°15′23.6″ N	106°27′12.7″ E	1.93
	4	52°15′24.0″ N	106°27′13.9″ E	1.68
42	1	52°15′04.1″ N	106°27′11.0″ E	2.68
	2	52°15′03.8″ N	106°27′11.7″ E	2.75
	3	52°15′03.0″ N	106°27′11.8″ E	2.59
	4	52°15′02.1″ N	106°27′11.8″ E	0.98
43	1	52°15′05.9″ N	106°27′15.8″ E	1.95
	2	52°15′06.4″ N	106°27′15.1″ E	2.79
	3	52°15′06.4″ N	106°27′14.6″ E	2.56
	4	52°15′06.3″ N	106°27′13.9″ E	2.06
	5	52°15′06.2″ N	106°27′13.1″ E	1.24
	6	52°15′06.1″ N	106°27′12.1″ E	1.53

部分测量断面的形状如图 3-10 所示。河道宽度变化范围较大，介于 35 ~ 350m。河道越宽，河滩越大，部分水深在 1m 以内，呈现宽浅的不规则梯形；反之，河道越窄，其边坡越陡，表现出水对河道的冲刷影响。河流入湖附近河道分岔增多，河道宽度多在 100m 以下。

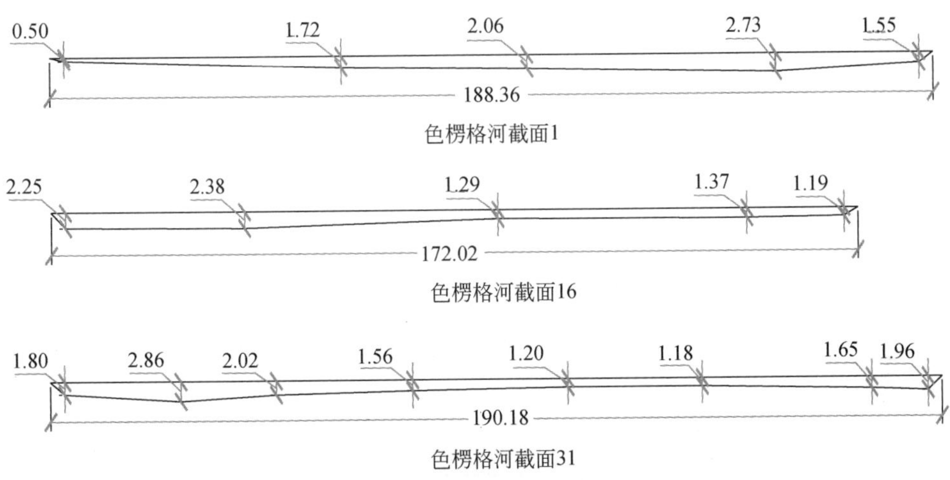

图 3-10　色楞格河口断面（单位：m）

3.1.2.2　泥沙分析

为了更好地反映色楞格河河口的泥沙状况和河口变化特征，本次泥沙取样的采样点布设尽可能同断面测量站点一致。同时，为更高效地开展测量工作，采样点的选取也结合了水环境相关专业的需求，利用相关仪器，实现一次性多角度地获取科研数据。

到达采样点之后，首先观察采样条件，制订相应的采样方案。将采集的水样用滤纸进行过滤，从而获得泥沙。图 3-11 为泥沙取样过程。沙样采用试验沙袋储存，回到实验室后转至采集瓶，等待进一步泥沙分析。在色楞格河河口处选取 27 处截面进行采样测量。

图 3-11　泥沙取样

在对色楞格河河口进行含沙量测量时，每个截面采用 2 个采样点进行控制。通过对截面含沙量进行算术平均计算，得到断面的平均含沙量，具体结果如表3-9所示。从图表统计结果可以看出，色楞格河河口支流的含沙量不大，大体在0.1g/L以下。

表3-9　2008年色楞格河河口采样点含沙量

<table>
<tr><th>截面编号</th><th>含沙量/(g/L)</th><th>测点编号</th><th>含沙量/(g/L)</th></tr>
<tr><td rowspan="2">1</td><td rowspan="2">0.0756</td><td>1-1</td><td>0.0898</td></tr>
<tr><td>1-3</td><td>0.0614</td></tr>
<tr><td rowspan="2">2</td><td rowspan="2">0.033</td><td>2-1</td><td>0.0594</td></tr>
<tr><td>2-5</td><td>0.0066</td></tr>
<tr><td rowspan="2">3</td><td rowspan="2">0.0734</td><td>3-1</td><td>0.0354</td></tr>
<tr><td>3-3</td><td>0.1114</td></tr>
<tr><td>4</td><td>0.0406</td><td>4-1</td><td>0.0406</td></tr>
<tr><td rowspan="2">5</td><td rowspan="2">0.0122</td><td>5-1</td><td>0.011</td></tr>
<tr><td>5-3</td><td>0.0134</td></tr>
<tr><td>6</td><td>0.0638</td><td>6-5</td><td>0.0638</td></tr>
<tr><td rowspan="3">7</td><td rowspan="3">0.0671</td><td>7-1</td><td>0.0698</td></tr>
<tr><td>7-5</td><td>0.0638</td></tr>
<tr><td>7-7</td><td>0.0678</td></tr>
<tr><td rowspan="2">8</td><td rowspan="2">0.072</td><td>8-1</td><td>0.0702</td></tr>
<tr><td>8-4</td><td>0.0738</td></tr>
<tr><td rowspan="2">9</td><td rowspan="2">0.047</td><td>9-1</td><td>0.077</td></tr>
<tr><td>9-4</td><td>0.017</td></tr>
<tr><td rowspan="2">10</td><td rowspan="2">0.0254</td><td>10-1</td><td>0.0426</td></tr>
<tr><td>10-5</td><td>0.0082</td></tr>
<tr><td rowspan="2">11</td><td rowspan="2">0.055</td><td>11-1</td><td>0.043</td></tr>
<tr><td>11-6</td><td>0.067</td></tr>
<tr><td rowspan="2">12</td><td rowspan="2">0.0704</td><td>12-1</td><td>0.083</td></tr>
<tr><td>12-4</td><td>0.0578</td></tr>
<tr><td rowspan="3">13</td><td rowspan="3">0.0866</td><td>13-1</td><td>0.099</td></tr>
<tr><td>13-4</td><td>0.0686</td></tr>
<tr><td>13-6</td><td>0.0922</td></tr>
<tr><td rowspan="2">14</td><td rowspan="2">0.068</td><td>14-1</td><td>0.099</td></tr>
<tr><td>14-4</td><td>0.037</td></tr>
<tr><td rowspan="2">15</td><td rowspan="2">0.054</td><td>15-1</td><td>0.0714</td></tr>
<tr><td>15-4</td><td>0.0366</td></tr>
<tr><td rowspan="2">16</td><td rowspan="2">0.0216</td><td>16-1</td><td>0.035</td></tr>
<tr><td>16-5</td><td>0.0082</td></tr>
</table>

续表

截面编号	含沙量/(g/L)	测点编号	含沙量/(g/L)
17	0.0856	17-1	0.0918
		17-4	0.0794
18	0.0338	18-1	0.0338
19	0.0496	19-1	0.0586
		19-5	0.0406
20	0.0418	20-1	0.0218
		20-5	0.0618
21	0.0854	21-1	0.079
		21-4	0.0918
22	0.0688	22-1	0.0178
		22-4	0.1198
23	0.0212	23-1	0.0142
		23-5	0.0282
24	0.095	24-1	0.081
		24-4	0.109
25	0.0268	25-1	0.0268
26	0.0822	26-1	0.0682
		26-4	0.0962
27	0.0706	27-1	0.069
		27-4	0.0722

此外，为更全面了解贝加尔湖流域周边底沙粒径分布情况，分别在哈朗泽河、湖湾、湖岸、奥利洪岛北部和色楞格河河口 5 个地方进行了泥沙颗粒分析，共取沙样 23 处。图 3-12 为岸边和水下沙样采集过程。

(a)岸边沙样采集

(b)水下沙样采集

图 3-12　断面样品采集

（1）哈朗泽河底沙样粒径分析

图 3-13 为哈朗泽河取样点位置。图 3-14 为哈朗泽河底沙样粒径级配曲线，可以看出：在全范围粒径分析中，R1、R2 两个采样点的泥沙粒径级配曲线基本相同，反映在较近的河流范围泥沙级配的相似性；在 0. 5mm 以下的泥沙粒径分析中，R2 的中值粒径小于 R1，表明了悬移质输沙随着离岸距离增大而减弱。

图 3-13　哈朗泽河沙样取样点

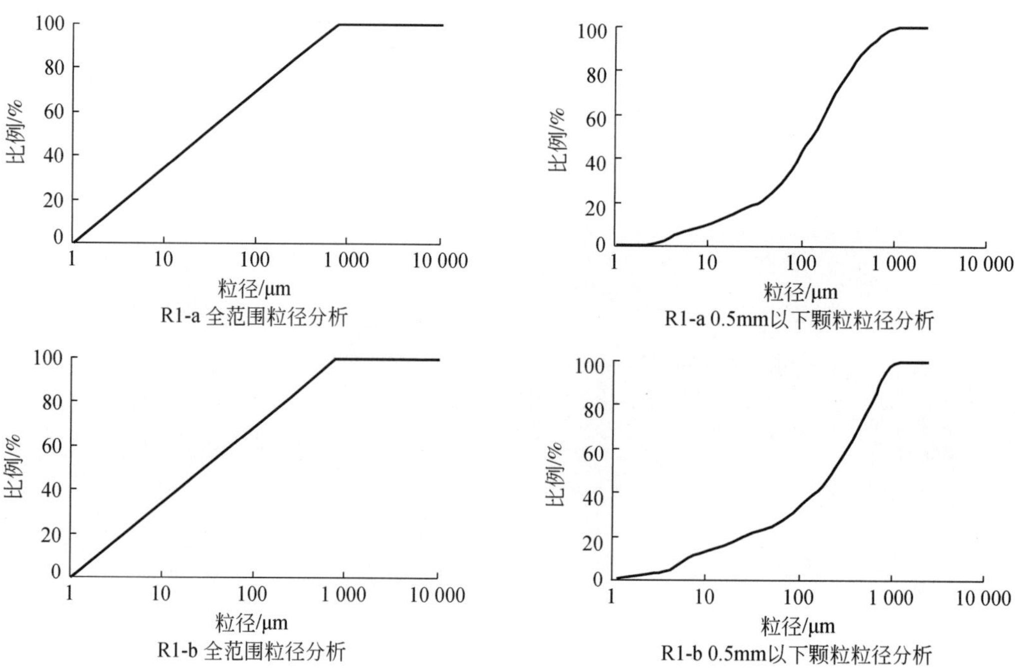

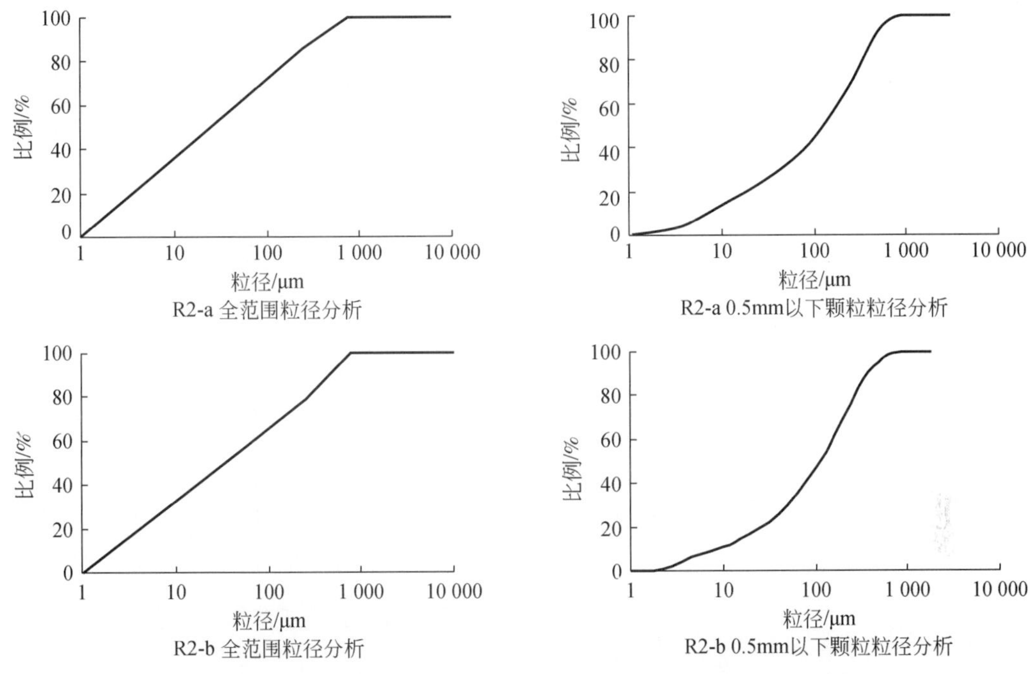

图 3-14　哈朗泽河底沙样粒径级配曲线

(2) 湖湾沙样粒径分析

图 3-15 为湖弯沙样取样点位置，图 3-16 为湖湾沙样粒径级配曲线。可以看出：在对 P1 点的 7 组筛分粒径分析中，全范围分析粒径在 1000μm 范围内分布较集中，0.5mm

图 3-15　湖湾沙样取样点

以下的粒径在 100 ~ 150μm 范围分布较集中；P2、P3 点全范围泥沙粒径分布在 1 ~ 1000μm分布较均匀，0.5mm 范围分析在 100μm 左右分布较集中；P4、P5 点三组沙样的分析结果差异较大，按加权分析在全范围 1 ~ 1000μm 分布较均匀，0.5mm 范围在 1 ~ 1000μm分布较均匀。由此可得出，P1 到 P5 点岸滩受到的水流动力增强，使得泥沙粒径分布趋于均匀。河湾 P1 处絮凝沉降效果较强，使得 100 ~ 150μm 泥沙沉降量相对较大。

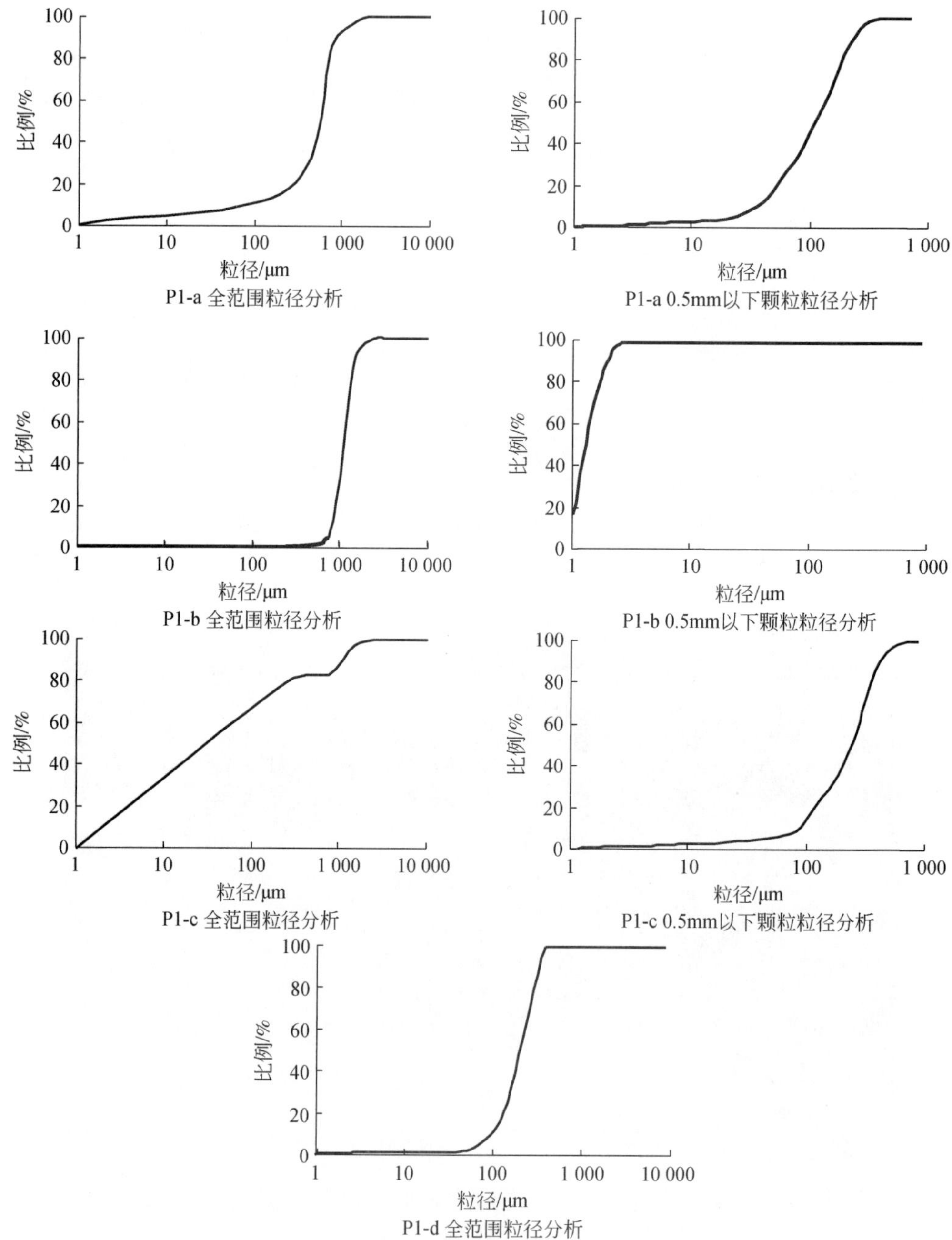

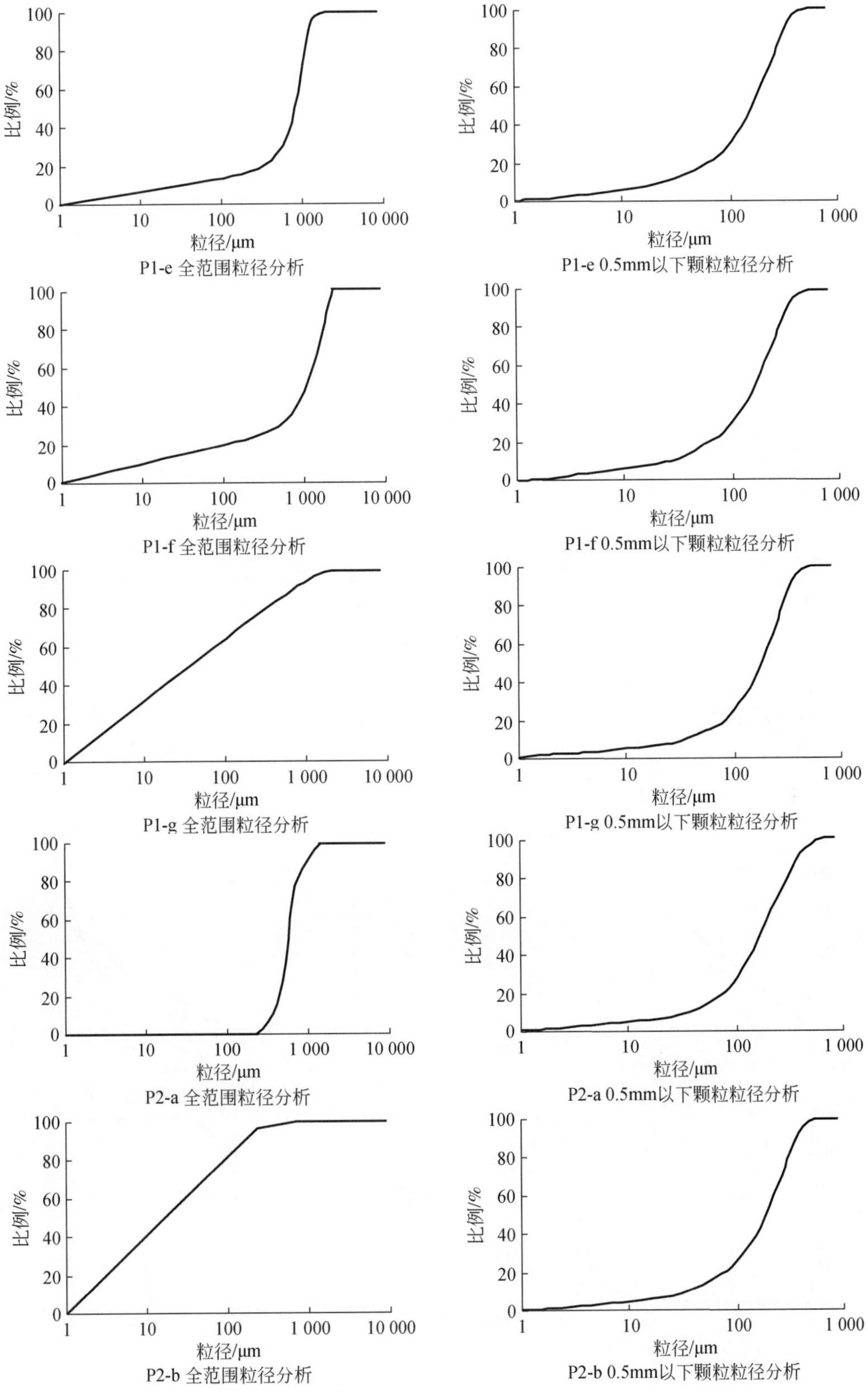

P1-e 全范围粒径分析

P1-e 0.5mm以下颗粒粒径分析

P1-f 全范围粒径分析

P1-f 0.5mm以下颗粒粒径分析

P1-g 全范围粒径分析

P1-g 0.5mm以下颗粒粒径分析

P2-a 全范围粒径分析

P2-a 0.5mm以下颗粒粒径分析

P2-b 全范围粒径分析

P2-b 0.5mm以下颗粒粒径分析

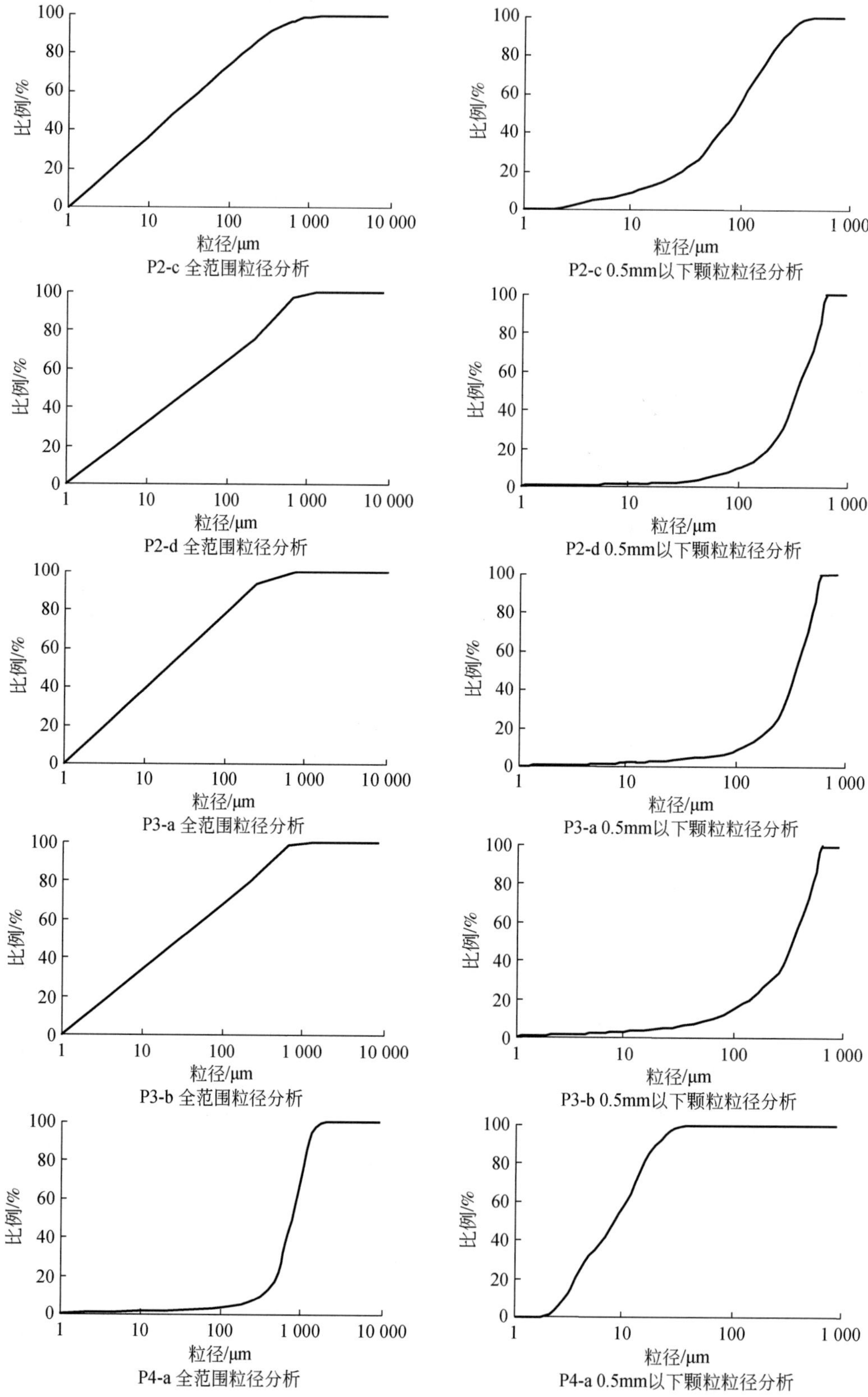

P2-c 全范围粒径分析

P2-c 0.5mm以下颗粒粒径分析

P2-d 全范围粒径分析

P2-d 0.5mm以下颗粒粒径分析

P3-a 全范围粒径分析

P3-a 0.5mm以下颗粒粒径分析

P3-b 全范围粒径分析

P3-b 0.5mm以下颗粒粒径分析

P4-a 全范围粒径分析

P4-a 0.5mm以下颗粒粒径分析

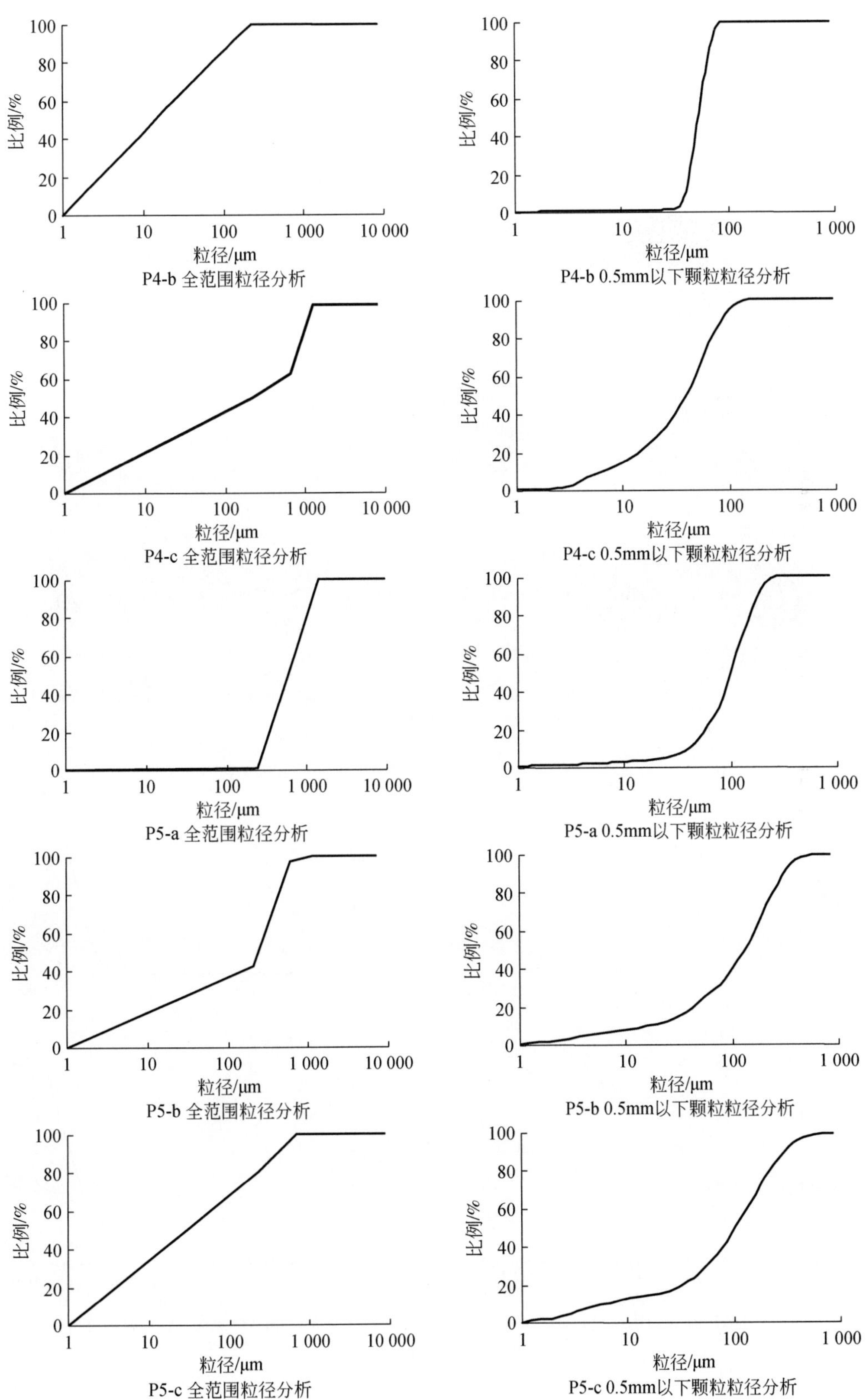

比例/%
粒径/μm
P4-b 全范围粒径分析
P4-b 0.5mm以下颗粒粒径分析
P4-c 全范围粒径分析
P4-c 0.5mm以下颗粒粒径分析
P5-a 全范围粒径分析
P5-a 0.5mm以下颗粒粒径分析
P5-b 全范围粒径分析
P5-b 0.5mm以下颗粒粒径分析
P5-c 全范围粒径分析
P5-c 0.5mm以下颗粒粒径分析

图 3-16　湖湾沙样粒径级配曲线

(3) 平直湖岸剖面沙样粒径分析

图3-17是平直湖岸沙样取样点位置。图3-18是平直湖岸沙样粒径级配曲线。从粒径分析结果可以看出：在全范围粒径分析中，沙粒粒径在1～1000μm分布较均匀；0.5mm以下粒径分析中，100～150μm分布较集中。与P4、P5的分析结果相类似，水边取样和2m、3m处取样结果差异性小，说明河流的河槽侵蚀泥沙量较少。

图3-17 平直湖岸沙样取样点

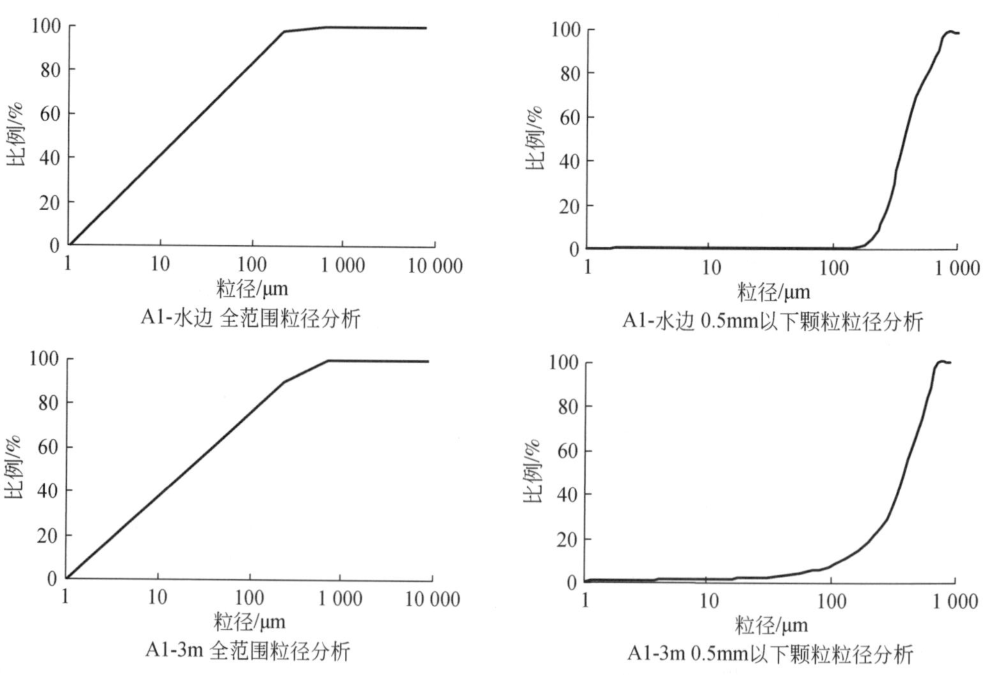

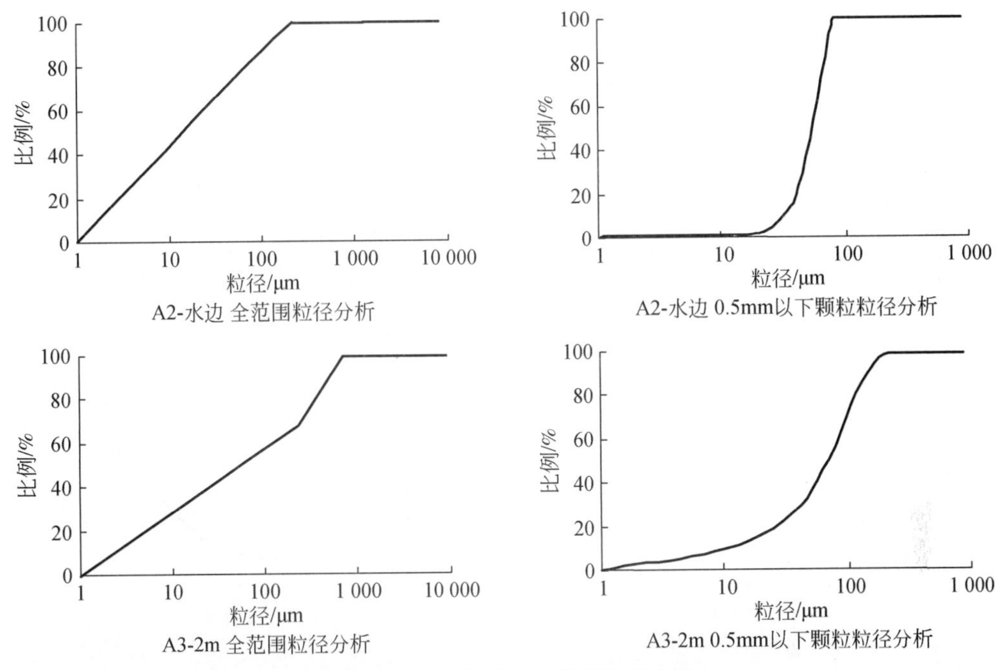

图 3-18　平直湖岸沙样粒径级配曲线

(4) 奥利洪岛北部泥沙粒径分析

图 3-19 为奥利洪岛北部沙样取样点位置。图 3-20 为奥利洪岛北部泥沙粒径级配曲线。从粒径分析结果可以看出：在全范围粒径分析中，沙粒径在 1 ~ 1000μm 分布较均匀；在 0. 5mm 以下粒径分析中，在 100μm 分布较集中。四组实验数据分布较为相似，表明此处河流断面流速分布较均匀。

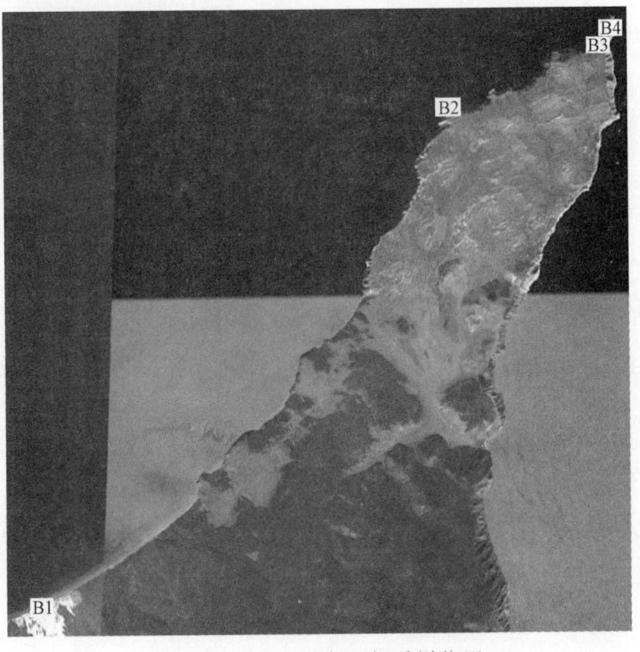

图 3-19　奥利洪岛北部采样位置

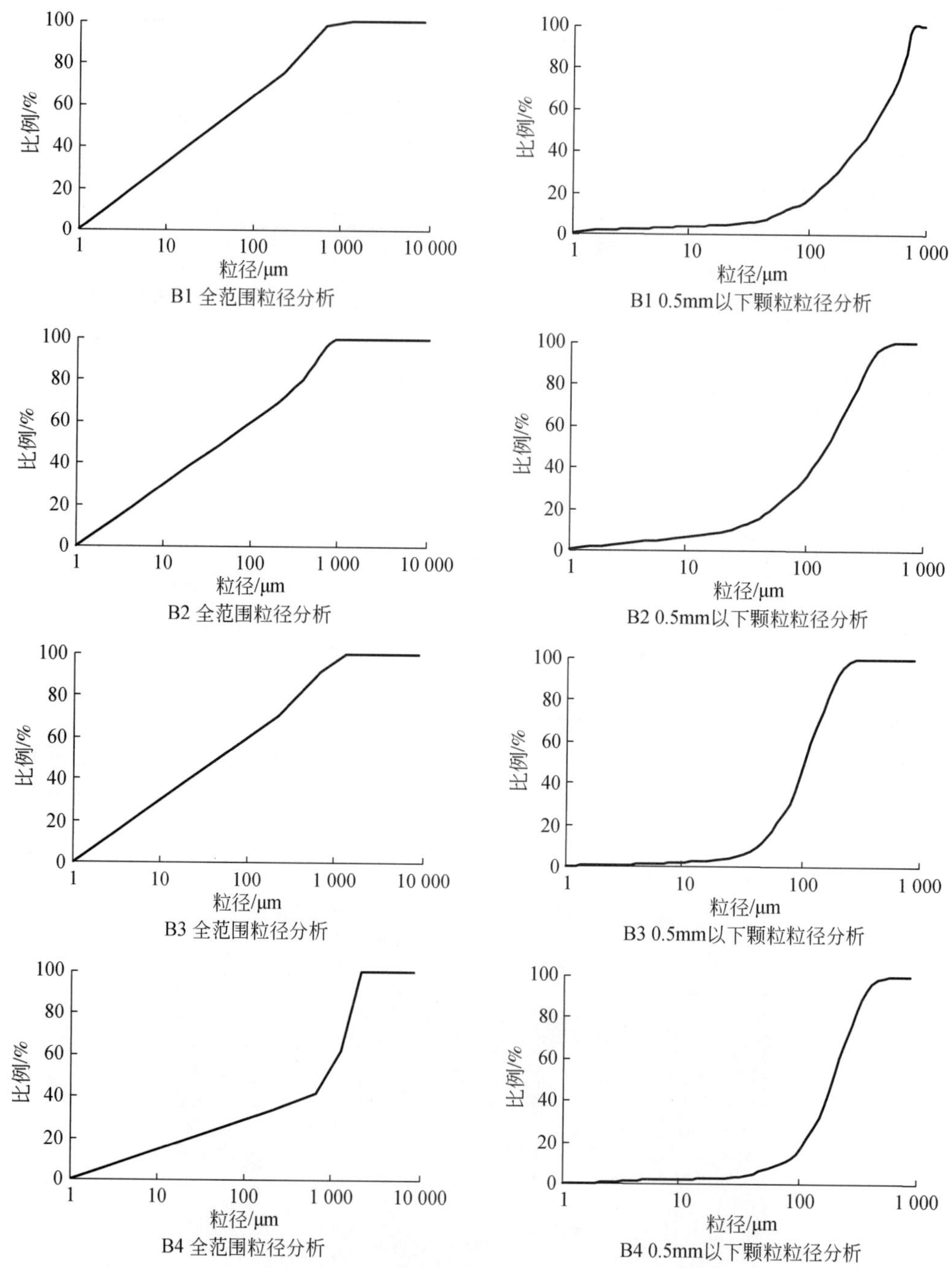

图 3-20　奥利洪岛北部砂样粒径级配曲线

(5) 色楞格河河口处河底泥沙粒径分析

图 3-21 为色楞格河口处河底泥沙取样位置。图 3-22 为色楞格河河口处河底泥沙粒径级配曲线。从粒径分析结果可以看出：位于河道中部 2#点位的底质分布较不均，尤其介于 10 ~ 100μm 的组成较少，说明了其级配较差。这可能是该处河流流速较大导致的。

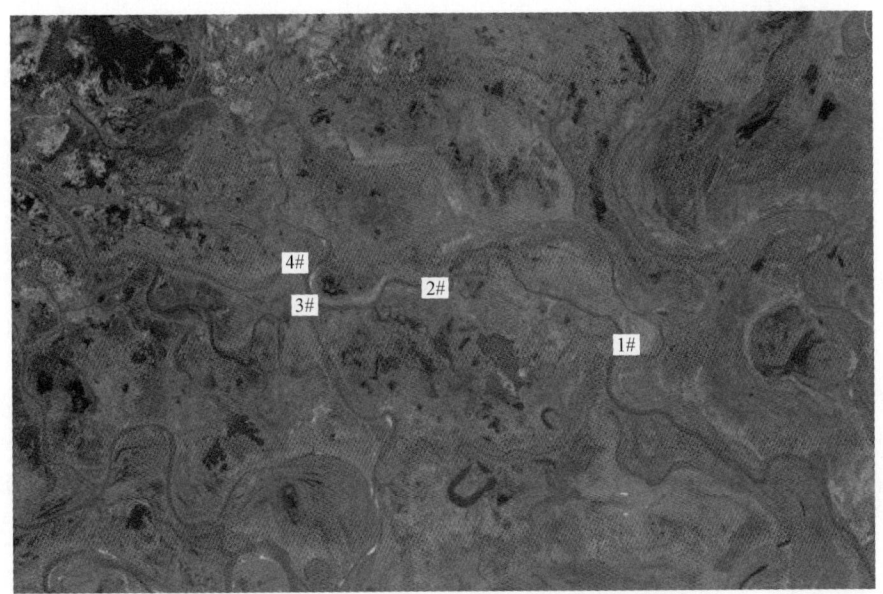

图 3-21　色楞格河河口处河底泥沙采样位置

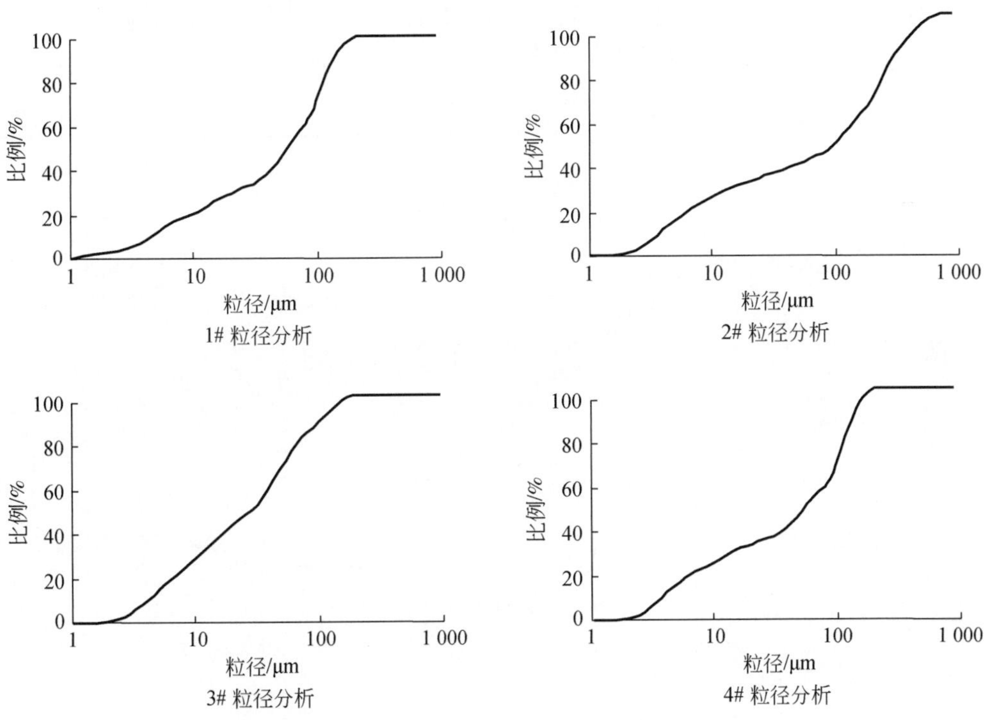

图 3-22　色楞格河河口处河底沙样粒径级配曲线

3.2 黑龙江（阿穆尔河）流量与泥沙特征

3.2.1 黑龙江（阿穆尔河）中游流量特征

3.2.1.1 站点概况

为研究黑龙江（阿穆尔河）流域中下游流量变化特征，选取位于黑龙江（阿穆尔河）中下游的哈巴罗夫斯克站（以下简称哈巴站）作为代表站点，分析1896～2007年共112年的月平均流量变化规律。

哈巴站位于135°10′E、48°31′N，地处黑龙江（阿穆尔河）干流中下游的分界处，集水面积163.0万km^2，占黑龙江（阿穆尔河）流域面积的87.9%，是黑龙江（阿穆尔河）中下游地区重要的控制站，也是黑龙江（阿穆尔河）干流连接结雅河、布列亚河、松花江和乌苏里江等主要支流的控制站，其位置如图3-23所示。该站点径流序列资料较长，对全流域其他站点，尤其是对资料相对短缺的水文站资料序列推求具有重要的意义。由于近代黑龙江（阿穆尔河）流域人为干扰相对较少，该序列可更加准确地反映全球气候变化对黑龙江（阿穆尔河）流域水资源的影响。同时，由于哈巴站地理位置的重要性，研究该站点的流量变化特征，对分析黑龙江（阿穆尔河）下游水文情势具有重要的意义，并可为界河水资源的开发和保护提供科学依据。

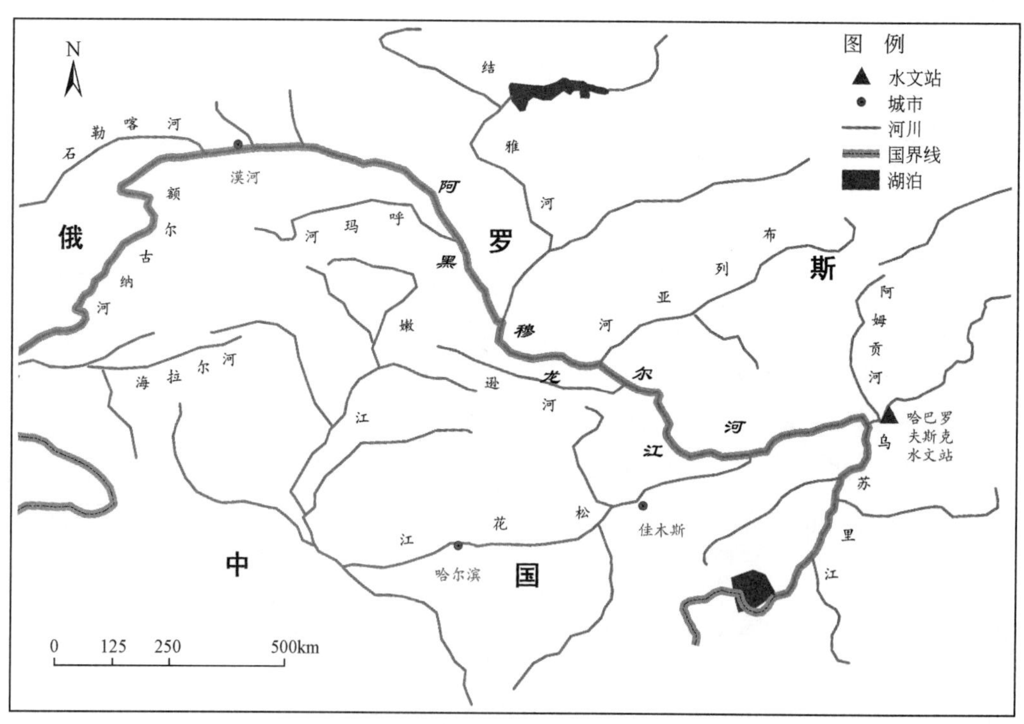

图3-23 哈巴罗夫斯克站在黑龙江（阿穆尔河）流域的位置

3.2.1.2　流量年际变化特征分析

通过计算各年平均流量，绘制年流量过程线了解哈巴站年平均流量的变化情况。由图3-24可以看出，哈巴站多年平均流量为8329.39m³/s，历史最大年平均流量为13 392.25m³/s，发生在1897年。历史最枯年平均流量为4280.5m³/s，发生在1979年。最大年平均流量为最枯年平均流量的3.13倍。

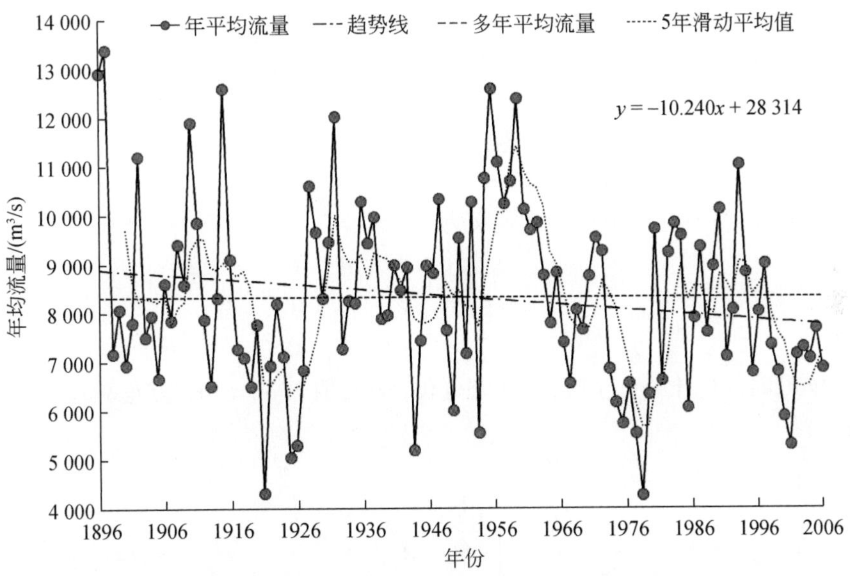

图3-24　黑龙江（阿穆尔河）哈巴站平均流量年际变化过程

为了更加准确地掌握哈巴站流量的年际变化情况，选用线性回归检验法对年均流量进行线性拟合，并运用Mann-Kendall趋势检验法和Cox-Suart趋势检验法对趋势进行进一步验证。

(1) 线性回归检验

假定水文序列 x_1，x_2，…，x_n 存在线性趋势

$$x_t = a + bt \tag{3-1}$$

其中，参数 a 和 b 可由最小二乘法估计得

$$\hat{b} = \frac{\sum_{t=1}^{n}(t-\bar{t})(x_t-\bar{x})}{\sum_{t=1}^{n}(t-\bar{t})^2},\quad \hat{a} = \bar{x} - \hat{b}\bar{t} \tag{3-2}$$

式中，$\bar{x} = \frac{1}{n}\sum_{t=1}^{n} x_t$；$\bar{t} = \frac{1}{n}\sum_{t=1}^{n} t$；$S^2(\hat{b}) = \frac{S^2}{\sum_{t=1}^{n}(t-\bar{t})^2}$；$S^2 = \frac{\sum_{t=1}^{n}(x_t-\bar{x})^2 - \hat{b}^2\sum_{t=1}^{n}(t-\bar{t})^2}{n-2}$。

此检验统计量为 $T = \frac{\hat{b}}{S(\hat{b})}$ (3-3)

T 服从自由度为 $n-2$ 的 t 分布，对于给定的置信度 α ，当 $|T|>t_{\frac{\alpha}{2}}$ 时，则认为该模型有较为显著的线性趋势。

（2）Mann-Kendall 趋势检验法

Mann-Kendell 趋势检验法最初由 Mann 于 1945 年提出，并由 Kendall 于 1975 年进行改进，形成 Mann-Kendll 趋势检验法。该方法是检验序列变化趋势的有效工具，被广泛应用于气象及水文时间序列分析。

对于水文序列 x_1，x_2，…，x_n ，原假设 H_0 为该时间序列是来自同一分布的 n 个独立随机样本，即序列不存在趋势；备择假设 H_1 为该序列存在趋势，它是一个双边检验。定义检验统计量 S ：

$$S=\sum_{i=2}^{n}\sum_{j=1}^{i-1}\operatorname{sign}(X_i-X_j) \tag{3-4}$$

其中，$\operatorname{sign}(\theta)$ 为符号函数，其定义为

$$\operatorname{sign}(\theta)=\begin{cases}1 & \theta>0\\ 0 & \theta=0\\ -1 & \theta<0\end{cases}$$

当 $n\geqslant 10$ 时，统计量 S 近似服从正态分布。其均值 $E(S)=0$，方差 $\operatorname{Var}(S)=n(n-1)(2n+5)/18$ 。

定义 Mann-Kendll 检验统计量 Z 为

$$Z=\begin{cases}\dfrac{(S-1)}{\sqrt{\operatorname{Var}(S)}} & S>0\\ 0 & S=0\\ \dfrac{(S+1)}{\sqrt{\operatorname{Var}(S)}} & S<0\end{cases} \tag{3-5}$$

在双边趋势检验中，对于给定的置信水平 α ，若 $|Z|\geqslant Z_{1-\alpha/2}$ ，则拒绝原假设 H_0 ，即在置信水平 α 上，时间序列存在明显的上升或下降趋势；反之，若 $|Z|\leqslant Z_{1-\alpha/2}$ ，则无法拒绝原假设 H_0 ，即在置信水平 α 上，时间序列不存在明显的上升或下降趋势。

（3）Cox-Stuart 检验

Cox-Stuart 检验是 Cox 和 Stuart 于 1955 年提出的一种不依赖于趋势结构的快速判断趋势是否存在的方法。

对于双边检验问题，原假设 H_0 为数据时间序列不存在明显趋势；备择假设 H_1 为序列存在增长或减少趋势。在零假设条件下，水文序列 x_1，x_2，…，x_n 为独立同分布的随机样本，令

$$c=\begin{cases}n/2, & n\text{ 为偶数}\\ (n+1)/2, & n\text{ 为奇数}\end{cases} \tag{3-6}$$

取 x_i 和x_{i+c} 组成数对$(x_i,\ x_{i+c})$。当 n 为偶数时，共有 c 对，当 n 为奇数时，共有 $c-1$ 对。计算每一组数对前后两值之差：$D_i=x_i-x_{i+c}$。令S^+ 为正D_i 的数目，令S^- 为负 D_i 的数目，$S^++S^-=n'$，$n'\leqslant n$。令 $K=\min\{S^+,\ S^-\}$，当正号太多或负号太多，即K过小时，数据存在趋势性。在没有趋势的零假设下，K 服从二项分布 $b(n',\ 0.5)$ 。

对哈巴站年平均流量进行线性回归分析，其结果如图 3-25 和表 3-10 所示。可以看

出，哈巴站年平均流量呈现微弱的下降趋势，流量减少速率为-10.240 m^3/s，相应的 t 检验统计量值为-1.890，其绝对值小于置信度为0.05的临界值 $T_{0.975}=2.272$，因而不能拒绝原假设，即不能确定该流量序列存在明显的下降趋势。类似的结论可从 Mann-Kendall 趋势检验和 Cox-Stuart 趋势检验进一步得到。在 Mann-Kendall 检验中，检验统计量 $Z=-1.607$，其绝对值小于置信度为0.05的临界值 $T_{0.975}=1.960$，无法拒绝原假设；在 Cox-Stuart 检验中，检验统计量 $K=23$，大于临界值置信度为0.05时，大于满足该双侧概率的二项分布的最小整数值21，无法拒绝原假设。因而，三种检验方法都显示，哈巴站1896～2007年年平均流量变化不大，未呈现明显的下降趋势。

为了更好地表现和分辨哈巴站流量年际变化的阶段特性，采取"距平累积法"进行分析。该方法先计算每年流量的距平，然后按年序累加，最终得到距平累积序列，即

$$P_t=\sum_{i=1}^{t}(R_t-\bar{R}),\qquad t=1,2,\cdots,n \tag{3-7}$$

式中，P_t 为第 t 年的距平累积值；R_t 为第 t 年流量；$\bar{R}$ 为流量序列的多年平均值。由于距平序列有正有负，当其累积值 P_t 持续增大时，表示该段时间径流量的距平持续为正，即该段时间流量均大于平均流量；当 P_t 持续不变时，表明该时段的距平持续为零，即流量保持在均值左右；当 P_t 持续减小时，表明该时段内流量距平持续为负，即该时段内均小于平均流量。此方法较其他方法可直观、准确地确定流量年际变化阶段。

根据哈巴站1986～2007年流量序列距平累积年际变化过程（图3-25），可将该站的年均流量变化过程分为如下3个阶段（持续时间5年以上）：3个显著的枯水段，即1916～1927年、1973～1980年和1995～2007年；1个显著的平水段，即1943～1954年；2个显著的丰水段，即1928～1932年和1954～1964年。距平累积曲线不同程度小幅波动说明在任何时段丰水年和枯水年交错出现的普遍性。

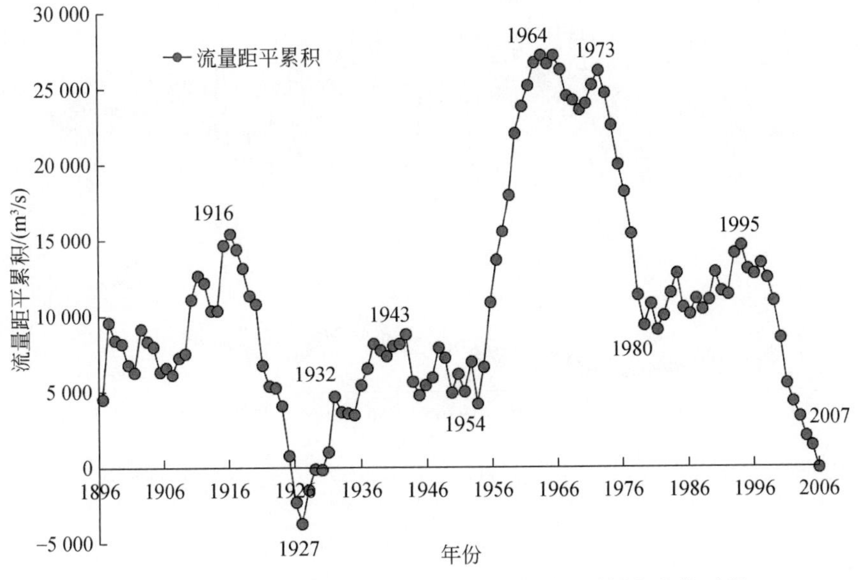

图3-25　黑龙江（阿穆尔河）哈巴站年流量距平累积变化过程

表 3-10　黑龙江（阿穆尔河）哈巴站年均流量趋势性检验统计

<table>
<tr><td></td><td colspan="4">参数</td><td>检验统计量</td><td>临界值</td></tr>
<tr><td rowspan="2">线性回归</td><td colspan="2">a</td><td colspan="2">b</td><td>t</td><td>$T_{0.975}$</td></tr>
<tr><td colspan="2">28 314</td><td colspan="2">-10. 240</td><td>-1. 890</td><td>2. 272</td></tr>
<tr><td rowspan="2">Mann-Kendall</td><td colspan="4">S</td><td>Z</td><td>$Z_{0.975}$</td></tr>
<tr><td colspan="4">-640</td><td>-1. 607</td><td>1. 960</td></tr>
<tr><td rowspan="2">Cox-Stuart</td><td>c</td><td>S^+</td><td>S^-</td><td>n'</td><td>K</td><td>$b_{0.025}$</td></tr>
<tr><td>56</td><td>33</td><td>23</td><td>56</td><td>23</td><td>21</td></tr>
</table>

通过对哈巴站年最大、最小流量及其发生的时间进行分析，其结果如图 3-26 ~ 图 3-28 所示。从图 3-29 和图 3-30 可以得知，哈巴站每年丰水期主要发生在 5 ~ 9 月，其中近 80% 发生在 8 月和 9 月，最大月均流量为 9920 ~ 35 600 m^3/s；枯水期为每年的 2 月、3 月、和 12 月，最小月均流量为 165 ~ 2220 m^3/s。从图 3-28 和图 3-29 可以看出，1896 ~ 1985 年，最枯月主要发生在 3 月，且流量较少。自 1987 年起，随着最低月均流量的增多，其发生的时间也从 3 月变为 12 月和 2 月、3 月交替出现。相比之下，1896 ~ 2007 年，最大月均流量出现的时间没有明显变化，最大月均流量呈现缓慢下降趋势。从表 3-11的统计检验结果可以看出，该趋势并不明显。

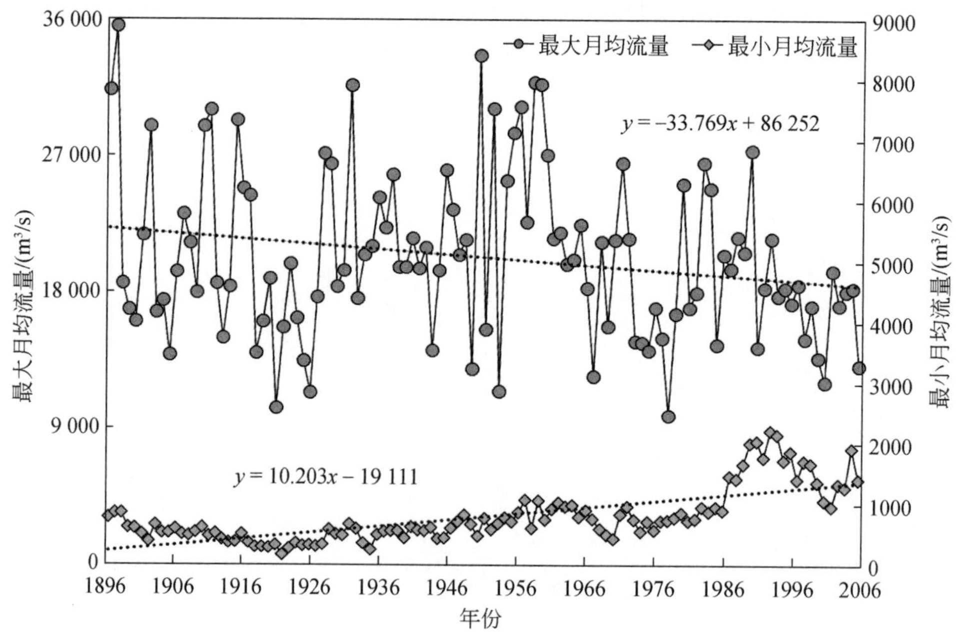

图 3-26　黑龙江（阿穆尔河）哈巴站最大、最小月均流量过程线

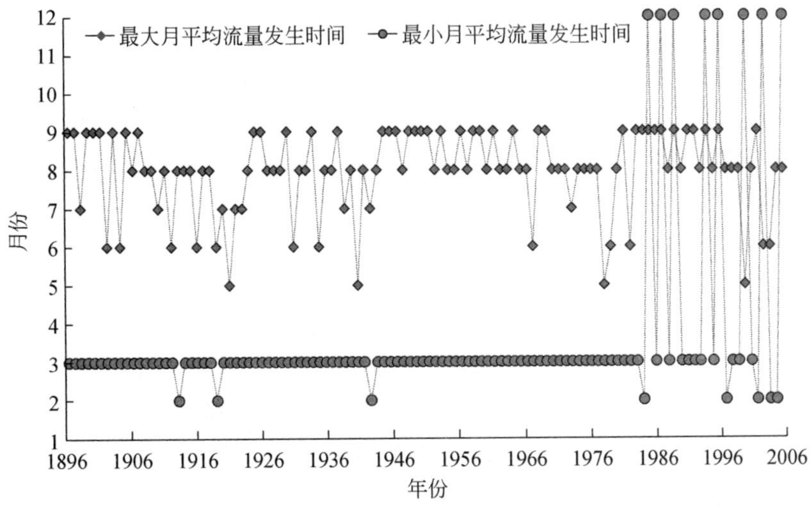

图3-27　黑龙江（阿穆尔河）哈巴站最大、最小月均流量发生时间

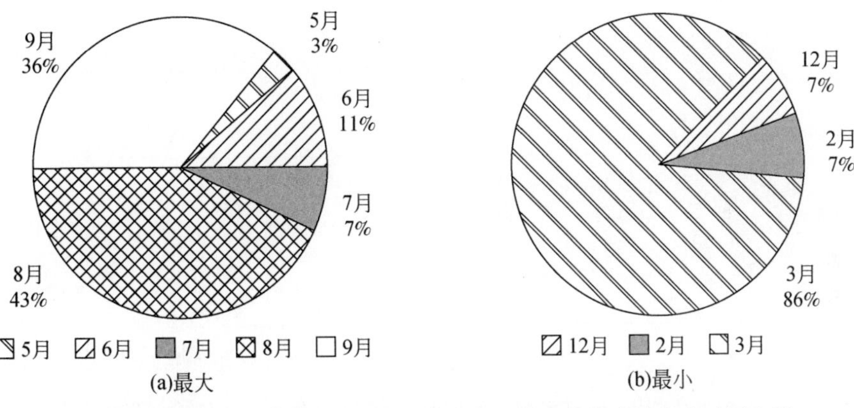

图3-28　黑龙江（阿穆尔河）哈巴站最大、最小月均流量发生时间比例

表3-11　黑龙江（阿穆尔河）哈巴站最大、最小月均流量趋势检验统计

项目	参数				检验统计量	临界值	是否存在趋势
线性回归	$\bar{x}$		a	b	t	$T_{0.975}$	
最大月均流量	20 352.250		86 252	-33.769	-2.129	2.272	不存在
最小月均流量	800.071		-19 111	10.203	11.128		存在
Mann-Kendall	S				K	$K_{0.975}$	
最大月均流量	-710				-1.783	1.960	不存在
最小月均流量	3334				8.381		存在
Cox-Stuart	c	c	S^-	n'	K	$b_{0.025}$	
最大月均流量	56	34	22	56	22	21	不存在
最小月均流量	56	4	52	56	4		存在

3.2.1.3 流量年内变化特征分析

黑龙江（阿穆尔河）流域的主要补给来源于降水，因而其流量过程也与雨量过程基本响应。黑龙江（阿穆尔河）流域受气候和地形影响，其降水主要集中在6～9月，占全年降水量的70%，冬季仅占10%左右。因而，黑龙江（阿穆尔河）流域降水量呈现季节性变化差异较大的特点。

从哈巴站流量年内分配曲线（图3-29）可以看出，全年径流量主要集中在夏秋季节（5～10月），占全年总流量的87%。冬季（11月至次年3月）进入冰期，径流主要依靠地下水补给，各月的径流都很小，整个冬季的流量仅占全年流量的9.07%。春季（4～5月）进入春汛，气温回升，上游各支流先后开河，流域积雪融化和河网储冰解冻形成春汛，春季到来之初，流量变化并不明显，5月以后流域流量明显增加，月均流量是4月的3.5倍，整个春季流量占全年流量的15.86%。

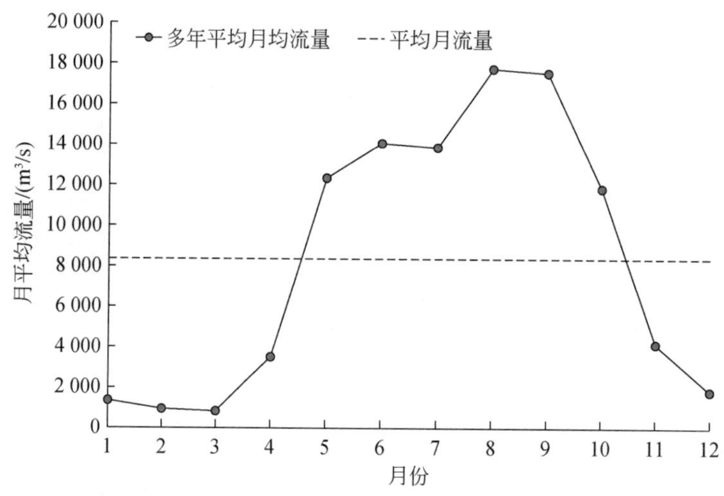

图3-29 黑龙江（阿穆尔河）哈巴站多年平均月均流量年内分配

通过计算各月的离差系数 C_v 和偏差系数 C_s，分析黑龙江（阿穆尔河）年内流量各月分布的均匀性和集中程度。另外，通过计算不同年份不同月份的月均流量与多年平均月流量的标准残差，绘制黑龙江（阿穆尔河）哈巴站月均流量均值与标准残差分布图（图3-30），直观地表达以多年平均月流量为标准，1896～2007年月均流量的分布情况。从图3-30和表3-12可以看出，年内多年平均月均流量为826.42～17 749.13 m^3/s，最枯和最丰月分别发生在3月和8月。根据各月多年平均流量，可分为两个梯队，共5组。其中第一梯队为11月到次年3月，多年平均月均流量为2096.41 m^3/s，第二梯队为4～10月，多年月均流量为87 374.25 m^3/s，后者比前者增加了40余倍。可以看出黑龙江（阿穆尔河）流域流量季节变化显著，汛期与非汛期流量差异大。

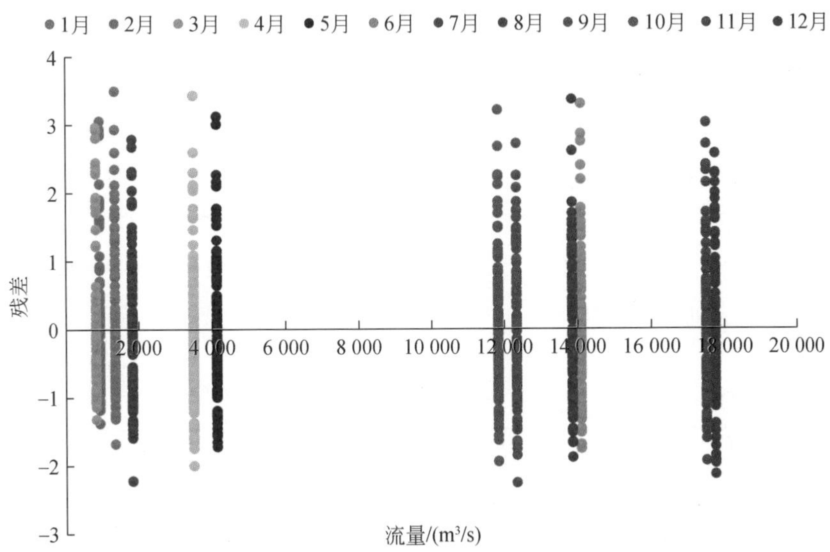

图 3-30　黑龙江（阿穆尔河）哈巴站月均流量均值与标准残差

表 3-12　黑龙江（阿穆尔河）哈巴站最大、最小月均流量趋势检验统计

梯队	组	月份	均值/(m^3/s)	C_v	C_s
第一梯队	第一组	1	1 356.89	0.46	1.14
		2	928.53	0.57	1.39
		3	826.42	0.60	1.39
		12	1 823.49	0.31	0.53
	第二组	4	3 511.03	0.36	0.64
		11	4 132.11	0.40	0.75
第二梯队	第三组	5	12 336.56	0.28	0.28
		10	11 832.75	0.35	0.74
	第四组	6	14 098.76	0.32	0.80
		7	13 855.96	0.33	0.45
	第五组	8	17 749.13	0.31	0.39
		9	17 501.09	0.34	0.72
年			8 329.39	0.22	0.39

通过绘制年内 12 个月的月均流量的年际变化曲线（图 3-31，表 3-13），可以清晰地了解各月份的年际变化情况。从图 3-33 可以看出，第一季度（1～3 月）多年月均流量年际变化整体呈现上升趋势，自 1987 年起，月均流量显著增加。第二季度(4～6 月)中，4 月月均流量呈现上升趋势，并自 1988 年起保持较高流量。自 5 月起，下半年月均流量整体呈现下降趋势，其中，6 月、7 月趋势明显，其他月份减少趋势并不显著。这可以解释 1987 年以后，最小流量出现的时间由 3 月变为 12 月与 2 月、3 月交替出现的现象。

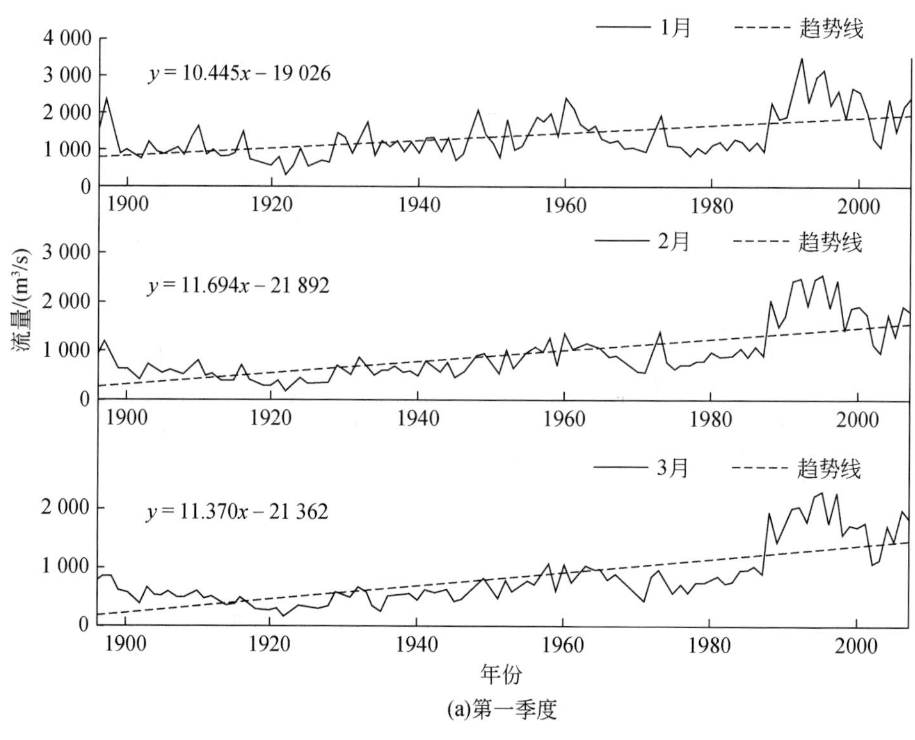
1月
趋势线
$y = 10.445x - 19\ 026$
2月
趋势线
$y = 11.694x - 21\ 892$
3月
趋势线
$y = 11.370x - 21\ 362$
流量/(m³/s)
年份

(a)第一季度

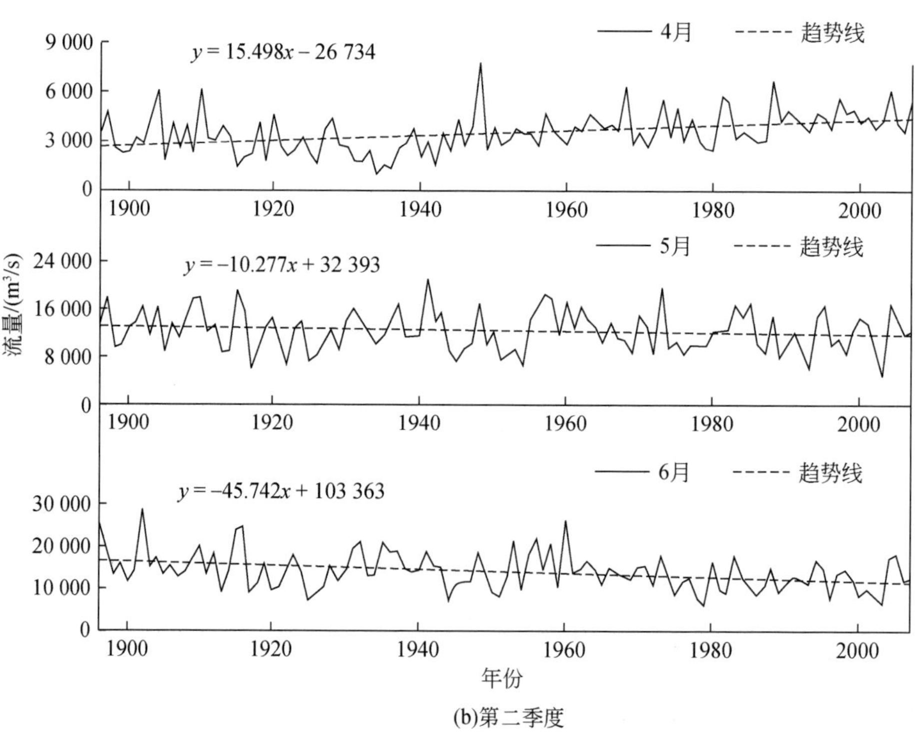
4月
趋势线
$y = 15.498x - 26\ 734$
5月
趋势线
$y = -10.277x + 32\ 393$
6月
趋势线
$y = -45.742x + 103\ 363$
流量/(m³/s)
年份

(b)第二季度

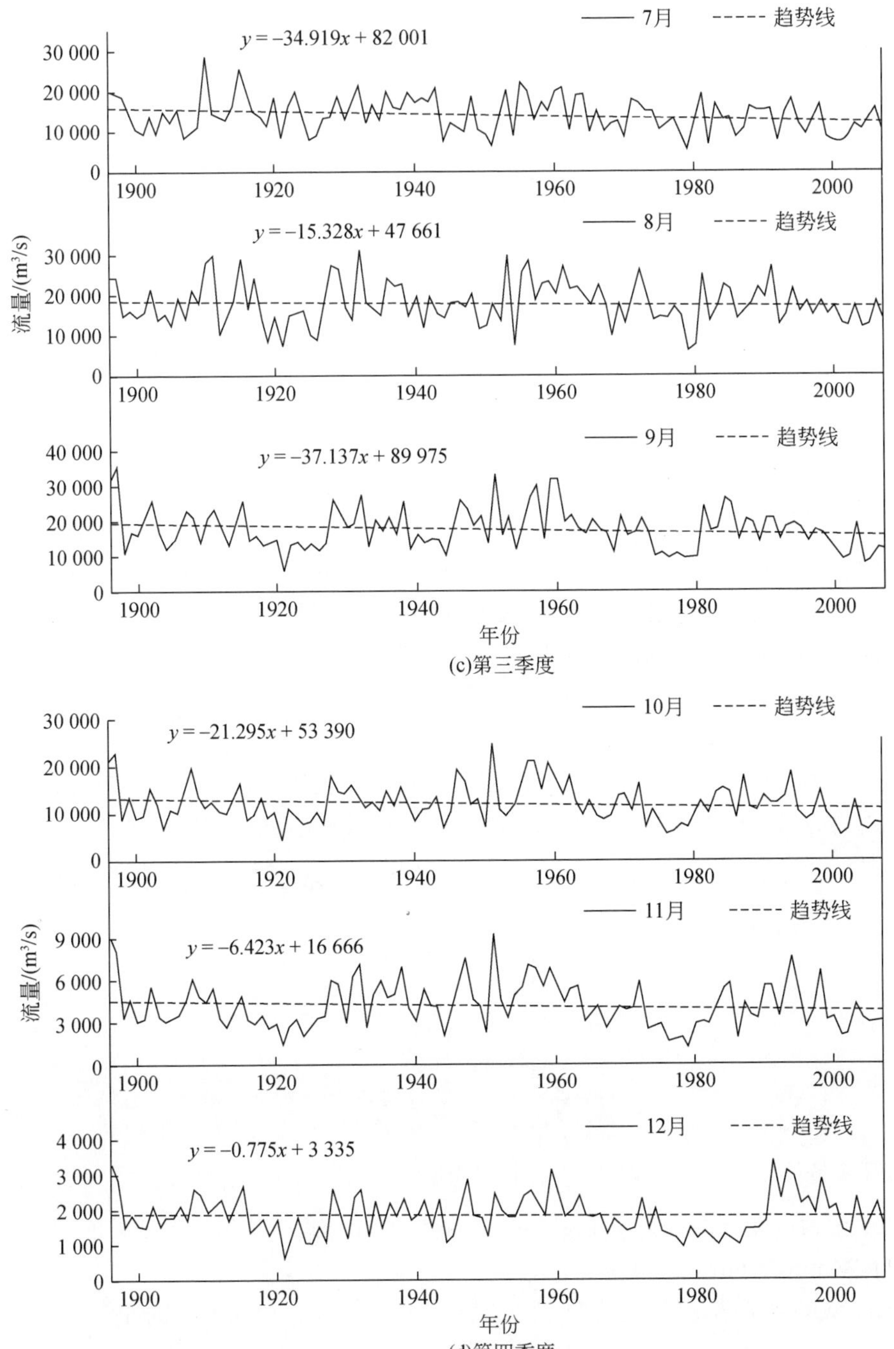

图 3-31　黑龙江（阿穆尔河）哈巴站 12 个月月均流量年际变化过程

表 3-13　黑龙江（阿穆尔河）哈巴站 12 个月线性回归趋势检验统计

月份	a	b	t	P 值	是否存在趋势
1	−19 026. 52	10. 44	6. 81	5. 36E-10	存在
2	−21 892. 39	11. 69	10. 57	1. 87E-18	存在

续表

月份	a	b	t	P 值	是否存在趋势
3	-21 362.46	11.37	11.47	1.65E-20	存在
4	-26 733.96	15.50	4.51	1.62E-05	存在
5	32 393.01	-10.28	-1.02	0.308	不存在
6	103 363.57	-45.74	-3.63	0.000	存在
7	82 001.23	-34.92	-2.71	0.008	存在
8	47 661.08	-15.33	-0.96	0.340	不存在
9	89 974.81	-37.14	-2.14	0.034	不存在
10	53 390.07	-21.30	-1.78	0.078	不存在
11	16 665.68	-6.42	-1.32	0.189	不存在
12	3 335.45	-0.77	-0.47	0.643	不存在

从图 3-33 中可以看出，1 月、2 月、3 月、4 月、6 月、7 月存在较为明显的变化趋势，变化模式以跳跃形式出现。为更加准确地确定时间序列的变异性，这里应用 Lee-Heghinian 法进行跳跃性分析，确定跳跃点，并利用 Mann-Whitey U 检验手段检验其跳跃的显著性。

（1）Lee-Heghinian 法

对于水文时间序列 x_1，x_2，…，x_n，假定其总体服从正态分布，分割点 τ 的先验分布服从均匀分布，那么其可能分割点 τ 的后验条件概率函数为

$$f(\tau \mid x_1, \cdots, x_n) = k\left[n/\tau(n-\tau)\right]^{\frac{1}{2}}\left[R(\tau)\right]^{-\frac{n-2}{2}} \quad (1 \leqslant \tau \leqslant n-1) \tag{3-8}$$

式中，k 为比例常数，一般取 1。

$$R(\tau) = \frac{\left[\sum_{t=1}^{\tau}(x_t-\bar{x}_\tau)^2 + \sum_{t=\tau+1}^{n}(x_t-\bar{x}_{n-\tau})^2\right]}{\sum_{t=1}^{n}(x_t-\bar{x}_n)^2} \tag{3-9}$$

式中，$\bar{x}_\tau = \dfrac{1}{\tau}\sum_{t=1}^{\tau} x_t$，$\bar{x}_{n-\tau} = \dfrac{1}{n-\tau}\sum_{t=\tau+1}^{n} x_t$，$\bar{x}_n = \dfrac{1}{n}\sum_{t=1}^{n} x_t$。

当后验条件密度函数达到最大值时，即满足 $f(\tau \mid x_1, K, x_n) = \max\limits_{1\leqslant\tau\leqslant n-1}\{f(\tau \mid x_1, K, x_n)\}$ 的 τ 记为可能分割点 τ_0。Lee-Heghinian 法比较合适于均值发生变异的情况。

（2）Mann-Whitey U 检验

Mann-Whitey U 检验是检验两个独立样本的均值是否存在差异的非参数检验方法。设两个样本（X_1，X_2，…，X_n）和（Y_1，Y_2，…，Y_m），分别来自总体 X 和 Y，Mann-Whitey$U$ 检验的基本思想为：首先将两个样本（X_1，X_2，…，X_n）和（Y_1，Y_2，…，Y_m）按照升序排列，如果两个样本均值相等，则观察值（x_1，x_2，…，x_n）中大于观察值（y_1，y_2，…，y_m）的数量同观察值（y_1，y_2，…，y_m）中大于观察值（x_1，x_2，…，x_n）的数量应当差不多。

根据 Mann-Whitey U 检验的基本思想，首先将两个样本（X_1，X_2，…，X_n）和（Y_1，Y_2，…，Y_m）混合后按照升序排列，求出混合后每个数据的秩 R_i。然后将样本（X_1，

X_2，…，X_n）各个观察值的秩相加，记为 W_x，平均秩记为 $\frac{W_x}{n}$；同理将样本（Y_1，Y_2，…，Y_m）各个观察值的秩相加，记为 W_y，平均秩记为 $\frac{W_y}{m}$。当零假设成立时，$\frac{W_x}{n}$ 和 $\frac{W_y}{m}$ 相差较小。

令 W_{xy} 为（X_1，X_2，…，X_n）中观察值大于（Y_1，Y_2，…，Y_m）中观察值的个数，则

$$W_{xy}=W_x-\frac{1}{2}n\ (n+1) \tag{3-10}$$

令 W_{yx} 为（X_1，X_2，…，X_n）中观察值小于（Y_1，Y_2，…，Y_m）中观察值的个数，则

$$W_{yx}=W_y-\frac{1}{2}m\ (m+1) \tag{3-11}$$

并且

$$W_{xy}+W_{yx}=nm \tag{3-12}$$

当零假设成立时，$E(W_{xy})=E(W_{yx})=\frac{nm}{2}$。

构造统计量 U

$$U=\min\ (W_{xy},\ W_{yx}) \tag{3-13}$$

当 n 和 m 至少有一个大于 10 时，在零假设成立的情况下，可使用检验统计量

$$Z=\frac{U-\frac{1}{2}nm}{\sqrt{\frac{1}{12}nm\ (n+m+1)}} \tag{3-14}$$

该统计量 Z 近似服从标准正态分布 $Z\sim N(0,\ 1)$。

跳跃性检验计算结果统计见表 3-14。可以看出，1 月、2 月、3 月跳跃点均发生在 1987 年，这与图 3-33 的结论一致；4 月的跳跃点为 1988 年；7 月、8 月的跳跃点均发生在 1983 年。在跳跃性的显著性方面，若选取置信水平 $\alpha=0.05$，则正态分布的临界值 $Z_{0.025}=-1.960$。从表 3-14 可知，所有月份的 Z 统计量均小于 -1.960，即均处于 95% 置信区间以外。同时；从其对应的概率 P 值可以看出，所有的概率均小于 0.05，因而有足够理由认为这 6 个月份具有显著的跳跃成分。

表 3-14　黑龙江（阿穆尔河）哈巴站跳跃性检验统计

月份	跳跃点/年	U 检验统计量	Z 统计量	P 值	是否存在跳跃性
1	1987	190	-5.71	5.76E-09	存在
2	1987	48	-6.77	6.65E-12	存在
3	1987	12.5	-7.03	1.03E-12	存在
4	1988	300.5	-4.71	1.26E-06	存在
6	1983	753	-2.34	9.71E-03	存在
7	1983	774.0	-2.19	1.42E-02	存在

3.2.1.4 小结

通过对黑龙江（阿穆尔河）流域哈巴站 1896 ~ 2007 年流量年际、年内变化特征进行深入分析，可以看出，黑龙江（阿穆尔河）流域哈巴站流量整体呈现微弱下降趋势，但趋势并不显著。径流连丰年与连枯年交替出现，径流年际变化阶段性较为明显，包含 2 个显著的丰水段，即 1928 ~ 1932 年和 1954 ~ 1964 年；3 个显著的枯水段，即 1916 ~ 1927 年、1973 ~ 1980 年和 1995 ~ 2007 年；1 个显著的平水段，即 1943 ~ 1954 年。

哈巴站流量年内分配极其不均匀，全年径流主要集中在 5 ~ 10 月，其流量占全年流量的 87%，其中汛期（6 ~ 9 月）占全年的 63.2%。径流变化的原因一方面来源于气候变化，如流域降水和温度的影响。黑龙江（阿穆尔河）流域降水的年际变化较大，且阶段性明显，连续多雨、连续少雨交替出现。黑龙江（阿穆尔河）流域温度整体呈现上升趋势，1988 年以后，年平均气温更是达到 0℃以上。由于厄尔尼诺现象，自 20 世纪末起，“暖冬”现象频繁出现，这也是冬季流量增加的主要原因之一。另一方面还可能受到上游人类活动，如农田灌溉、水库调节、工业用水等因素的影响。俄罗斯境内的结雅水库和布列亚河水电站都是黑龙江（阿穆尔河）流域重要的大型水库，对黑龙江（阿穆尔河）中下游河段流量的控制和调节起着重要的作用。

3.2.2 黑龙江（阿穆尔河）中游泥沙特征

3.2.2.1 水样检测

2010 年科考组在远东边疆分区黑龙江（阿穆尔河）流域考察水样，对水样的采集时间、地质类别、水温、溶解氧、pH、电导率、TDS、透明度等指标参数进行了记录和检测共取样 8 处，图 3-32 为水样采集点分布情况。水样检测后得到的水质结果见表 3-15。

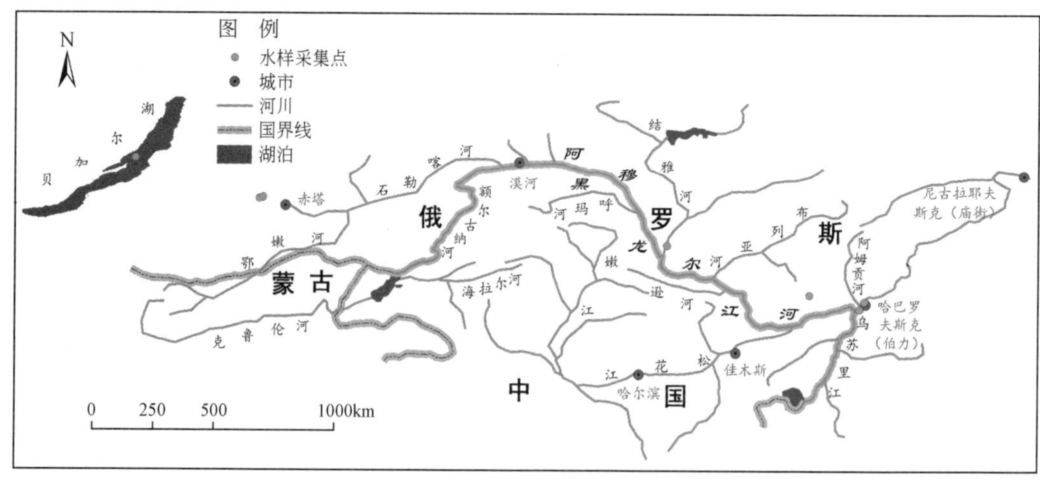

图 3-32 水样采样点分布

表3-15　2010年远东地区水样指标数据

地点	上通古斯河	大赫黑契尔自然保护区	乌苏里江	比罗河	结雅河	赤塔	阿尔赫列伊湖	圣鼻岛
经度	134.926°E	134.758°E	134.758°E	132.928°E	127.655°E	112.697°E	112.832°E	108.092°E
纬度	48.559°N	48.280°N	48.280°N	48.786°N	50.540°N	52.174°N	52.217°N	53.622°N
海拔/m	45	50	50	78	136	967	958	463
采样时间	14：40	12：37	13：22	18：00	10：13	15：17	16：00	13：24
离开时间	15：05	12：57	13：58	18：30	10：35	15：37	16：20	13：40
地质类别	硬底	鹅卵石、粗砂	粗砂	鹅卵石	淤泥	淤泥	淤泥、粗砂	粗砂
水温/℃	23.2	14.4	16.8	15.3	17.9	18	20.7	8.2
溶氧/(mg/L)	7.28	10.7	9.45	10.62	8.46	3.54	8.87	13.6
pH	5.87	6.23	6.37	6.09	5.87	6.49	8.34	6.73
电导率/(μS/cm)	47	23.7	31.3	44.6	42.3	178.2	185.6	35.1
TDS	0.65	0.65	0.0237	0.0358	0.0319	0.1218	0.1317	0.0341
透明度/cm	30	见底	40	见底	见底	50	见底	见底
水深/cm	50	40	80	80	100		100	3 000
河宽/m	500	8	1 000	200	200			6
沿岸带特征	自然堤岸	自然堤岸	自然堤岸	人工堤岸	水草丰富	水草丰富、念珠藻量大		自然堤岸

3.2.2.2　沙样分析

为了探讨流域泥沙粒径在空间分布上的差异，2010年科考组对远东边疆分区黑龙江（阿穆尔河）流域河漫滩采集的14组沙样进行粒径分析。采样点的分布如图3-33所示。为了更好地反映黑龙江流域的泥沙特征，本次泥沙取样的采样点布设尽可能地涵盖了整个流域的主要河流［黑龙江（阿穆尔河）、结雅河、比罗河等］。同时，也考虑了

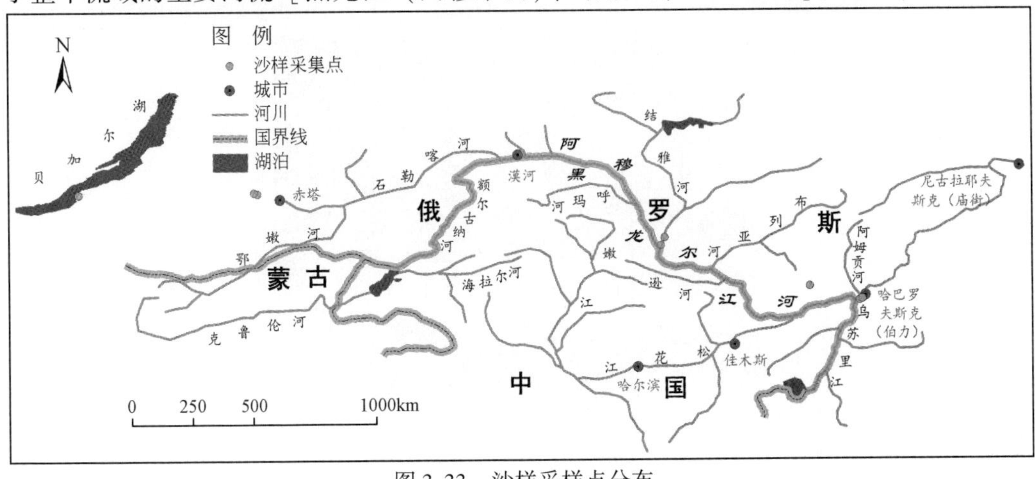

图3-33　沙样采样点分布

水文特征突然变化处如河口、支流汇入处的影响。此外，为了更高效地开展测量工作，采样点的选取也结合了生物专业的需求，高效利用相关仪器，力争做到一次采样，得到多学科研究的完整数据。

采样过程如图 3-34 所示。到达采样点之后，首先观察采样条件，制订安全可行的取样方案并开展相关工作。由于河流位置偏僻，条件有限，无法使用采样船进行床沙的采集，所以相关工作在河漫滩处开展。使用泥沙采集器进行采样工作，将仪器直接放置在漫滩表面进行泥沙采集，并用试验袋储存沙样。回到实验室后将沙样转至收集瓶密封保存，为不同的科研工作做准备。14 个采样点的详细信息见表 3-16。

(a)采样点确定

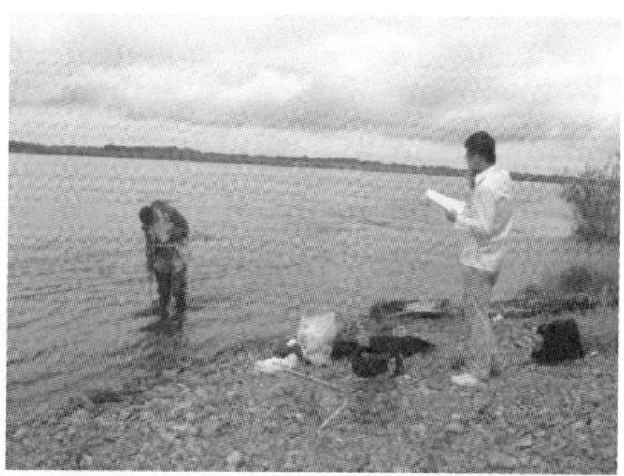

(b)采样点水深测量

(c)取样袋贴标签

(d)岸边取样

(e)采样信息记录

图 3-34　沙样采集

表3-16　采样点详细信息

编号	采集时间	采样位置	高程/m	描述	是否需要筛分
1	2010-08-06 15：00	48.282°N 134.757°E	40	水边岸滩，含直径2～6mm的碎石	是
2	2010-08-14	52.219°N 112.832°E	958	赤塔-1	否
3	2010-08-11	50.541°N 127.655°E	136	结雅河-2	否
4	2010-08-08 18：05	48.786°N 132.928°E	78	比罗河	否
5	2010-08-08	48.786°N 132.927°E	78	比罗河	否
6	2010-08-08 18：00	48.786°N 132.927°E	78	比罗河畔，含直径15mm的碎石一块和些许植物的根	否
7	2010-08-06 15：05	48.329°N 134.864°E	40	水里，含直径10mm石子两块	否
8	2010-08-06 14：55	48.329°N 134.865°E	40	返程桥边水里，黑龙江（阿穆尔河）岸边水中砂样	否
9	2010-08-06 13：22	48.282°N 134.757°E	30	乌苏里江江边，粒径较大，不能使用粒度分析仪	是
10	2010-08-11 10：30	50.540°N 127.655°E	136	结雅河-1	否
11	2010-08-14	52.174°N 112.697°E	967	赤塔-2	否
12	2010-08-11	50.259°N 127.519°E	143	布拉戈维申斯克（海兰泡），有直径3～12mm的碎石	是
13	2010-08-16 09：00	52.119°N 106.249°E	453	贝加尔湖边	是
14	2010-08-06 14：44	48.329°N 134.865°E	40	黑龙江（阿穆尔河）岸滩	是

将所取得的沙样分成14组并对其进行测试。现将采集的沙样去除表观碎石、树根等杂物后用烘箱（图3-35）进行烘干30min，置于干燥器中冷却至室温。再采用筛分仪和天平（图3-36）对颗粒较大的沙样进行颗粒分析，分别记录其大于3mm、2～3mm、1～2mm、0.5～1mm和小于0.5mm的颗粒质量。表3-17为筛分试验结果。然后，将颗粒小于0.5mm的沙样进行激光粒度分析。图3-37为测试用的激光粒度分析仪。其中，介质与分散剂为水，其折射率为1.33，样品折射率按沙样平均折射率1.6设置。沙样在水中浓度需控制其遮光比小于40%，并保证室内光照情况良好。

1，8，9，12，13，14号样品在进行筛分后，各粒径分布较均匀。图3-38（a）为6个样品的平均粒径。9号样本取自乌苏里江江边，不能用作激光粒径分析的样本。其他本经筛选后粒径主要集中于0.5mm以下，故均采用激光粒径分析。图3-38（b）是13个样品的中值粒径D50。图3-39～图3-51分别为13个样品粒度分析报告。

图 3-35　GZX-9030 MBE 烘箱

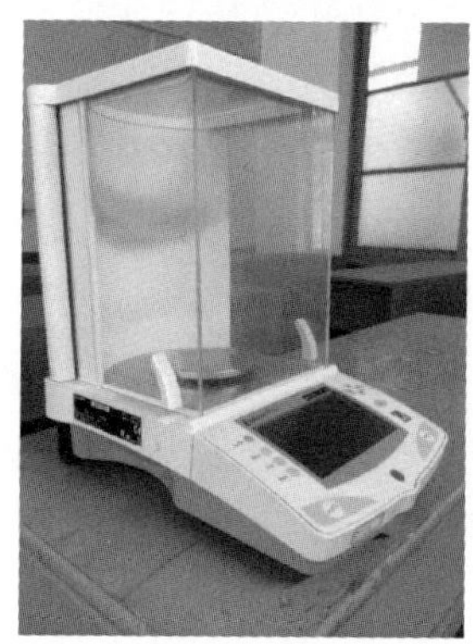

(a)Explorer pro天平

(b)筛分仪

图 3-36　筛分试验仪器

表 3-17　筛分试验结果

样品编号	筛分前质量/g	>3mm	2～3mm	1～2mm	0.5～1mm	<0.5mm	剩余*/%
1	2.35	1.2	0.08	0.02	0.06	0.88	95
2	4.27	0	0	0	0.02	4.08	96
3	7.37	0	0	0	0	7.04	96
4	2.68	0	0	0	0	2.62	98
5	3.36	0	0	0	0.01	3.21	96
6	9.57**	0	0	0.15	0.07	8.97	96
7	5.36***	0	0	0	0.17	4.93	95
8	8.19	0.78	0.33	0.57	0.71	5.72	99
9	2.79	0.47	0.87	0.96	0.16	0.23	96
10	5.62	0	0	0	0	5.51	98
11	8.67	0	0	0	0.02	8.39	97
12	3.65	0.6	0.2	0.12	0.17	2.48	98
13	6.83	0.67	0.26	0.5	0.57	4.76	99
14	5.51	0	0.26	0.34	0.26	4.5	97

*剩余为剩余质量百分比的简称，其为筛分后各个粒径干重之和与筛分前质量之比，本实验拟订剩余质量百分比大于95%时样本筛分结果有效可靠；

** 6 号样品将表观直径较大的碎石和植物根茎剔除；

*** 7 号样品剔除直径 10mm 石子

图 3-37　LS-POP 激光粒度分析仪

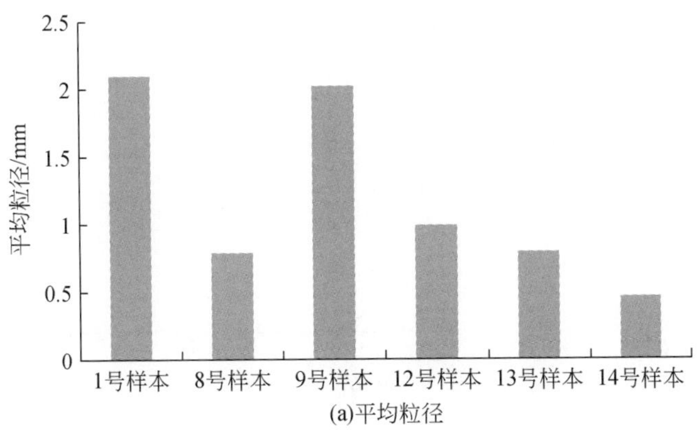

(a)平均粒径

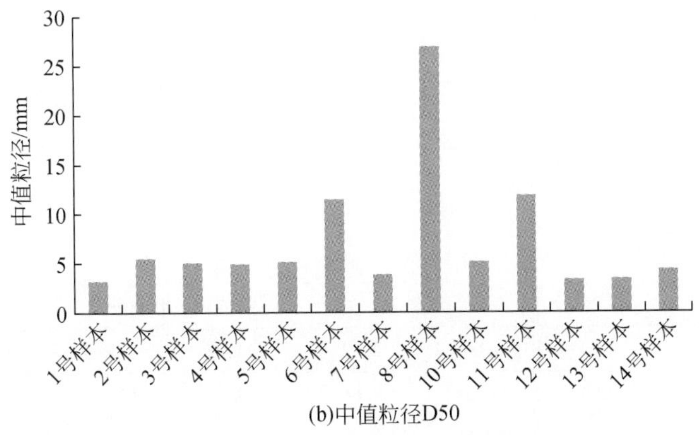

(b)中值粒径D50

图 3-38　样品的粒径指标

从粒径分析结果可以看出：13 组黑龙江（阿穆尔河）的采集沙样中值粒径分布差异较小，这表明河底植被覆盖情况较好，河槽侵蚀泥沙含量较小。通过 11 号样本和 13 号样本的中值粒径比较分析得出，随着高程的降低和河流输沙过程作用，泥沙中值粒径颗粒逐渐减小。7 号和 8 号样本中值粒径的比较可以发现，河流中部中值粒径较小，泥沙颗粒较细且分布较集中，桥边取样的中值粒径较大，泥沙颗粒均匀分布。

样品名称：沙	样品编号：样品 1	样品折射率：1.60	测试日期：2010-10-14
分析模式：rosin-ram.	介质名称：水	介质折射率：1.33	测试时间：20：21：01
样品池：循环	分散剂：水	拟合残余：0.09	超声时间：2′
文件名：1.p6b	截断下限：0.20	截断上限：517.20	遮光比：28.0%

粒度特征参数

D（4，3）	3.47μm	D50	3.21μm	D（3，2）	2.15μm	S.S.A	2.79m²/cm³
D10	1.18μm	D25	2.01μm	D75	4.64μm	D90	6.08μm

注：D 表示粒径

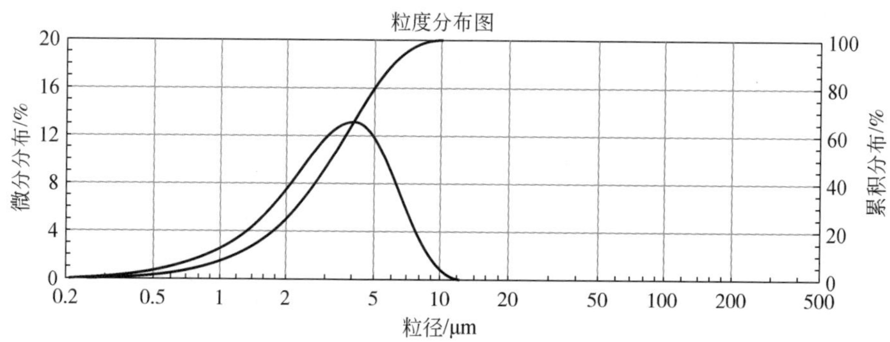

粒径分布表

粒径/μm	微分分布/%	累积分布/%	粒径/μm	微分分布/%	累积分布/%	粒径/μm	微分分布/%	累积分布/%
0.20			2.89	10.54	43.40	41.8	0.00	100.00
0.24	0.15	0.53	3.50	12.36	55.76	50.6	0.00	100.00
0.29	0.23	0.76	4.24	13.18	68.94	61.3	0.00	100.00
0.35	0.32	1.07	5.13	12.28	81.21	74.2	0.00	100.00
0.43	0.50	1.58	6.21	9.66	90.87	89.8	0.00	100.00
0.52	0.67	2.25	7.51	5.86	96.73	108.6	0.00	100.00
0.63	0.96	3.20	9.09	2.52	99.25	131.5	0.00	100.00
0.76	1.32	4.53	11.00	0.66	99.91	159.1	0.00	100.00
0.92	1.89	6.42	13.31	0.09	100.00	192.6	0.00	100.00
1.11	2.59	9.00	16.11	0.00	100.00	233.1	0.00	100.00
1.35	3.74	12.74	19.50	0.00	100.00	282.1	0.00	100.00
1.63	4.91	17.65	23.60	0.00	100.00	341.4	0.00	100.00
1.97	6.56	24.20	28.56	0.00	100.00	413.1	0.00	100.00
2.39	8.66	32.86	34.57	0.00	100.00	500.0	0.00	100.00

图 3-39 样品 1 粒度分析报告

样品名称：沙	样品编号：样品2	样品折射率：1.60	测试日期：2010-10-14
分析模式：rosin-ram.	介质名称：水	介质折射率：1.33	测试时间：20：34：08
样品池：循环	分散剂：水	拟合残余：0.09	超声时间：2′
文件名：2.p6b	截断下限：0.20	截断上限：517.20	遮光比：24.5%

粒度特征参数

D（4，3）	5.70μm	D50	5.16μm	D（3，2）	3.20μm	S.S.A	1.87m²/cm³
D10	1.74μm	D25	3.10μm	D75	7.71μm	D90	10.33μm

注：D表示粒径

粒度分布图

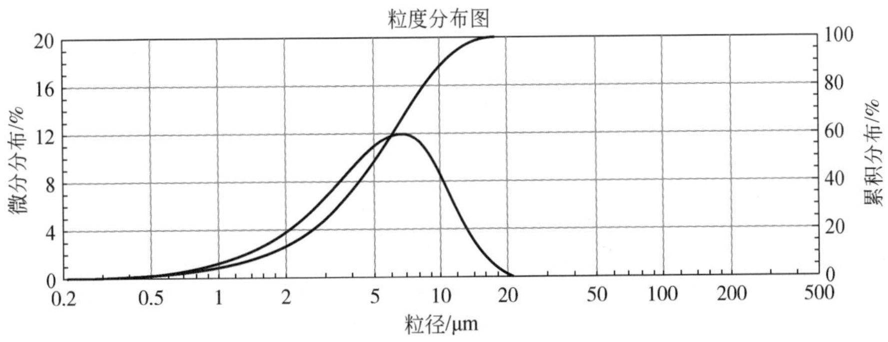

粒径分布表

粒径/μm	微分分布/%	累积分布/%	粒径/μm	微分分布/%	累积分布/%	粒径/μm	微分分布/%	累积分布/%
0.20			2.89	5.72	22.46	41.8	0.00	100.00
0.24	0.09	0.34	3.50	7.37	29.83	50.6	0.00	100.00
0.29	0.13	0.48	4.24	9.12	38.95	61.3	0.00	100.00
0.35	0.18	0.66	5.13	10.69	49.65	74.2	0.00	100.00
0.43	0.28	0.94	6.21	11.86	61.50	89.8	0.00	100.00
0.52	0.36	1.30	7.51	11.94	73.45	108.6	0.00	100.00
0.63	0.51	1.81	9.09	10.75	84.19	131.5	0.00	100.00
0.76	0.68	2.49	11.00	8.12	92.31	159.1	0.00	100.00
0.92	0.96	3.45	13.31	4.86	97.18	192.6	0.00	100.00
1.11	1.29	4.75	16.11	2.12	99.30	233.1	0.00	100.00
1.35	1.85	6.59	19.50	0.60	99.90	282.1	0.00	100.00
1.63	2.42	9.02	23.60	0.09	99.99	341.4	0.00	100.00
1.97	3.27	12.29	28.56	0.01	100.00	413.1	0.00	100.00
2.39	4.45	16.74	34.57	0.00	100.00	500.0	0.00	100.00

图3-40　样品2粒度分析报告

样品名称：沙	样品编号：样品3	样品折射率：1.60	测试日期：2010-10-15
分析模式：rosin-ram.	介质名称：水	介质折射率：1.33	测试时间：11：51：17
样品池：循环	分散剂：水	拟合残余：0.08	超声时间：2′
文件名：3.p6b	截断下限：0.20	截断上限：517.20	遮光比：10.3%

粒度特征参数

D（4，3）	5.38μm	D50	5.03μm	D（3，2）	3.43μm	S.S.A	1.75m²/cm³
D10	1.93μm	D25	3.22μm	D75	7.14μm	D90	9.24μm

注：D表示粒径

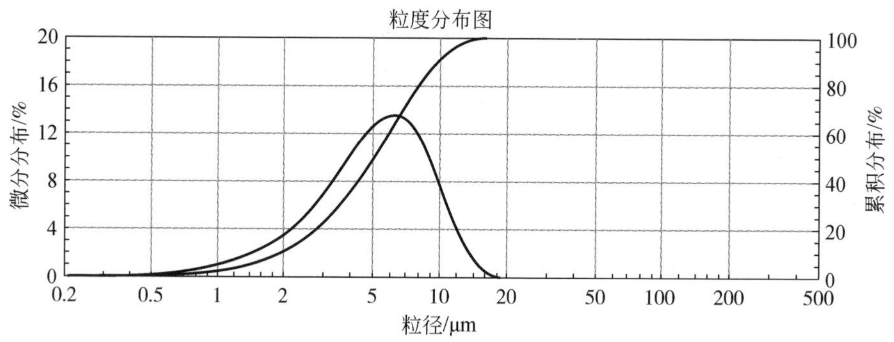

粒径分布表

粒径/μm	微分分布/%	累积分布/%	粒径/μm	微分分布/%	累积分布/%	粒径/μm	微分分布/%	累积分布/%
0.20			2.89	5.97	20.76	41.8	0.00	100.00
0.24	0.05	0.17	3.50	8.02	28.78	50.6	0.00	100.00
0.29	0.08	0.25	4.24	10.29	39.07	61.3	0.00	100.00
0.35	0.11	0.36	5.13	12.32	51.39	74.2	0.00	100.00
0.43	0.18	0.54	6.21	13.67	65.06	89.8	0.00	100.00
0.52	0.25	0.79	7.51	13.28	78.34	108.6	0.00	100.00
0.63	0.36	1.15	9.09	10.90	89.24	131.5	0.00	100.00
0.76	0.51	1.66	11.00	6.87	96.11	159.1	0.00	100.00
0.92	0.75	2.40	13.31	3.01	99.12	192.6	0.00	100.00
1.11	1.06	3.46	16.11	0.78	99.90	233.1	0.00	100.00
1.35	1.59	5.05	19.50	0.10	100.00	282.1	0.00	100.00
1.63	2.19	7.24	23.60	0.00	100.00	341.4	0.00	100.00
1.97	3.11	10.35	28.56	0.00	100.00	413.1	0.00	100.00
2.39	4.43	14.78	34.57	0.00	100.00	500.0	0.00	100.00

图3-41　样品3粒度分析报告

样品名称：沙	样品编号：样品4	样品折射率：1.60	测试日期：2010-10-15
分析模式：rosin-ram.	介质名称：水	介质折射率：1.33	测试时间：12：01：56
样品池：循环	分散剂：水	拟合残余：0.08	超声时间：2′
文件名：4.p6b	截断下限：0.20	截断上限：517.20	遮光比：23.8%

粒度特征参数

D（4，3）	5.27μm	D50	4.89μm	D（3，2）	3.27μm	S.S.A	1.84m^2/cm^3
D10	1.82μm	D25	3.08μm	D75	7.03μm	D90	9.17μm

注：D表示粒径

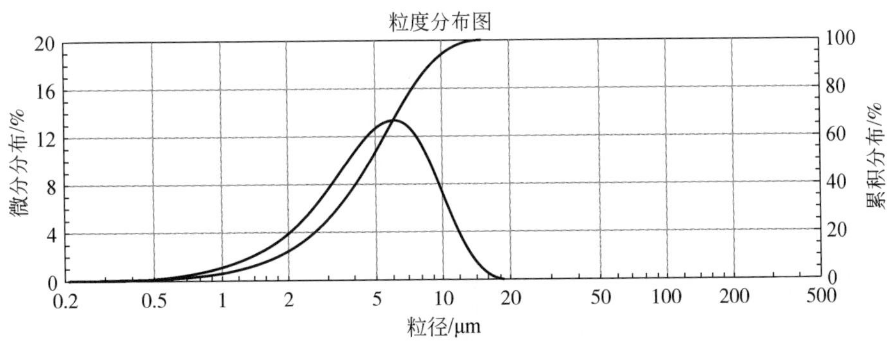

粒径分布表

粒径/μm	微分分布/%	累积分布/%	粒径/μm	微分分布/%	累积分布/%	粒径/μm	微分分布/%	累积分布/%
0.20			2.89	6.23	22.43	41.8	0.00	100.00
0.24	0.06	0.22	3.50	8.22	30.65	50.6	0.00	100.00
0.29	0.10	0.32	4.24	10.36	41.01	61.3	0.00	100.00
0.35	0.14	0.45	5.13	12.19	53.20	74.2	0.00	100.00
0.43	0.22	0.67	6.21	13.29	66.49	89.8	0.00	100.00
0.52	0.29	0.96	7.51	12.73	79.22	108.6	0.00	100.00
0.63	0.42	1.38	9.09	10.36	89.59	131.5	0.00	100.00
0.76	0.59	1.97	11.00	6.56	96.14	159.1	0.00	100.00
0.92	0.85	2.82	13.31	2.93	99.08	192.6	0.00	100.00
1.11	1.19	4.01	16.11	0.81	99.88	233.1	0.00	100.00
1.35	1.76	5.77	19.50	0.11	99.99	282.1	0.00	100.00
1.63	2.39	8.16	23.60	0.01	100.00	341.4	0.00	100.00
1.97	3.34	11.51	28.56	0.00	100.00	413.1	0.00	100.00
2.39	4.70	16.20	34.57	0.00	100.00	500.0	0.00	100.00

图3-42 样品4粒度分析报告

样品名称：沙	样品编号：样品 5	样品折射率：1.60	测试日期：2010-10-15
分析模式：rosin-ram.	介质名称：水	介质折射率：1.33	测试时间：12：08：17
样品池：循环	分散剂：水	拟合残余：0.08	超声时间：2′
文件名：5. p6b	截断下限：0.20	截断上限：517.20	遮光比：22.2%

粒度特征参数

D（4，3）	5.41μm	D50	5.17μm	D（3，2）	3.79μm	S. S. A	1.58m²/cm³
D10	2.21μm	D25	3.48μm	D75	7.06μm	D90	8.87μm

注：D 表示粒径

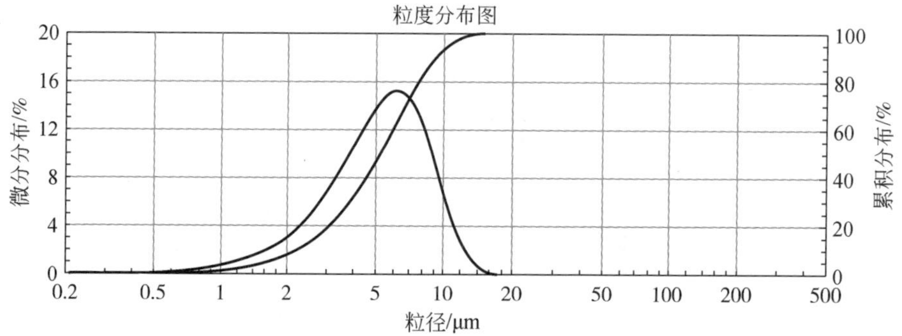

粒径分布表

粒径/μm	微分分布/%	累积分布/%	粒径/μm	微分分布/%	累积分布/%	粒径/μm	微分分布/%	累积分布/%
0.20			2.89	5.61	17.35	41.8	0.00	100.00
0.24	0.03	0.08	3.50	7.95	25.30	50.6	0.00	100.00
0.29	0.04	0.11	4.24	10.73	36.02	61.3	0.00	100.00
0.35	0.06	0.17	5.13	13.43	49.45	74.2	0.00	100.00
0.43	0.10	0.28	6.21	15.32	64.77	89.8	0.00	100.00
0.52	0.14	0.42	7.51	14.87	79.64	108.6	0.00	100.00
0.63	0.22	0.64	9.09	11.58	91.23	131.5	0.00	100.00
0.76	0.33	0.97	11.00	6.35	97.57	159.1	0.00	100.00
0.92	0.51	1.48	13.31	2.09	99.66	192.6	0.00	100.00
1.11	0.76	2.25	16.11	0.32	99.98	233.1	0.00	100.00
1.35	1.20	3.45	19.50	0.02	100.00	282.1	0.00	100.00
1.63	1.75	5.19	23.60	0.00	100.00	341.4	0.00	100.00
1.97	2.61	7.81	28.56	0.00	100.00	413.1	0.00	100.00
2.39	3.93	11.74	34.57	0.00	100.00	500.0	0.00	100.00

图 3-43　样品 5 粒度分析报告

样品名称：沙	样品编号：样品 6	样品折射率：1.60	测试日期：2010-10-15
分析模式：rosin-ram.	介质名称：水	介质折射率：1.33	测试时间：12：14：47
样品池：循环	分散剂：水	拟合残余：0.09	超声时间：2′
文件名：6.p6b	截断下限：0.20	截断上限：517.20	遮光比：5.8%

粒度特征参数

D（4，3）	13.01μm	D50	11.01μm	D（3，2）	5.43μm	S.S.A	1.11m²/cm³
D10	2.92μm	D25	5.92μm	D75	17.95μm	D90	25.67μm

注：D 表示粒径

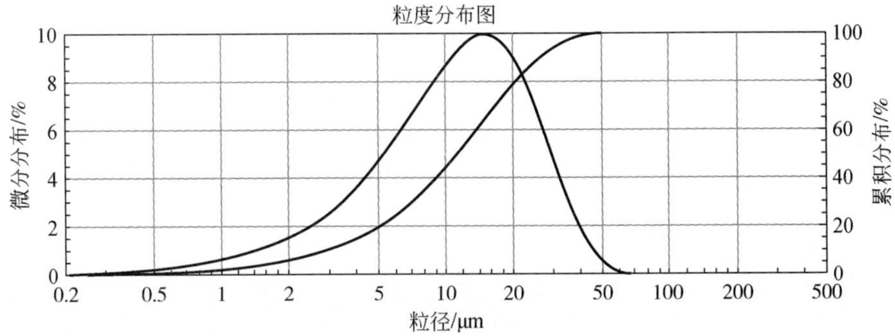

粒径分布表

粒径/μm	微分分布/%	累积分布/%	粒径/μm	微分分布/%	累积分布/%	粒径/μm	微分分布/%	累积分布/%
0.20			2.89	2.24	9.88	41.8	1.98	99.00
0.24	0.07	0.30	3.50	2.88	12.75	50.6	0.76	99.76
0.29	0.09	0.40	4.24	3.64	16.40	61.3	0. 20	99.96
0.35	0.12	0.52	5.13	4.52	20.91	74.2	0. 03	100.00
0.43	0.18	0.69	6.21	5.57	26.48	89.8	0. 00	100.00
0.52	0.21	0.91	7.51	6.67	33.16	108.6	0. 00	100.00
0.63	0.28	1.19	9.09	7.87	41.03	131.5	0. 00	100.00
0.76	0.36	1.55	11.00	8.92	49.95	159.1	0. 00	100.00
0.92	0.48	2.03	13.31	9.68	59.63	192.6	0. 00	100.00
1.11	0.61	2.64	16.11	9.92	69.55	233.1	0. 00	100.00
1.35	0.83	3.47	19.50	9.41	78.96	282.1	0. 00	100.00
1.63	1.04	4.51	23.60	8.08	87.04	341.4	0. 00	100.00
1.97	1.35	5.86	28.56	6.09	93.13	413.1	0. 00	100.00
2.39	1.78	7.63	34.57	3.88	97.01	500.0	0. 00	100.00

图 3-44　样品 6 粒度分析报告

样品名称：沙	样品编号：样品 7	样品折射率：1.60	测试日期：2010-10-15
分析模式：rosin-ram.	介质名称：水	介质折射率：1.33	测试时间：12：21：29
样品池：循环	分散剂：水	拟合残余：0.08	超声时间：2′
文件名：7.p6b	截断下限：0.20	截断上限：517.20	遮光比：16.6%

粒度特征参数

D（4，3）	4.18μm	D50	3.78μm	D（3，2）	2.37μm	S.S.A	2.53m²/cm³
D10	1.27μm	D25	2.27μm	D75	5.64μm	D90	7.57μm

注：D 表示粒径

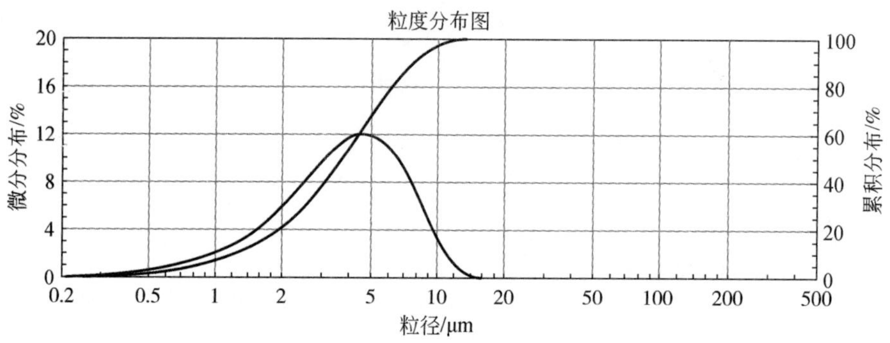

粒径分布表

粒径/μm	微分分布/%	累积分布/%	粒径/μm	微分分布/%	累积分布/%	粒径/μm	微分分布/%	累积分布/%
0.20			2.89	8.39	35.37	41.8	0.00	100.00
0.24	0.16	0.59	3.50	10.16	45.53	50.6	0.00	100.00
0.29	0.23	0.82	4.24	11.55	57.09	61.3	0.00	100.00
0.35	0.31	1.14	5.13	12.04	69.13	74.2	0.00	100.00
0.43	0.48	1.62	6.21	11.37	80.50	89.8	0.00	100.00
0.52	0.62	2.24	7.51	9.16	89.66	108.6	0.00	100.00
0.63	0.86	3.10	9.09	6.07	95.74	131.5	0.00	100.00
0.76	1.16	4.26	11.00	3.02	98.75	159.1	0.00	100.00
0.92	1.61	5.87	13.31	1.02	99.77	192.6	0.00	100.00
1.11	2.16	8.03	16.11	0.20	99.98	233.1	0.00	100.00
1.35	3.04	11.07	19.50	0.02	100.00	282.1	0.00	100.00
1.63	3.92	14.99	23.60	0.00	100.00	341.4	0.00	100.00
1.97	5.18	20.17	28.56	0.00	100.00	413.1	0.00	100.00
2.39	6.81	26.99	34.57	0.00	100.00	500.0	0.00	100.00

图 3-45　样品 7 粒度分析报告

样品名称：沙	样品编号：样品8	样品折射率：1.60	测试日期：2010-10-15
分析模式：rosin-ram.	介质名称：水	介质折射率：1.33	测试时间：12：29：31
样品池：循环	分散剂：水	拟合残余：0.10	超声时间：2′
文件名：8. p6b	截断下限：0.20	截断上限：517.20	遮光比：4.8%

粒度特征参数

D（4，3）	41.64μm	D50	26.24μm	D（3，2）	5.88μm	S.S.A	1.02m²/cm³
D10	3.24μm	D25	9.88μm	D75	56.66μm	D90	99.55μm

注：D表示粒径

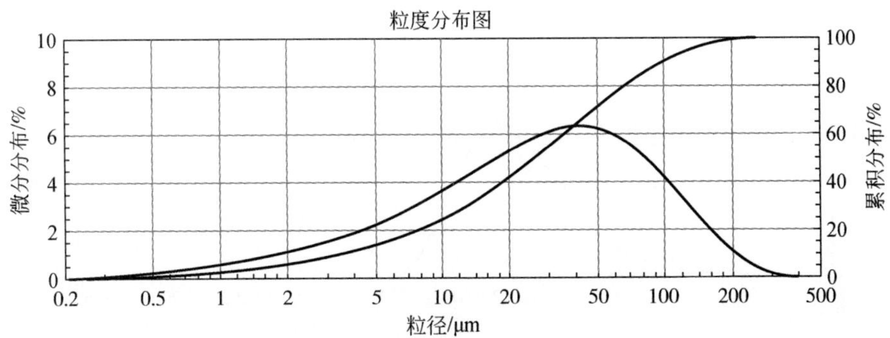

粒径分布表

粒径/μm	微分分布/%	累积分布/%	粒径/μm	微分分布/%	累积分布/%	粒径/μm	微分分布/%	累积分布/%
0.20			2.89	1.37	9.08	41.8	6.31	65.18
0.24	0.15	1.01	3.50	1.16	10.69	50.6	6.25	71.43
0.29	0.19	1.19	4.24	1.88	12.57	61.3	5.98	77.41
0.35	0.22	1.41	5.13	2.17	14.74	74.2	5.50	82.91
0.43	0.29	1.70	6.21	2.51	17.26	89.8	4.82	87.73
0.52	0.31	2.01	7.51	2.87	20.13	108.6	3.99	91.72
0.63	0.37	2.39	9.09	3.30	23.43	131.5	3.09	94.81
0.76	0.43	2.82	11.00	3.73	27.16	159.1	2.21	97.02
0.92	0.52	3.34	13.31	4.20	31.36	192.6	1.44	98.46
1.11	0.60	3.94	16.11	4.68	36.04	233.1	0.84	99.30
1.35	0.74	4.68	19.50	5.14	41.18	282.1	0.43	99.72
1.63	0.84	5.52	23.60	5.57	46.75	341.4	0.19	99.91
1.97	0.99	6.52	28.56	5.93	52.68	413.1	0.07	99.98
2.39	1.19	7.71	34.57	6.20	58.87	500.0	0.02	100.00

图3-46　样品8粒度分析报告

样品名称：沙	样品编号：样品 10	样品折射率：1.60	测试日期：2010-10-15
分析模式：rosin-ram.	介质名称：水	介质折射率：1.33	测试时间：12：41：13
样品池：循环	分散剂：水	拟合残余：0.08	超声时间：2′
文件名：10. p6b	截断下限：0.20	截断上限：517.20	遮光比：15.2%

粒度特征参数

D（4，3）	5.61μm	D50	5.13μm	D（3，2）	3.27μm	S. S. A	1.83m²/cm³
D10	1.79μm	D25	3.14μm	D75	7.54μm	D90	10.01μm

注：D 表示粒径

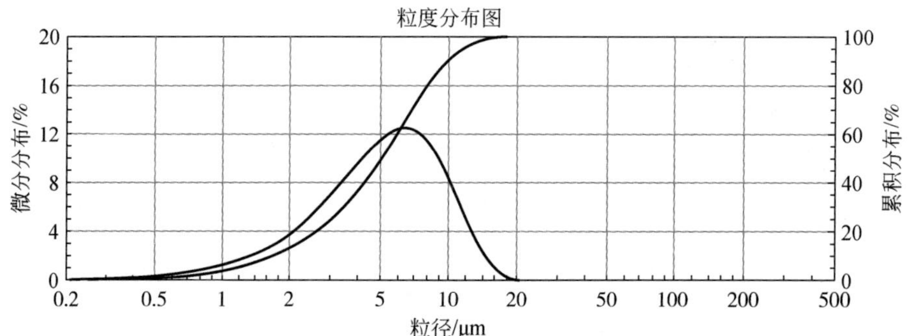

粒径分布表

粒径/μm	微分分布/%	累积分布/%	粒径/μm	微分分布/%	累积分布/%	粒径/μm	微分分布/%	累积分布/%
0.20			2.89	5.79	21.95	41.8	0.00	100.00
0.24	0.08	0.28	3.50	7.54	29.49	50.6	0.00	100.00
0.29	0.11	0.40	4.24	9.43	38.92	61.3	0.00	100.00
0.35	0.16	0.56	5.13	11.12	50.04	74.2	0.00	100.00
0.43	0.25	0.81	6.21	12.34	62.38	89.8	0. 00	100.00
0.52	0.33	1.14	7.51	12.34	74.71	108.6	0. 00	100.00
0.63	0.46	1.60	9.09	10.87	85.58	131.5	0. 00	100.00
0.76	0.63	2.23	11.00	7.88	93.46	159.1	0. 00	100.00
0.92	0.90	3.13	13.31	4.39	97.85	192.6	0. 00	100.00
1.11	1.23	4.35	16.11	1.70	99.55	233.1	0. 00	100.00
1.35	1.77	6.13	19.50	0.40	99.95	282.1	0. 00	100.00
1.63	2.36	8.49	23.60	0.05	100.00	341.4	0. 00	100.00
1.97	3.23	11.71	28.56	0.00	100.00	413.1	0. 00	100.00
2.39	4.44	16.16	34.57	0.00	100.00	500.0	0. 00	100.00

图 3-47　样品 10 粒度分析报告

样品名称：沙	样品编号：样品 11	样品折射率：1.60	测试日期：2010-10-14
分析模式：rosin-ram.	介质名称：水	介质折射率：1.33	测试时间：22：25：44
样品池：循环	分散剂：水	拟合残余：0.14	超声时间：2′
文件名：11.p6b	截断下限：0.20	截断上限：517.20	遮光比：8.5%

粒度特征参数

D（4，3）	17.03μm	D50	12.34μm	D（3，2）	4.20μm	S.S.A	1.43m²/cm³
D10	2.12μm	D25	5.42μm	D75	23.58μm	D90	37.88μm

注：D 表示粒径

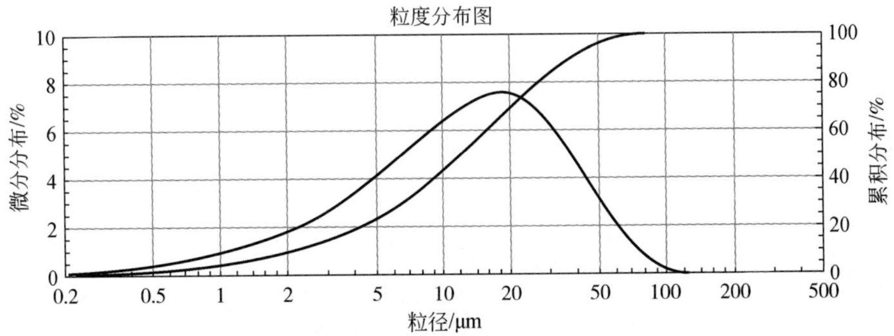

粒径分布表

粒径/μm	微分分布/%	累积分布/%	粒径/μm	微分分布/%	累积分布/%	粒径/μm	微分分布/%	累积分布/%
0.20			2.89	2.36	13.64	41.8	4.67	92.28
0.24	0.18	1.02	3.50	2.83	16.48	50.6	3.40	95.68
0.29	0.23	2.24	4.24	3.36	19.83	61.3	2.20	97.88
0.35	0.28	1.52	5.13	3.91	23.74	74.2	1.24	99.11
0.43	0.37	1.89	6.21	4.55	28.29	89.8	0.58	99.70
0.52	0.42	2.31	7.51	5.18	33.47	108.6	0.22	99.92
0.63	0.52	2.83	9.09	5.87	39.34	131.5	0.07	99.98
0.76	0.62	3.45	11.00	6.49	45.83	159.1	0.01	100.00
0.92	0.77	4.22	13.31	7.02	52.85	192.6	0.00	100.00
1.11	0.91	5.13	16.11	7.39	60.24	233.1	0.00	100.00
1.35	1.16	6.29	19.50	7.50	67.74	282.1	0.00	100.00
1.63	1.35	7.64	23.60	7.29	75.04	341.4	0.00	100.00
1.97	1.64	9.27	28.56	6.73	81.77	413.1	0.00	100.00
2.39	2.01	11.28	34.57	5.84	87.60	500.0	0.00	100.00

图 3-48　样品 11 粒度分析报告

样品名称：沙	样品编号：样品 12	样品折射率：1.60	测试日期：2010-10-14
分析模式：rosin-ram.	介质名称：水	介质折射率：1.33	测试时间：22：30：39
样品池：循环	分散剂：水	拟合残余：0.17	超声时间：2′
文件名：12. p6b	截断下限：0.20	截断上限：517.20	遮光比：11.9%

粒度特征参数

D（4，3）	127.33μm	D50	107.22μm	D（3，2）	20.15μm	S. S. A	0.30m²/cm³
D10	15.49μm	D25	43.70μm	D75	212.18μm	D90	332.6μm

注：D 表示粒径

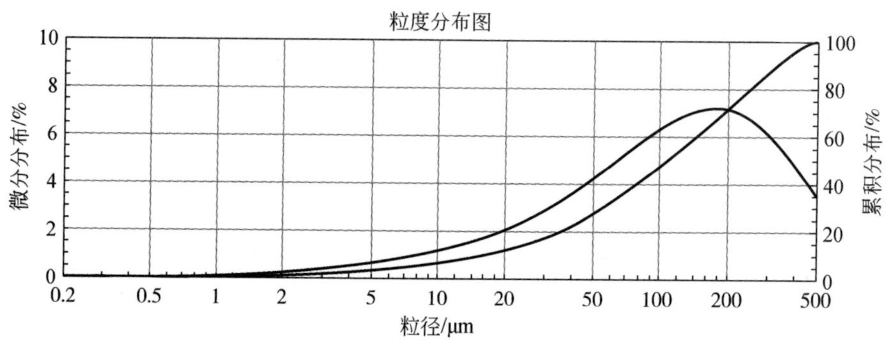

粒径分布表

粒径/μm	微分分布/%	累积分布/%	粒径/μm	微分分布/%	累积分布/%	粒径/μm	微分分布/%	累积分布/%
0.20			2.89	0.34	2.07	41.8	3.62	24.10
0.24	0.03	0.19	3.50	0.41	2.48	50.6	4.51	28.25
0.29	0.04	0.23	4.24	0.50	2.97	61.3	4.71	32.96
0.35	0.05	0.27	5.13	0.59	3.56	74.2	5.29	38.25
0.43	0.06	0.33	6.21	0.71	4.27	89.8	5.84	44.09
0.52	0.07	0.40	7.51	0. 84	5.10	108.6	6.36	50.45
0.63	0.08	0.48	9.09	1.00	6.10	131.5	6.78	57.23
0.76	0.09	0.57	11.00	1.19	7.29	159.1	7. 06	64.28
0.92	0.12	0.69	13.31	1.41	8.70	192.6	7.14	71.42
1.11	0.14	0.83	16.11	1.67	10.37	233.1	6.97	78.39
1.35	0.17	1.00	19.50	1.97	12.33	282.1	6.53	84.92
1.63	0.20	1.19	23.60	2.31	14.64	341.4	5.82	90.74
1.97	0.24	1.43	28.56	2.70	17.34	413.1	4.88	95.62
2.39	0.29	1.72	34.57	3.14	20.48	500.0	3. 81	99.44

图 3-49　样品 12 粒度分析报告

样品名称：沙	样品编号：样品 13	样品折射率：1.60	测试日期：2010-10-15
分析模式：rosin-ram.	介质名称：水	介质折射率：1.33	测试时间：11：26：18
样品池：循环	分散剂：水	拟合残余：0.04	超声时间：2′
文件名：13. p6b	截断下限：0.20	截断上限：517.20	遮光比：13.3%

粒度特征参数

D（4，3）	3.41μm	D50	3.29μm	D（3，2）	2.51μm	S. S. A	2.39m²/cm³
D10	1.50μm	D25	2.28μm	D75	4.40μm	D90	5.45μm

注：D 表示粒径

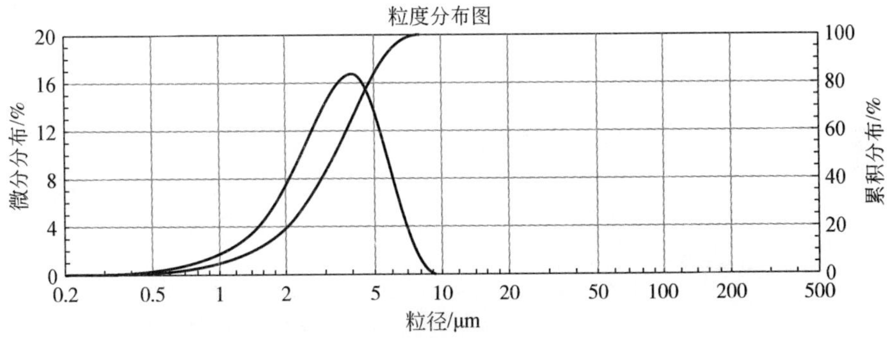

粒径分布表

粒径/μm	微分分布/%	累积分布/%	粒径/μm	微分分布/%	累积分布/%	粒径/μm	微分分布/%	累积分布/%
0.20			2.89	12.23	39.79	41.8	0.00	100.00
0.24	0.05	0.13	3.50	15.33	55.12	50.6	0.00	100.00
0.29	0.08	0.21	4.24	16.69	71.81	61.3	0.00	100.00
0.35	0.12	0.33	5.13	14.59	86.40	74.2	0.00	100.00
0.43	0.21	0.54	6.21	9.30	95.70	89.8	0.00	100.00
0.52	0.31	0.84	7.51	3.59	99.29	108.6	0.00	100.00
0.63	0.49	1.33	9.09	0.67	99.96	131.5	0.00	100.00
0.76	0.74	2.07	11.00	0.04	100.00	159.1	0.00	100.00
0.92	1.18	3.25	13.31	0.00	100.00	192.6	0.00	100.00
1.11	1.79	5.04	16.11	0.00	100.00	233.1	0.00	100.00
1.35	2.88	7.92	19.50	0.00	100.00	282.1	0.00	100.00
1.63	4.22	12.14	23.60	0.00	100.00	341.4	0.00	100.00
1.97	6.26	18.40	28.56	0.00	100.00	413.1	0.00	100.00
2.39	9.16	27.56	34.57	0.00	100.00	500.0	0.00	100.00

图 3-50 样品 13 粒度分析报告

样品名称：沙	样品编号：样品 14	样品折射率：1.60	测试日期：2010-10-15
分析模式：rosin-ram.	介质名称：水	介质折射率：1.33	测试时间：11：40：41
样品池：循环	分散剂：水	拟合残余：0.07	超声时间：2′
文件名：14. p6b	截断下限：0.20	截断上限：517.20	遮光比：1.8%

粒度特征参数

D（4，3）	4.55μm	D50	4.22μm	D（3，2）	2.82μm	S. S. A	2.12m²/cm³
D10	1.57μm	D25	2.66μm	D75	6.07μm	D90	7.93μm

注：D 表示粒径

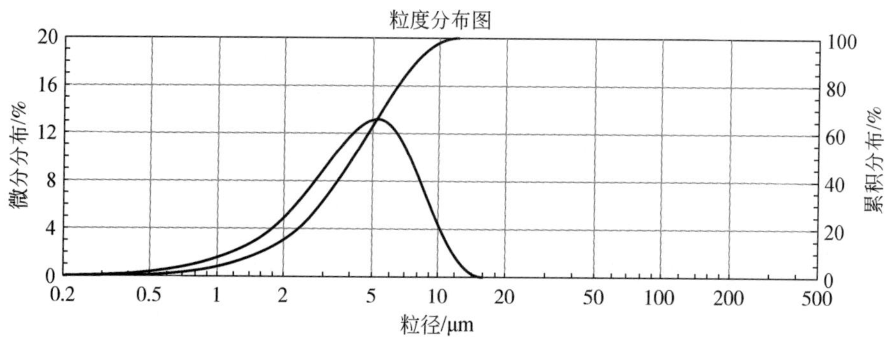

粒径分布表

粒径/μm	微分分布/%	累积分布/%	粒径/μm	微分分布/%	累积分布/%	粒径/μm	微分分布/%	累积分布/%
0.20			2.89	7.69	28.64	41.8	0.00	100.00
0.24	0.09	0. 30	3.50	9.84	38.48	50.6	0.00	100.00
0.29	0.13	0.42	4.24	11.86	50.33	61.3	0.00	100.00
0.35	0.18	0.60	5.13	13.09	63.43	74.2	0.00	100.00
0.43	0.29	0.89	6.21	13.05	76.47	89.8	0.00	100.00
0.52	0.39	1.28	7.51	11.01	87.48	108.6	0.00	100.00
0.63	0.56	1.84	9.09	7.48	94.96	131.5	0.00	100.00
0.76	0.78	2.62	11.00	3.68	98.64	159.1	0.00	100.00
0.92	1.13	3.75	13.31	1.15	99.79	192.6	0.00	100.00
1.11	1.57	5.31	16.11	0.19	99.99	233.1	0.00	100.00
1.35	2.31	7.62	19.50	0.01	100.00	282.1	0.00	100.00
1.63	3.11	10.72	23.60	0.00	100.00	341.4	0.00	100.00
1.97	4.29	15.01	28.56	0.00	100.00	413.1	0.00	100.00
2.39	5.93	20.95	34.57	0.00	100.00	500.0	0.00	100.00

图 3-51　样品 14 粒度分析报告

3.3　黄河下游水沙特征

河南郑州桃花峪以下的黄河河段为黄河下游。由于黄河泥沙量大，下游河段长期淤积形成举世闻名的“地上悬河”，历史上决口泛滥频繁，给国家和人民生命财产安全带来极大的隐患。分析黄河下游水沙量数据，研究人类活动对其影响，可以为今后治理黄河提供重要依据。

3.3.1　水库、测站分布及数据概况

花园口是黄河成为“地上悬河”的起点，该站数据是黄河下游防洪工程、水资源调度和治理开发的重要依据。高村站是河南、山东两省的省际站，地理位置重要，为黄河下游水资源调度提供重要数据。利津站是黄河入海的水沙控制站，也是调水调沙水文测报的关键站，在水资源统一调度及洪水测报工作中具有重要地位。黄河流域主要水库及下游水文站示意图见图 3-52。

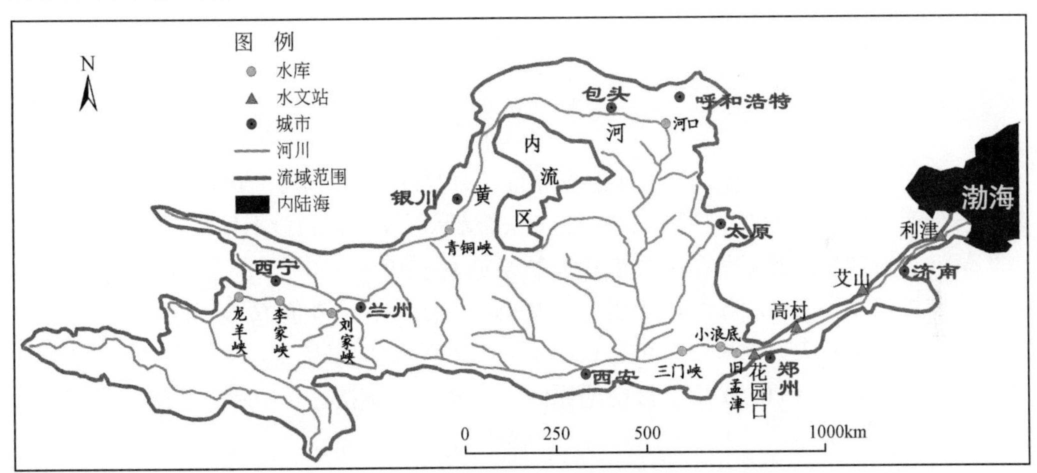

图 3-52　黄河流域主要水库及下游水文站示意图

根据黄河下游 4 个水文站点（花园口、高村、艾山、利津）1950 ~ 2007 年的水沙量数据，计算其基本统计参数 $\bar{x}$、C_v、C_s 值，如表 3-18 所示。

表 3-18　黄河下游四站水沙量统计参数

水文站	径流量			输沙量		
	$\bar{x}$/亿 m^3	C_v	C_s	$\bar{x}_{沙}$ /亿 t	$C_{v沙}$	$C_{s沙}$
花园口	382.7802	0.3886	0.8085	9.3133	0.6526	0.6661
高村	359.4477	0.4323	0.7723	8.4426	0.6597	0.8657
艾山	348.9732	0.4947	0.8409	8.1274	0.6408	0.6858
利津	315.9624	0.6035	0.8061	7.7079	0.7068	0.7229

从表 3-18 的数据可以看出，黄河干流下游四站的输沙量都比径流量变化剧烈，说明相对于径流量，人类活动对黄河下游输沙量的影响更大；且四个站中，利津的径流量和输沙量年际变化最大，说明人类活动对利津站的径流量和输沙量影响最大。

3.3.2 径流量与输沙量变化趋势分析

趋势分析可判断水文序列是否具有上升或下降的趋势，一般可采用坎德尔秩次相关检验、斯波曼秩次相关检验、线性趋势回归检验等方案，本节运用坎德尔秩次相关检验和线性趋势回归检验的方法进行检验。

（1）坎德尔秩次相关检验

对于水文序列 x_1，x_2，…，x_n，对偶值（x_i，x_j，$j>i$）中 $x_i<x_j$ 的出现个数设为 P，其中顺序的（i，j）子集为（$i=1$，$j=2$，3，4，…，n），…，（$i=n-1$，$j=n$）。对于无趋势的序列，P 的数学期望 $E(P)=n(n-1)/4$；当 P 接近 0 时，表示序列可能有下降趋势；P 接近 $n(n-1)/2$，则序列可能是上升趋势。

此检验的统计量

$$U=\tau\sqrt{\frac{9n(n-1)}{2(2n+5)}}, \tag{3-15}$$

$$\tau=\frac{4P}{n(n-1)}-1 \tag{3-16}$$

当 n 增加时，U 快速收敛于标准正态分布。原假设为无趋势，当给定置信水平 α 后，在正态分布表中查出 $U_{\alpha/2}$，当 $|U|<U_{\alpha/2}$，接受原假设，即趋势不显著。

黄河下游四站水沙量坎德尔秩次检验结果见表 3-19。

给定置信水平 $\alpha=0.05$、$\alpha=0.01$，查正态分布表，有临界值 $U_{0.05/2}=1.96$、$U_{0.01/2}=2.575$。由表 3-19 中数据可以看出，黄河下游四站的 $|U|>U_{0.05/2}$ 且 $|U|>U_{0.01/2}$，所以在置信水平 0.05 和 0.01 下，都拒绝原假设，又由 P 更接近 0 推断，各站的径流量和输沙量有下降趋势。

表 3-19　黄河下游四站水沙量坎德尔秩次检验结果

水文站	n	$n(n-1)/4$	$n(n-1)/2$	径流量		输沙量	
				P	U	P	U
花园口	58	826.5	1 653	423	-5.413	434	-5.266
高村	58	826.5	1 653	414	-5.534	378	-6.017
艾山	58	826.5	1 653	400	-5.722	402	-5.695
利津	58	826.5	1 653	360	-6.259	373	-6.048

（2）线性趋势回归检验

假定水文序列 x_t 存在线性趋势，表示为

$$x_t=T_t+\eta_t=\hat{a}+\hat{b}t+\eta_t \tag{3-17}$$

式中，T_t 为趋势成分；η_t 为其余成分；t 为时间；$\hat{a}$、$\hat{b}$ 为趋势成分中线性方程参数，其中，

$$\hat{a}=\bar{x}-\hat{b}\bar{t},$$

$$\hat{b}=\frac{\sum_{t=1}^{n}(t-\bar{t})(x_t-\bar{x})}{\sum_{t=1}^{n}(t-\bar{t})^2};$$

$$S^2(\hat{b})=\frac{S^2}{\sum_{t=1}^{n}(t-\bar{t})^2},$$

$$S^2=\frac{\sum_{t=1}^{n}(x_t-\bar{x})^2-\hat{b}^2\sum_{t=1}^{n}(t-\bar{t})^2}{n-2},$$

$$\bar{x}=\frac{1}{n}\sum_{t=1}^{n}x_t,$$

$$\bar{t}=\frac{1}{n}\sum_{t=1}^{n}t$$

式中，$S(\hat{b})$ 为 $\hat{b}$ 的标准差；$\bar{x}$ 和 $\bar{t}$ 分别为 x_t 和 t 的均值；n 为样本容量。

此检验的统计量为 $T=\hat{b}/S(\hat{b})$ 。

T 服从自由度为 $n-2$ 的 t 分布，给定 α，可查出 $t_{\alpha/2}$ 。如果有 $|T|>T_{\alpha/2}$ ，则拒绝线性趋势不显著的原假设，认为线性趋势显著。

采用线性趋势回归检验的方法判断序列的下降趋势是否具有线性，通过系统的统计分析功能，进行线性趋势回归检验。利津流量的线性趋势回归检验结果如图 3-53 所示。黄河下游四站水沙量的线性趋势回归检验结果见表 3-20。

给定置信水平 $\alpha=0.05$、$\alpha=0.01$，已知 $n=58$，查 t 分布表有 $T_{0.05/2}=2.004$、$T_{0.01/2}=2.667$。由表 3-20 中数据可以看出，黄河下游四站的 $|T|>T_{0.05/2}$ 且 $|T|>T_{0.01/2}$ ，所以在置信水平 0.05 及 0.01 下，都拒绝原假设，即各站的径流量和输沙量都有显著的线性趋势。

黄河下游四站径流量和输沙量实测值与线性趋势图见图 3-54。

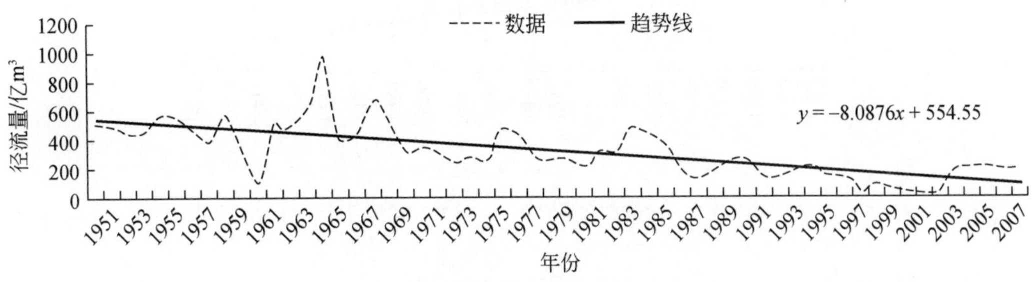

图 3-53　利津流量线性趋势回归检验

表 3-20　黄河下游四站水沙量线性回归检验结果

时间段	水文站	径流量			输沙量		
		$\hat{a}$	$\hat{b}$	T	$\hat{a}$	$\hat{b}$	T
1950～2007 年	花园口	543.7649	−5.4571	−5.9067	16.0445	−0.2282	−6.1346
	高村	532.2252	−5.8569	−6.1759	15.0166	−0.2228	−6.8578
	艾山	549.423	−6.7949	−6.6573	14.1871	−0.2054	−6.6814
	利津	554.5476	−8.0876	−7.6816	14.4416	−0.2283	−7.4933

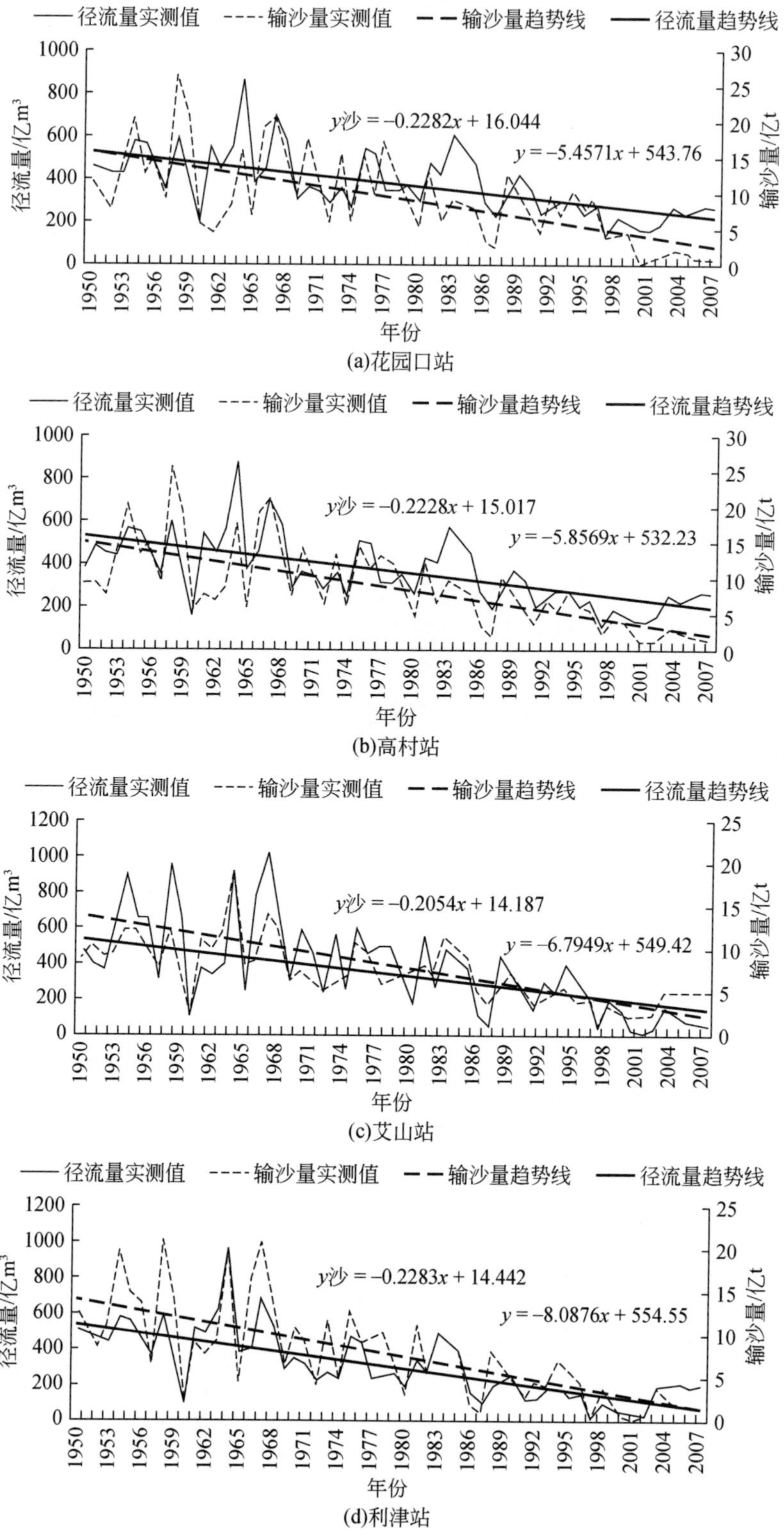

图 3-54 黄河下游四站径流量和输沙量实测值与线性趋势

由上述结果可以看出，黄河下游四站的径流量和输沙量都具有下降的线性趋势，可能的影响因素有：

1）黄河流域自20世纪50年代开始进行水土保持工作，减少了进入黄河的水量和泥沙量，从而减少了黄河下游的径流量和输沙量。实施植树种草、修梯田、建淤地坝、拦沙库等水土保持措施，改变了流域下垫面状况。各类水土保持措施面积增加，见图3-55（a），截至2000年年底，初步治理水土流失面积18.45万km^2，约占黄河流域总水土流失面积（45.4万km^2）的41%，一些小流域的综合治理程度已达70%以上，入渗量增加，径流量减少，同时有效地拦蓄了泥沙。20世纪70年代以后，水土保持措施开始发挥作用。据估计，由于水土保持措施的实施，每年减少径流量约$35\times10^8m^3$，平均每年减少入黄泥沙3亿t左右。

2）随着社会的发展，人类生活生产对黄河的引水量也日益增大，减少了黄河下游的径流量和输沙量。黄河流域大部分区域地处半干旱区，水资源紧缺，因此灌溉、工业供水和生活用水等需大量引水。黄河流域1980~2000年用水量变化见图3-55（b），可以看出，黄河流域用水量基本为增加趋势，有关资料表明，20世纪90年代人类净引水量已达天然径流量的60%以上，所以黄河下游的径流量逐渐减小。而径流是输沙的动力，大量径流被引出河道，降低了河流的输沙能力。此外，引水的同时部分泥沙也被带走，所以下游输沙量也不断减小。

3）降水是径流产生的直接原因，如果降水量减少，径流量也将减少。由1956~2000年黄河流域降水量变化可以看出，降水量呈下降趋势，见图3-55（c），所以降水量减少也是黄河下游径流量减少的一个重要因素。

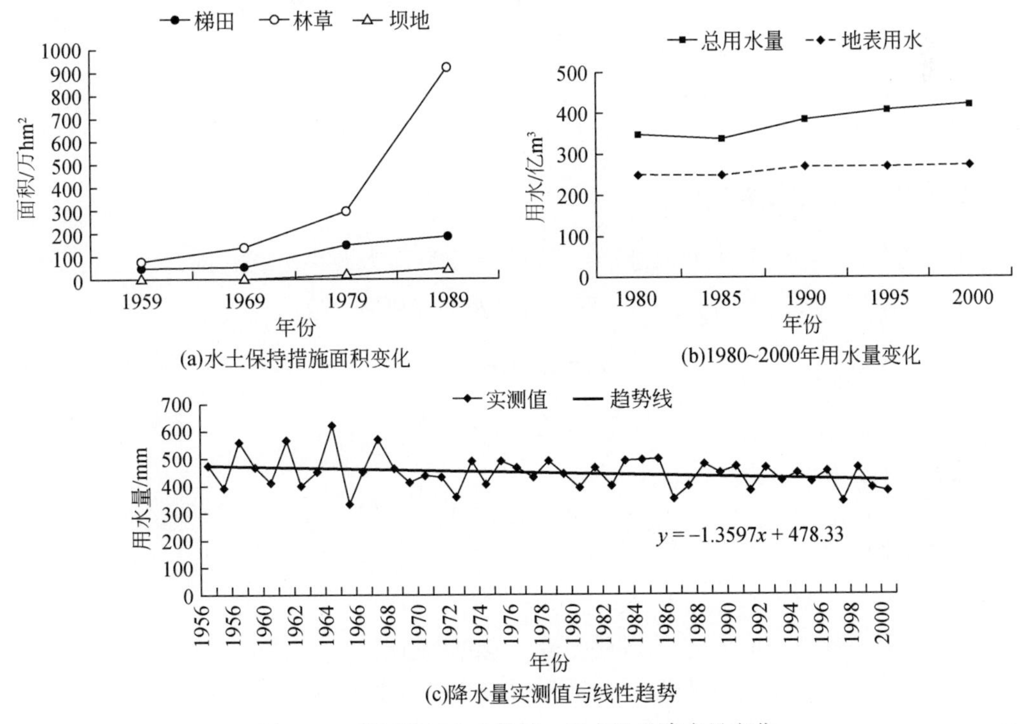

图3-55　黄河流域水土保持、用水量及降水量变化

3.3.3 阶段性变化特征分析

跳跃是由于人为或自然原因引起的水文序列从一种状态急剧变化到另一种状态的一种形式。跳跃成分是否存在于序列中，多用分割样本的方法检验。分割样本时，应先确定分割点 τ，然后再用相关方法检验。常用的方法有里和海哈林法、有序聚类分析法和时序累计值相关曲线法。本节运用里和海哈林法和有序聚类分析法进行分析。

3.3.3.1 里和海哈林法

对序列（$x_t=1, 2, \cdots, n$），在假定总体正态分布和分割点先验分布为均匀分布的情况下，推得可能分割点 τ 的后验概率密度函数为

$$f(\tau \mid x_1, \cdots, x_n)=k\left[n/\tau(n-\tau)\right]^{1/2}\left[R(\tau)\right]^{-(n-2)/2} \tag{3-18}$$

式中，$1 \leqslant \tau \leqslant n-1$；$k$ 为比例常数，取为1。

$$R(\tau)=\frac{\sum_{t=1}^{\tau}(x_t-\bar{x}_\tau)^2+\sum_{t=\tau+1}^{n}(x_t-\bar{x}_{n-\tau})^2}{\sum_{t=1}^{n}(x_t-\bar{x}_n)},$$

$$\bar{x}_\tau=\frac{1}{\tau}\sum_{t=1}^{\tau}x_t, \tag{3-19}$$

$$\bar{x}_{n-\tau}=\frac{1}{n-\tau}\sum_{t=\tau+1}^{n}x_t,$$

$$\bar{x}_n=\frac{1}{n}\sum_{t=1}^{n}x_t$$

式中，$\bar{x}_\tau$，$\bar{x}_{n-\tau}$ 表示前 τ 项和后 $n-\tau$ 项均值。

满足 $f(\tau \mid x_1, \cdots, x_n)=\max\limits_{1\leqslant\tau\leqslant n-1}\{f(\tau \mid x_1, \cdots, x_n)\}$ 的 τ 记为 τ_0，即为最可能的分割点。

3.3.3.2 有序聚类分析法

在聚类分析时，若不能打乱次序，这样的分类称为有序分类，对序列 $x_t(t=1, 2, \cdots, n)$ 设可能分割点为 τ，则分割前后离差平方和为

$$V_\tau=\sum_{t=1}^{\tau}(x_t-\bar{x}_\tau)^2, \tag{3-20}$$

$$V_{n-\tau}=\sum_{t=\tau+1}^{n}(x_t-\bar{x}_{n-\tau})^2 \tag{3-21}$$

总离差平方和为

$$S_n(\tau)=V_\tau+V_{n-\tau} \tag{3-22}$$

最优二分割

$$S_n^*=\min_{-1\leqslant\tau\leqslant1}\{S_n(\tau)\} \tag{3-23}$$

满足上述条件的 τ 记为 τ_0，以此为最可能的分割点。

通过上述方法确定分割点 τ_0 后，需对分割样本进行检验，检验方法有秩和检验法与游程检验法，本书运用秩和检验法。

检验统计量为

$$U=\frac{W-\frac{n_1\ (n_1+n_2+1)}{2}}{\sqrt{\frac{n_1\ n_2\ (n_1+n_2+1)}{12}}} \tag{3-24}$$

式中，n_1 代表小样本容量；n_2 代表大样本容量。

U 服从标准正态分布，给定置信水平 α，在正态分布表中查出临界值 $U_{\alpha/2}$，若 $|U| < U_{\alpha/2}$，接受原假设，即跳跃不显著。

给定置信水平 $\alpha=0.05$、$\alpha=0.01$，查正态分布表，有临界值 $U_{0.05/2}=1.96$、$U_{0.01/2}=2.575$，原假设为无跳跃。

(1) 花园口

经计算得，花园口站径流量一级跳跃点1985年和次级跳跃点1968年、1994年的统计量分别为 $U_1=2.30$、$U_2=5.40$、$U_3=-2.84$，易知 $U_{0.05/2} < |U_1| < U_{0.01/2}$，$U_{0.05/2} < U_{0.01/2} < |U_2|$，$U_{0.05/2} < U_{0.01/2} < |U_3|$，则在置信水平 $\alpha=0.01$ 下，1968年和1994年拒绝原假设，即跳跃成分显著；而1985年只能在置信水平 $\alpha=0.05$ 下拒绝原假设，说明该次级跳跃存在但不显著。

花园口站输沙量一级跳跃点1981年和次级跳跃点1999年的统计量分别为 $U_1=4.7218$ 和 $U_2=4$，易知 $U_{0.05/2} < U_{0.01/2} < |U_1|$，$U_{0.05/2} < U_{0.01/2} < |U_2|$，则在置信水平 $\alpha=0.01$ 下，1981年和1999年拒绝原假设，即跳跃成分显著。

花园口径流量和输沙量阶段分析见图3-56。

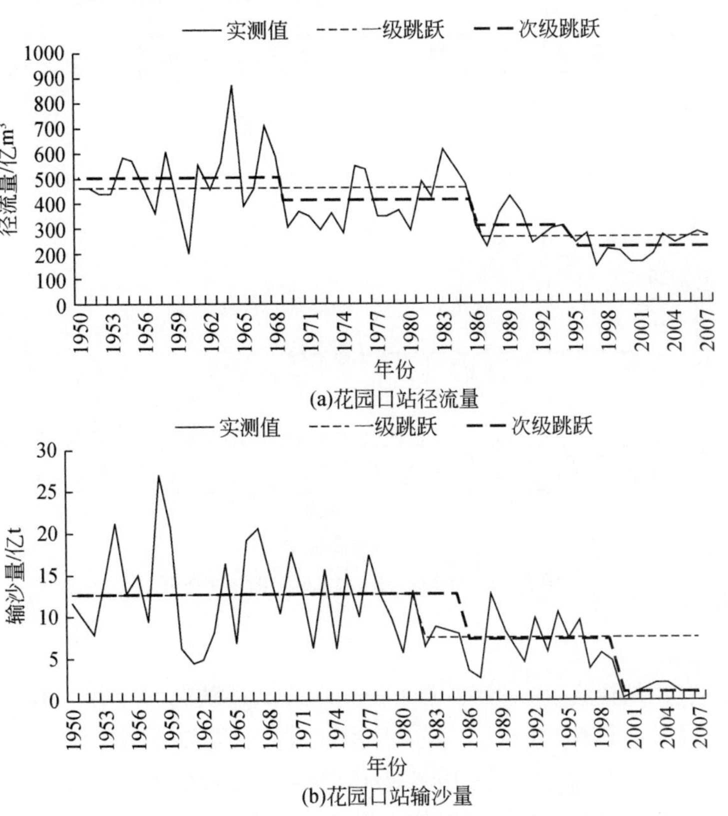

图3-56　花园口径流量和输沙量阶段分析

(2) 高村

经计算得，高村站径流量一级跳跃点1985年和次级跳跃点1968年、1994年的统计量分别为$U_1=2.55$、$U_2=5.56$、$U_3=-2.57$，易知$U_{0.05/2}<|U_1|<U_{0.01/2}$，$U_{0.05/2}<U_{0.01/2}<|U_2|$，$U_{0.05/2}<|U_3|<U_{0.01/2}$，则1968年在置信水平$\alpha=0.01$下，拒绝原假设，即跳跃成分显著；而1985年和1994年只能在置信水平$\alpha=0.05$下拒绝原假设，说明该次级跳跃存在但不显著。

高村站输沙量一级跳跃点1985年和次级跳跃点1978年、1996年的统计量分别为$U_1=1.70$、$U_2=5.50$、$U_3=-3.38$，易知$|U_1|<U_{0.05/2}<U_{0.01/2}$，$U_{0.05/2}<U_{0.01/2}<|U_2|$，$U_{0.05/2}<U_{0.01/2}<|U_3|$，则在置信水平$\alpha=0.01$下，1978年和1996年拒绝原假设，即跳跃成分显著；而1985年在置信水平$\alpha=0.05$、$\alpha=0.01$下都接受原假设，即该次级跳跃不存在。

高村径流量和输沙量阶段分析见图3-57。

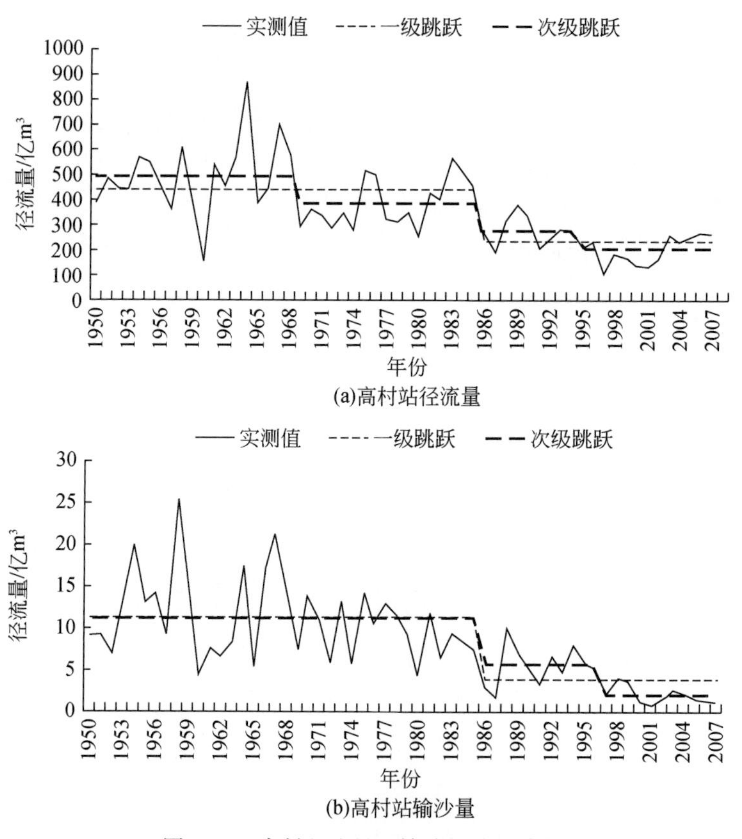

图3-57 高村径流量和输沙量阶段分析

(3) 艾山

经计算得，艾山站径流量一级跳跃点1985年和次级跳跃点1968年、2002年的统计量分别为$U_1=3.03$、$U_2=5.66$、$U_3=-1.53$，易知$U_{0.05/2}<U_{0.01/2}<|U_1|$，$U_{0.05/2}<U_{0.01/2}<|U_2|$，$|U_3|<U_{0.05/2}<U_{0.01/2}$，则1985年和1968年在置信水平$\alpha=0.01$下，拒绝原假设，即跳跃成分显著；而2002年在置信水平$\alpha=0.05$、$\alpha=0.01$下都接受原假设，即该

次级跳跃不存在。

艾山站输沙量一级跳跃点 1985 年和次级跳跃点 1968 年、1996 年的统计量分别为 $U_1 = 1.73$、$U_2 = 5.27$、$U_3 = -3.05$，易知 $|U_1| < U_{0.05/2} < U_{0.01/2}$，$U_{0.05/2} < U_{0.01/2} < |U_2|$，$U_{0.05/2} < U_{0.01/2} < |U_3|$，则 1968 年和 1996 年在置信水平 $\alpha=0.01$ 下，拒绝原假设，即跳跃成分显著；而 1985 年在置信水平 $\alpha=0.05$、$\alpha=0.01$ 下都接受原假设，即该次级跳跃不存在。

艾山径流量和输沙量阶段分析见图 3-58。

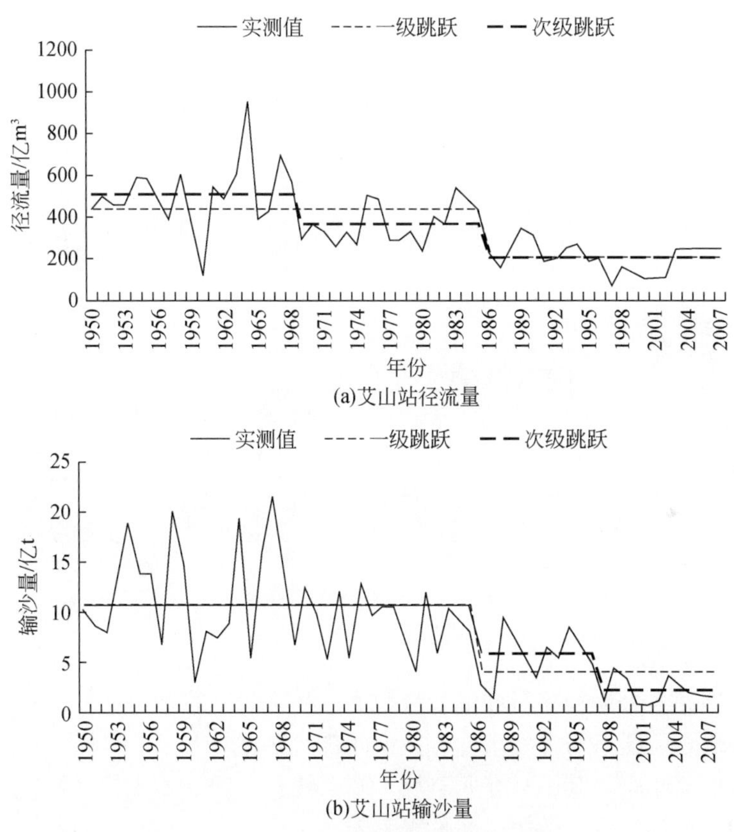

图 3-58　艾山径流量和输沙量阶段分析

(4) 利津

经计算得，利津站径流量一级跳跃点 1985 年和次级跳跃点 1968 年、2002 年的统计量分别为 $U_1 = 3.66$、$U_2 = 5.83$、$U_3 = -2.00$，易知 $U_{0.05/2} < U_{0.01/2} < |U_1|$，$U_{0.05/2} < U_{0.01/2} < |U_2|$，$U_{0.05/2} < |U_3| < U_{0.01/2}$，则 1985 年和 1968 年在置信水平 $\alpha=0.01$ 下，拒绝原假设，即跳跃成分显著；而 2002 年在置信水平 $\alpha=0.05$ 下拒绝原假设，说明该次级跳跃存在但不显著。

利津站输沙量一级跳跃点 1985 年和次级跳跃点 1968 年、1996 年的统计量分别为 $U_1 = 2.39$、$U_2 = 5.50$、$U_3 = 2.99$，易知 $U_{0.05/2} < |U_1| < U_{0.01/2}$，$U_{0.05/2} < U_{0.01/2} < |U_2|$，$U_{0.05/2} < U_{0.01/2} < |U_3|$，则 1968 年和 1996 年在置信水平 $\alpha=0.01$ 下，拒绝原假设，即跳跃成分显著；而 1985 年在置信水平 $\alpha=0.05$ 下拒绝原假设，说明该次级跳跃存在但

不显著。

利津径流量和输沙量阶段分析见图 3-59。

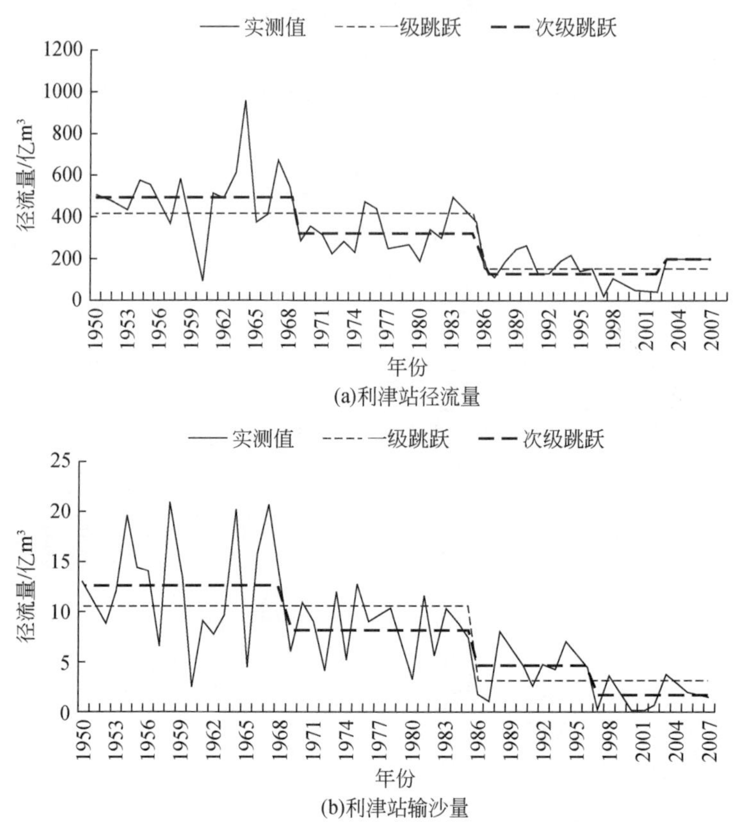

图 3-59　利津径流量和输沙量阶段分析

黄河下游四站各分期径流量和输沙量均值在跳跃前后的差异见表 3-21。径流量和输沙量时间序列出现跳跃点与突发事件有关，如自然灾害、人工工程等。黄河干流上已建成的大中型水库有 9 座，其中只有龙羊峡、刘家峡、三门峡、小浪底4 个大型水库对调节径流起作用，各水库投入运用时间见表 3-22。

1）自 1986 年龙羊峡水库投入使用，在与刘家峡、三门峡水库的联合作用下，对径流的调节作用显著。同时，径流的显著减小，使河流输沙能力也减小，下游的输沙量有了显著减小。所以，1985 年黄河下游四站的径流量都产生了显著转折，除花园口外，同年其他三站的输沙量也发生了显著转折。

2）1968 年刘家峡水库投入使用，起到了调节径流的作用。同时，前期水土保持工作的作用开始发挥，所以 1968 年下游四站的径流量出现了转折。

3）2002 ~ 2007 年，小浪底水库进行了 6 次调水调沙，增强了下游河道的行洪能力，所以 2002 年利津径流量出现了转折。

4）1999 年花园口输沙量出现显著转折且急剧减少，说明小浪底水库投入使用后，拦沙效果显著，直接减少了进入下游的泥沙。

表 3-21　黄河下游四站各分期径流量和输沙量平均值

水文站	项目	径流量/亿 m^3				输沙量/亿 t			
花园口	年份	1950～1985 年		1986～2007 年		1950～1981 年		1982～2007 年	
		1950～1968 年	1969～1985 年	1986～1994 年	1995～2007 年	—		1982～1999 年	2000～2007 年
	均值	502.4011	408.1077	309.4604	225.5888	—		7.086	1.0943
		457.8736		259.8999		12.621		7.2211	
高村	年份	1950～1985 年		1986～2007 年		1950～1985 年		1986～2007 年	
		1950～1968 年	1969～1985 年	1986～1994 年	1995～2007 年	—		1985～1996 年	1997～2007 年
	均值	490.3803	382.213	273.1326	198.0713	—		5.5619	2.0619
		439.3013		228.7782		11.2725		3.8119	
艾山	年份	1950～1985 年		1986～2007 年		1950～1985 年		1986～2007 年	
		1950～1968 年	1969～1985 年	—		—		1985～1996 年	1997～2007 年
	均值	504.0038	369.2257	—		—		5.9462	2.2001
		438.2437		202.8943		10.7278		3.8722	
利津	年份	1950～1985 年		1986～2007 年		1950～1985 年		1986～2007 年	
		1950～1968 年	1969～1985 年	1986～2002 年	2003～2007 年	1950～1968 年	1969～1985 年	1985～1996 年	1997～2007 年
	均值	501.4893	326.9299	132.1068	198.78	12.4452	8.3966	5.9462	2.2001
		419.0584		147.2598		10.5334		3.0843	

表 3-22　黄河流域主要水库投入运用时间

水库	刘家峡	三门峡	龙羊峡	小浪底
投入运用时间/年	1968	1960	1986	1999
功能	发电为主	1973 年起运用方式为"蓄清排浑"	发电为主	2002 年起调水调沙

5）1994 年花园口、高村径流量出现转折，高村站转折不显著；1981 年花园口输沙量出现显著转折；1996 年高村、艾山、利津三站输沙量出现显著转折。但期间并无特别的水利工程修建。因河流水沙量的变化除受水土保持、引水调水、水库运用等方面的人类活动影响外，还受降水量等自然因素的影响，所以推断这些跳跃点出现可能是自然因素的影响。

6）花园口同高村的径流量跳跃点基本一致（除 1994 年是两站的转折点，但高村不显著），艾山同利津的跳跃点基本一致（除 2002 年不是艾山的次级跳跃点）。高村、艾山、利津的输沙量跳跃点基本一致（除 1968 年不是艾山、高村的次级跳跃点），同时花园口同利津的跳跃点差异较大。所以推断在不需要全面考虑的情况下，花园口和利津两站数据分析已基本可以反映黄河下游水沙量的变化及人类活动的影响。

依据随机水文学原理，应用系统的统计分析功能，以黄河下游四站点（花园口、高村、艾山、利津）1950～2007 年的水沙量为例，运用坎德尔秩次相关检验和线性趋势回归检验进行趋势分析，应用里和海哈林法和有序聚类分析法进行跳跃成分检验，并从水土保持、引水调水、水库运用等方面，简单分析人类活动对黄河下游水沙量的影响，可以得出以下结论：

1）人类活动对黄河下游输沙量比对径流量的影响大，且相对于其他三站，人类活动对利津站的径流量和输沙量影响更大。

2）黄河下游在 1950～2007 年的水沙量具有下降的线性趋势，减少规律为：四站的径流量和输沙量自 20 世纪 50 年代以来明显减少，且下降变化以跳跃形式发生。

3）人类活动是导致黄河径流量和输沙量下降的原因之一，主要从水土保持、引水调水、水库运用等方面对黄河下游水沙量的产生影响。

4）1956～2000 年降水量呈下降趋势，同人类活动一样，是黄河径流量下降的一个重要因素。

5）在不需要全面考虑的情况下，花园口和利津两站数据分析已基本可以反映黄河下游水沙量的变化及人类活动的影响。

第 4 章　中国北方及其毗邻地区湖泊概况

湖泊是地表特殊的自然综合体，同时又是重要的国土资源，是地球表面可被人类直接利用的重要淡水资源储存库。它不但具有调节河川径流、防洪减灾的重要作用，还具有拦截陆源污染、净化水质的巨大功能，可谓“自然之肾”，对保护人类的生存环境和水资源的持续利用十分重要。湖泊水体可用于灌溉农田、沟通航运、发电、提供工农业生产以及饮用水源，还能繁衍水生动物、植物。另外，湖泊是地球表层系统中淡水水生生物特别丰富的地理单元，为人类生活提供了十分重要的动植物蛋白，为人类的生存、发展和繁衍做出了重要贡献。并且有的湖泊风光优美，景色宜人，发展旅游得天独厚，如位于俄罗斯西伯利亚地区的贝加尔湖、位于中国东北的镜泊湖和白头山天池等，均构成了当地的著名自然景观和风景名胜。

湖泊相关领域当前的研究热点主要表现在湖泊生态与环境变化的动力学机制以及人与湖泊的协调和湖泊资源，尤其是水资源的可持续利用方面。美国在开展北温带湖群的研究中，把湖泊生态系统与陆地生态系统相互影响下人类活动、水及地球生物化学过程的相互作用作为其研究重点，主要目标是揭示人类活动对湖泊环境的影响，以及湖泊环境对人类的响应机理和负反馈作用，从而为湖泊资源的保护和环境管理提供依据。德、法、英、荷等国 20 世纪 80 年代以前以湖泊水资源保护为目的，湖泊水污染治理与生态修复是工作重点，目前已转向湖泊可持续管理以及湖泊生态环境对全球变化和营养盐负荷的响应。可见，保护人类赖以生存的有限淡水资源以及环境，已成为当今世界的共识。各国生态环境科学家围绕湖泊的生态功能和环境系统机理开展了不懈的研究，而湖泊的水量、水质和生物资源状况，是进行这些研究的最基本参数和必要基础，如在政府资助下，日本实施的 5 年定期全国湖泊普查计划，北美开展的 10 年大湖调查计划，等等，跟踪各自国家和地区的湖泊现状及其变化。

4.1　中国北方及其毗邻地区湖泊成因类型

湖泊形成必须具备两个最基本条件：一是能集水的洼地即湖盆，二是提供足够的水量使盆地积水。Hutchinson（1957）鲜明地指出，在考虑湖盆成因分类时，必须同时考虑盆地的积水，并基于湖盆形成的事件性与湖泊环境的区域性概念，根据盆地形成应力的性质，把湖盆成因分为 11 大类 75 个小类，这是迄今为止最完整的湖盆成因分类。但由于湖盆是湖水赖以存在的前提，而湖盆形态特征不仅直接或间接地反映其形成和演变阶段，而且在较大程度上制约着湖水的理化性质和水生生物类群。因此，通常以湖盆的成因分类作为湖泊成因分类的重要依据。湖泊的类型与湖泊的成因、流域的地质地理背景以及流域人类活动具有密不可分的联系，但首当其冲的是其成因。

地质构造是湖盆形成的基础，控制了湖泊空间分布和区域宏观特征。大型的可供积水的湖盆，或多或少均与地质构造活动和地质构造背景有关。湖盆形态和湖水深浅总和地质构造活动的性质与强度是分不开的，如中国北方及其毗邻地区最大的湖泊——贝加尔湖（世界上最深和容积最大的湖泊）和位于蒙古的库苏古尔湖等，均位于地质断裂带（图4-1），是典型的构造湖，即断陷湖。即使是平原区的河成湖和堆积洼地中发育的浅水湖，如在俄罗斯西伯利亚广袤的冰川冻土带上的湖泊，其前身或者是地质构造下沉区或者是沿薄弱带形成的古河道。因此，区域大构造的差异，使得湖泊或湖群的特点截然相异。

按照地质成因，中国北方及其毗邻地区地区湖泊大致可以分为构造湖、热融喀斯特湖、极地冰蚀湖、火山湖、熔岩堰塞湖、河成湖等。

图4-1 地质板块与湖群成因

北方（包括三北地区：东北、华北、西北）尤其是东北地区，是我国湖泊分布最为集中的区域之一。湖泊主要分布在我国黑龙江省、吉林省和辽宁省。该地区三面环山，围绕着松嫩平原和三江平原。在这两大平原上，湖泊星罗棋布，主要包括平原沼泽湖泊和山地湖泊。这些湖沼湿地大小不一，当地习称为泡子或咸泡子，具有面积小、湖水浅、湖盆坡降平缓、现代沉积物深厚和矿化度较高等特点。这类湖泊的成因多与近期地壳沉陷、地势低洼、排水不畅和河流的摆动等因素有关。山区则分布大量的山地湖泊，其成因大多与火山活动关系密切，这是东北地区湖泊的重要特色。如镜泊湖和五大连池均是典型的熔岩堰塞湖：前者是牡丹江上游河谷经熔岩堰塞而形成，为我国面积最大的堰塞湖；后者是1920～1921年老黑山和火烧山喷出的玄武岩流堵塞纳谟尔河的支流——白河后由石龙河贯穿的5个小湖。白头山天池（中朝界湖）是经过数次熔岩喷发而形成的典型火山口湖，也是我国第一深湖，最大水深 373.0m。

华北地区不是我国湖泊分布的集中区域，湖泊数量不多，主要湖泊为分布在山东省的南四湖、东平湖和马踏湖；分布在河北省的白洋淀、衡水湖以及天津的七里海等。白洋淀、衡水湖、南四湖和东平湖等均属于河成湖，属于黄河、泗水等河流的河间洼地湖。

极地苔原区湖泊位于北冰洋海岸与泰加林之间广阔的冻土沼泽带上，其成因大都与冰川刻蚀或地质构造形成的洼地有关。湖泊流域内土地覆被类型以极地苔原为主。由于极地苔原持水能力强，因此，流域内径流大都发育较差或不发育，这些湖泊大都以冰雪融水为补水来源，湖泊扩张不显著。这些湖泊一般面积较小，但数量众多。

冻土带湖泊广义上属于冻土沼泽湖泊，其成因与热融喀斯特地貌有关，亦即冻土成因，这一类型的湖泊在中国北方及其毗邻地区分布面积很大。其最大特点为具有很厚的永久性冻土层，最厚处可超过 600m。

4.2　中国北方及其毗邻地区典型湖泊环境概况

2008 年 7 月到 8 月，2009 年 8 月科考组对中国北方及其毗邻地区典型湖泊进行了考察。考察范围覆盖了 34°N ~ 73°N 从中国华北到北极圈内共计 19 个湖泊 72 个样点的水样，以及勒拿河［萨哈（雅库特）共和国雅库茨克市到勒拿河三角洲］的 8 个样点。其中，包括：34°N ~ 42°N 中国华北境内 3 个典型湖泊（东平湖、衡水湖、白洋淀）、42°N ~ 49°N 中国东北境内 4 个典型湿地湖沼（连环湖、八里泡、月亮泡、查干湖）、49°N ~ 62°N 俄罗斯境内的贝加尔湖及鹅湖；62°N ~ 73°N 纬度区的典型湖泊（雅库茨克城市湖泊、市郊湖泊，日甘思克乡村湖泊，杰克西北极圈内湖泊）（图 4-2）。水环境考察的主要内容包括湖泊水质基本参数、水体营养水平、水污染等。

4.2.1　极地苔原区湖泊

中国北方及其毗邻地区的极地苔原湖泊中，最大的湖泊为泰梅尔湖。泰梅尔湖位于东西伯利亚的泰梅尔半岛，为淡水湖，长约 250km，面积为 4560km^2，平均深度为 2.8m，最大深度为 26m。南岸平缓，东北岸陡峭。主要依靠雪水和雨水补给。以泰梅尔湖为典型的极地苔原湖泊，大都具有封冻时间长、换水周期长、湖泊径流发育不显著、湖泊较浅、大都为淡水湖等特点（图 4-3）。

由于这些地区人口和环境压力普遍较低，因此，受人类活动的影响较小，极地苔原湖泊主要表现出自然特性，如较低的矿化度、低的营养水平和污染水平等。如氨氮低至 0.06 ~ 0.31mg/L，溶解性磷酸盐则全部低于检测限，有机氮 0.01 ~ 0.13mg/L，总磷 0.006 ~ 0.023mg/L。营养盐输入的缺乏以及气温较低导致初级生产力极其低下，使得这些湖泊普遍具有贫营养湖泊的特点，浮游植物较为缺乏，但浮游动物个体体积则较大，鱼类较少。

2008 年 8 月，课题组对典型极地苔原湖泊进行了调查。这些湖泊分布在 71.6°N ~ 72°N 的勒拿河北部极地区域。湖泊周边以极地苔原为主要植被，且冬季气温极寒，大多湖泊会发生深度冰冻，对水体内浮游动植物越冬造成影响，且由于温度极低，水体内有机质矿化速率较慢，造成水体有机质含量较高，特别是其中腐殖质等大分子有机物含

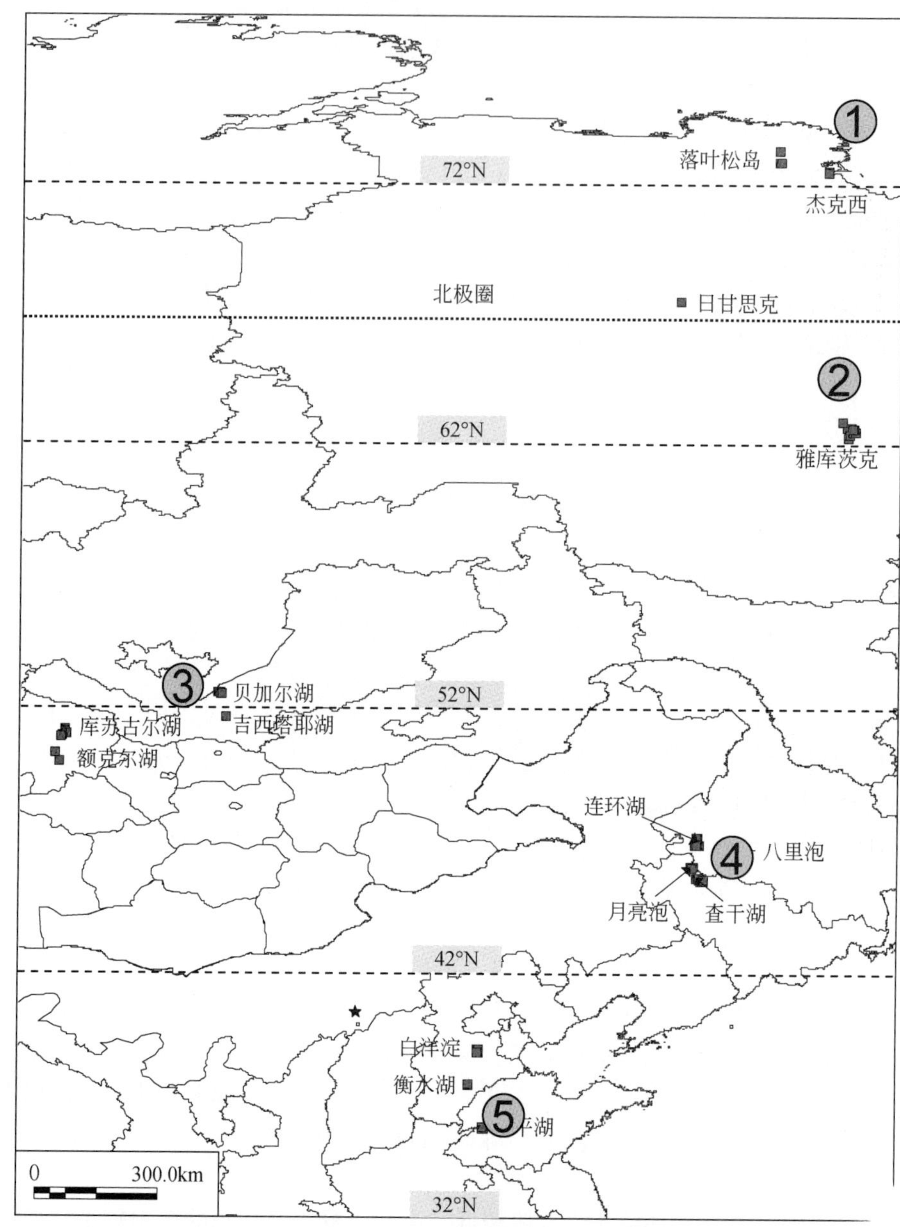

图 4-2　中国北方及其毗邻地区湖泊考察样地分布图

1. 极地苔原湖泊；2. 冻土带湖泊；3. 贝加尔库苏古尔地质构造湖区；4. 中国东北湖群；5. 中国华北湖群。其中，1、2 均属于勒拿河流域，3 属于色楞格流域

量远高于南部区域湖泊。

极地苔原湖泊大多分布有较少的沉积物，主要受永久冻土区影响，一般软性沉积物仅在上层 5 ~ 10cm 内有分布。采用传统的柱状采样器获取底泥柱样，仅能获取表层若干厘米内的沉积物，且大都属于半分解或者未分解的有机质层。

杰克西北部湖泊 J1 为自然湖泊，周边主要为极地苔原（图 4-4）。湖泊水体透明度高，水体中藻类较少，矿化度高，浮游动物以水蚤为主，个体较大。杰克西西南部湖泊

图 4-3　典型极地苔原湖泊自然环境

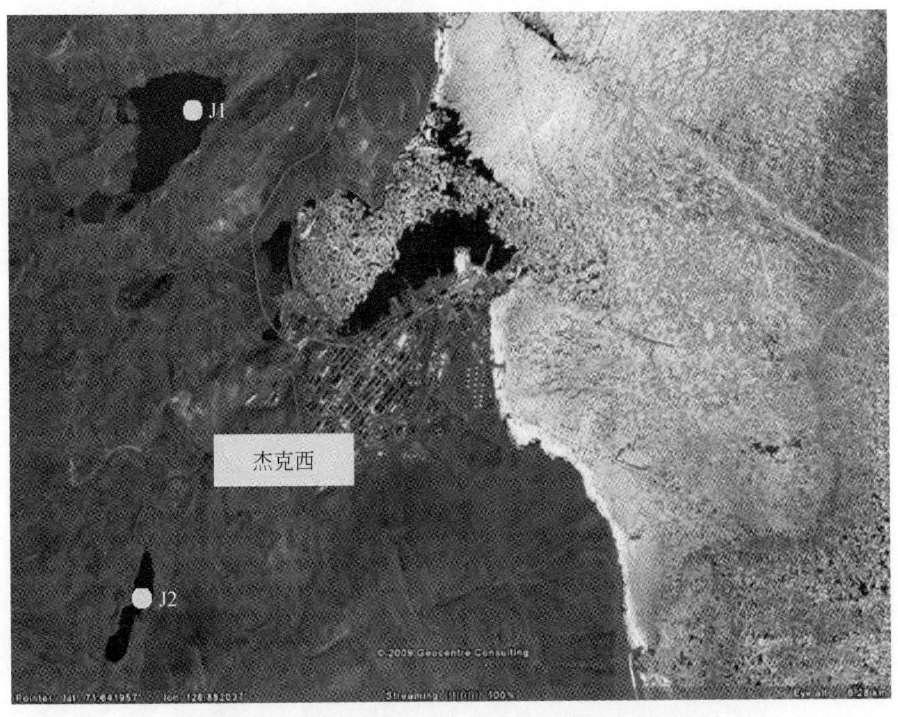

图 4-4　极地苔原湖泊卫星影像（来自 Google）

J2 为杰克西夏季水源地（图 4-4）。取水口泵房电力来自一台风力发电机。水体透明度高，水深较浅。水体浮游动物与 J1 类似。

有的极地苔原湖泊由于无外流，导致较高的矿化度。如勒拿河三角洲的湖泊（图 4-5）。2009 年 8 月，对勒拿河三角洲落叶松岛进行了典型湖泊调查。该岛主要为极地苔原，高岗上有落叶松分布。湖泊 T 位于落叶松岛西北（图 4-6），为自然形成湖泊。湖泊周边广泛分布苔藓、低矮灌木及少量落叶松。湖泊主要水源补给为降水（包括降雪），深度为 6m。底泥主要为一些未分解及半分解的植物碎屑，柱状采样器探到夏季软性底泥仅为 7cm。其水体矿化度较高，电导率近 2000μS/cm，显示了这个湖泊较低的水量补充及较小的水量输出导致水体中盐分的累积。湖泊透明度较高，达 4m，水体较多为浮游动物，

图 4-5　极地苔原湖泊地貌

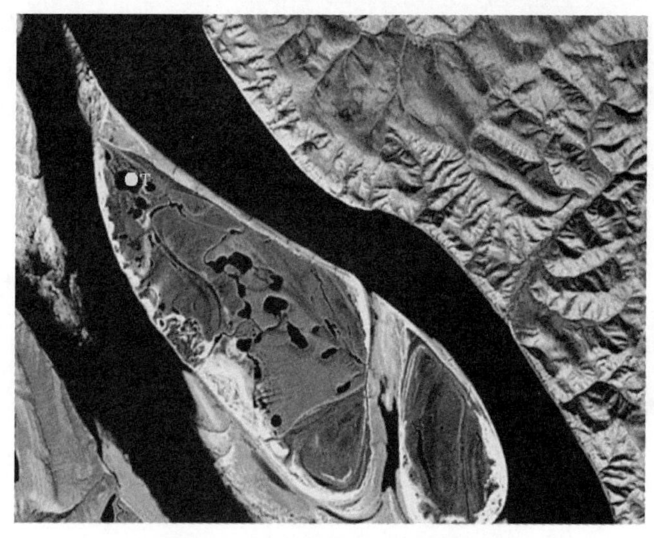

图 4-6　无外流极地苔原湖泊地貌

未见显著藻类聚集体。经网捕，未见鱼类在该湖泊分布，这可能与该类型湖泊冬季冰冻至底，鱼类难以越冬有关。

极地苔原地区河汊繁多，特别是勒拿河口，复杂的河汊构造出 1500 多个岛屿，形成了北极最大的河口三角洲。这个地区的湖泊湿地是地球碳循环中重要的碳汇，随着极地气候变化、温度上升，冰冻的有机碳面临着分解加快的形势。当冻土融化时，有机碳在好氧条件下被分解生成二氧化碳，而在厌氧条件下则会生成甲烷（CH_4）。据研究，北方的湿地和苔原是 CH_4 的重要来源，占到了自然排放的 20% 左右。然而，根据已报道的生态

系统尺度的 CH_4 排放数据，勒拿河口 CH_4 排放并不高，平均为 18.7mg/（m^2·d），这主要归因于永久冻土层温度极低、产甲烷菌底物有限、未淹没中等潮湿区覆盖面积大。通过密闭箱法测定微尺度通量可说明 CH_4 排放的空间异性。研究发现，在潮湿的多边形苔原中心，CH_4 排放通量比生态系统尺度下的数据要高出 1 个数量级，而在相对干燥的多边形苔原边缘及高地多边形苔原中心，CH_4 排放通量则接近于 0。据分析，近地表紊流是控制 CH_4 排放差异的关键因素，影响权重约为 60%，而土壤温度的影响权重仅为 8%。

4.2.2　冻土带热融喀斯特湖泊

冻土带湖泊广义上属于冻土沼泽湖泊。这些湖泊湖盆底部为不透水永久冻土层，受地下水影响较小，决定湖泊水量交换和水量平衡的主要因素为降水（降雨、降雪）和径流。由于缺乏地下水交换，湖泊地表径流模式不仅决定了其水力特征，而且往往与其水环境质量密切相关。

冻土带湖泊可分为两大类。一类以冰雪融水为主要补给，缺乏持续入湖河流或季节性降雨径流补给。此类湖泊类似于中国东北平原的“泡子”，以较高的矿化度、阴阳离子浓度和 pH 为主要特征，呈咸化和碱化。另一类则与主要河流如勒拿河及其支流季节性相通，丰水期为过水性湖泊，而封冻期及枯水期则为半连通或封闭湖泊。这一类湖泊水体中阴阳离子难以累积，水体矿化度较低，pH 大都呈弱碱性，湖泊营养水平较低。

冻土带湖泊与苔原湖泊最大的区别在于湖泊流域下垫面植被类型的差异。苔原湖泊较小的流域冲刷剥蚀特征在极地带湖泊中并不显著，造成了许多冻土带湖泊较强的流域离子输入，再加上较长的换水周期以及地下水交换的缺失，往往使得这些湖泊出现咸化和碱化的趋势。由于缺乏足够的交换量以及一年中长达 8 个月的冰封，湖泊换水周期都较长，导致湖泊水体电导率和矿化度较高，水体富集硫酸盐和碳酸盐。这一类湖泊的电导率高达 2000～3000μS/cm。尽管水体电导率和反应性活性离子浓度较高，甚至是在较强的碱性（pH>9）环境下，但是水体中的钾钠离子含量却较低，钾钠离子总浓度 2.3～6.2mg/L，甚至低于贝加尔湖的水体浓度。由于缺乏足够的钾钠离子，这些热融喀斯特洼地湖泊往往无法形成无水芒硝（Na_2SO_4）。这些湖泊水体中，钙镁离子含量却可高达 33.2mg/L，是钾钠离子的 10 倍左右，因而湖泊水体中常见盐类，特别是不易溶解的盐类主要为 $CaSO_4$、$CaCO_3$、$MgCO_3$ 等，并易形成此类矿物结晶。

冻土带湖泊的数量巨大，仅在萨哈（雅库特）共和国就有将近 825 000 个湖泊，总面积达83 000km^2。但是，绝大多数的湖泊具有面积较小（小于 1km^2）和深度浅（2～5m，少有超过 15m）的特征。仅有为数不多的几个湖泊面积和深度较大（超过 25km^2，超过 100m），其中有 10 个湖泊面积超过 100km^2。而其起源大都与热融喀斯特地形有关，其中 80%～90% 的小型湖泊由热融喀斯特地形形成。

冻土带湖泊的水环境具有如下特征。从 5 月初开始，春季融雪导致支流水位上涨。从 7 月开始，湖泊水位由于蒸发下降。水位下降持续出现，但是在夏季 8 月、9 月由于降水会引起短时间水位上涨。由于湖泊封冻期较长，一般在每年的 10 月中旬开始封冻，一直到第二年的 5 月中旬开始解冻，长达 7 个月的封冻期以及厚达 2m 的冰层厚度导致几乎所有湖泊在冬季均被观察到严重的溶解氧缺乏。在勒拿河流域的冻土带湖泊水体中，冬季溶解氧含量在极端缺乏时只有饱和含氧量的5%～19%，而呼吸作用导致的二氧化碳浓度则高达12.7～220.0mg/L，极高的二氧化碳浓度导致湖泊呈现酸性。而在夏季，由于水中游离碳酸盐含量（free carbonate）的降低，pH趋向碱性。

中国北方及其毗邻地区冻土带湖泊大多位于人口稀少的西伯利亚平原上，但也有一部分位于人口聚集区，如雅库茨克市周边的一些湖泊。2008年7月和2009年8月，课题组对位于雅库茨克市的典型冻土带湖泊进行调查，该地区位于62.0°N，129.7°E的西伯利亚大陆腹部。雅库茨克市是世界上最寒冷的城市，冬天气温常降至-60℃，夏天最热可达40℃，温差100℃，为全世界大陆性气候表现最典型的城市。雅库茨克市1月的平均气温为-40.9℃，7月的平均气温为18.7℃，由于雅库茨克市建于永久冻土层上，因此有“冰城”之称。该地区湖泊冬天普遍会发生冻底现象，沉积物也仅有10cm左右，该深度以下为永久冻土层。这个深度内的沉积物会发生夏融冬冻的转换。

该区域植被茂盛，水体中腐殖质含量较高。由于城市生活污水排放，这些市郊湖泊同样面临水体有机污染和氮磷含量过高的问题，并直接导致了这些湖泊在短短的夏季发生蓝藻暴发。这说明水质污染和富营养化并非温带和热带地区特有，即使在全球最冷的地区，在一定的环境压力下同样可能发生富营养化。而有的湖泊虽然并非地处城市附近，但由于市郊农牧场的大量牧业污染，这些湖泊水体营养程度同样较高。我们甚至在雅库茨克市郊的牧场附近湖泊发现了全湖性的束丝藻水华（图4-7）。

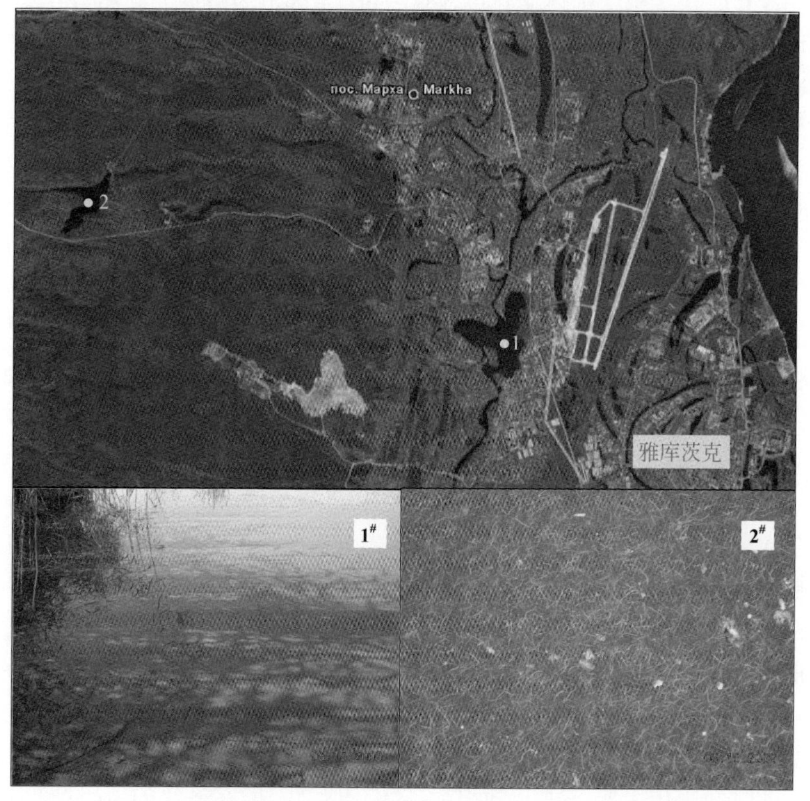

图4-7　雅库茨克市郊湖泊的蓝藻水华（1#为微囊藻水华，2#为束丝藻水华）

4.2.3 地质构造湖泊

中国北方及其毗邻地区的地质构造湖泊主要包括俄罗斯贝加尔湖及蒙古库苏古尔湖等（图 4-8）。这些湖泊地处高山峡谷，是地壳运动形成的地质构造湖，具有典型深水湖的特点，即湖泊换水周期长，湖泊水量和环境容量大，透明度好，营养水平低，具有较小的流域面积，河流污染物输入量较低。由于较高的水量和环境容量以及较低的污染负荷，使得这些湖泊大多为贫营养湖泊。

（1）贝加尔湖

贝加尔湖是地质构造湖泊最典型的代表，位于 51.43°N ~ 55.85°N，103.62°E ~ 110.04°E。长 636km，宽 25 ~ 80km，为狭长形的地质构造湖。贝加尔湖是最古老的湖泊，形成于 30 万 ~ 25 万 Ma，也是世界上最深的湖泊，最深处为 1642m。共有 3 个深湖盆，分别位于南部、中部和北部。贝加尔湖水容量为 23 600km^3。贝加尔湖水体透明度高，最高处可达 40m，矿化度低。主要入湖河流为色楞格河，在贝加尔湖的东南方向色楞格河三角洲入湖，主要出湖河流为西南向的安加拉河（图 4-8）。

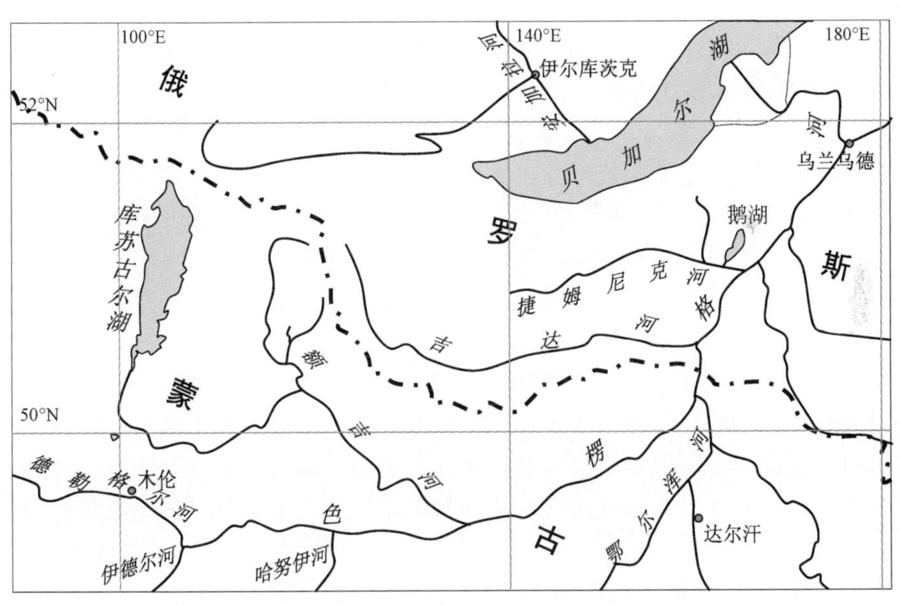

图 4-8　中国北方及其毗邻地区地质构造湖流域示意图

（2）库苏古尔湖

库苏古尔湖地处蒙古北部，水面海拔 1645m，水域总面积为 2770km^2，最深处达 262.4m，平均深度 138m，淡水储量 380.7km^3，占蒙古淡水量的 70%，占全世界淡水储量的 0.4%。一共有大小 96 条河流汇入库苏古尔湖，由于周围被高山所包围，流域面积只有 4920km^2，流域/水面比值很低。库苏古尔湖是色楞格河上游的重要水体，湖水出流进入色楞格河的支流额吉河，并最终汇入贝加尔湖。库苏古尔湖属贫营养型湖泊，Ca^{2+}含量为 31.9mg/L，盐度为 2.60mEq/L，有约 390 个动植物物种。其中，约 20 种为当地特有的底栖物种。

库苏古尔湖流域属半干旱气候，植被覆盖以西伯利亚泰加林（针叶林）、干草原以及干草原森林为主。流域年平均气温低于0℃，5～9月平均气温高于0℃。流域年均年降雨量300～500mm，降雨集中在4～10月。

4.2.4 东北平原山区湖泊

东北平原山区湖泊是中国北方湖泊分布最为集中的区域。面积1.0km^{2}以上的湖泊约有140个，总面积3955.3km^2，约占全国湖泊总面积的4.4%。其中，面积大于10.0km^{2}的湖泊52个，合计面积3705.7km^2，占该区湖泊总面积的93.7%。该地区地处温带湿润、半湿润季风型大陆性气候区，夏短而温凉多雨，6～9月的降水量占全年降水量的70%～80%，汛期入湖水量颇丰，湖泊水位高涨；冬季寒冷多雪，湖泊水位低枯，湖泊封冻期较长。

东北松嫩平原湖泊群是一个低海拔平原湖泊群，其主要特征为湖泊面积小，水较浅，主要分为内流湖泊和外流湖泊两大类，两类湖泊的水环境质量具有极其显著的差异。该地区年降雨量较小（400mm），蒸发量却达到1600～1900mm。冬季受西伯利亚大陆气团控制，低温干燥；夏季受副热带海洋气团控制，温和多雨；春、秋两季降水稀少，风力较大。湖区年平均气温为3～6℃，1月平均气温为-19～-15℃，7月平均气温为22～24℃，年降水量为360～480mm，降水的年际变率大，年蒸发量为1600～1900mm。对于内流湖而言，由于蒸发量大大高于降水量，导致湖泊水体盐分积累，水体矿化度高。同时，由于水温较低，入湖有机质分解较慢，水体腐殖质含量较高。随着东北松嫩平原地区人口增长和经济发展，与湖泊有关的水环境问题越来越严重，如旱涝灾害并存、水生生态系统退化、盐碱化加剧、富营养化明显等。

这些湖泊中，有许多构造凹陷基础上形成的连河湖，如查干湖和月亮泡。查干湖为松嫩平原面积最大的湖泊，包括辛甸泡、新庙泡和库里泡3个姊妹湖泊，总面积480km^2，其中水面面积372km^2，湖滨沼泽约70km^2。平均水深2.5m，最深达6m；集水区均为盐碱化农田和牧场；湖底平坦，湖盆为粉砂质土壤，周围土壤为白钙碱土，湖泊水质为苏打型盐碱水，叶绿素含量较低，多泥沙悬浮，属富营养型湖泊。连环湖位于松嫩平原北部、嫩江左岸，为曲流或汊河洼地被阻塞而成，主要靠嫩江丰水年补给，湖滩为沼泽化草甸。

区内湖泊资源开发利用以灌溉、水产为主，有的湖泊兼具航运、发电或可观光旅游。

4.2.5 华北平原湖泊

华北平原湖泊主要集中在山东、河北、天津以及内蒙古中部地区，主要包括白洋淀、衡水湖和东平湖。该地区由黄河、淮河、海河三大河系冲积形成，西起太行山，东至渤海黄海。在地理分区上属于暖温带半湿润大陆性气候，四季分明，光照充足；冬季寒冷干燥且较长，夏季高温降水较多，春秋季较短。

白洋淀是中国海河平原上最大的湖泊，位于河北省中部，由太行山前的永定河和滹沱河冲积扇交汇处的扇缘洼地上汇水形成，现有大小淀泊143个，其中以白洋淀较大，总称白洋淀，面积366km^2。衡水湖位于115°27′50″E～115°42′51″E，37°31′40″N～37°41′56″N，东西向最大宽度 22.28km，南北向最大长度 18.81km，海拔在 18 ~ 25m，总面积 75km^2，平均水深 2.5m。东平湖位于山东省泰安市境内，面积 148km^2，平均水深 2.5m。3 个湖泊中，白洋淀和衡水湖由于缺乏足够的入流水源补给，已呈萎缩状态，而东平湖位于南水北调东线，在南水北调一期完工后，水面将进一步扩大。

第 5 章 中国北方及其毗邻地区湖泊水质及水环境

5.1 水体常量离子

2008～2009 年，分两次对中国北方及其毗邻地区（34°N～73°N）中国华北、东北和俄罗斯境内 19 个湖泊共计 72 个样点的水样以及勒拿河（雅库茨克到勒拿河三角洲）共 8 个样点进行考察。分析了 30 多项水环境指标，包括：

1）常规理化指标：T_w（水温）、SD（透明度）、pH、E_h（氧化还原电位）、溶解氧；

2）营养盐指标：氨氮、溶解性总氮、总氮、溶解性总磷、总磷、COD_{Mn}（化学需氧量）、溶解性磷酸盐、亚硝酸盐、叶绿素 a、硝酸盐、硅等；

3）阴阳离子：阴离子（氯离子、硫酸根）、阳离子（钾、钙、钠、镁）；

4）重金属：镉、铜、铁、锰、铅、锌。

湖泊常量离子主要为阴阳离子，标志着湖泊水体的类型，同时也与水体的硬度相关。从钙离子水平看，八里泡属于钙质类型湖泊，华北区域、雅库茨克城市湖泊钙离子水平较高，其他区域湖泊钙离子含量均不高（图 5-1）。

因为钙镁属于同族金属，具有一定的同源性，因此镁离子水平与钙类似，但雅库茨克城市湖泊中镁离子水平最高，而八里泡等东北湖区的湖泊水体也较高（图 5-2）。

钾钠离子在水体中为常量离子。其中，钠离子含量要远高于钾离子，与海水中类似。钾钠离子较高的湖群主要为东北湖群和雅库茨克湖群（图 5-3 和图 5-4），显示出咸化趋势。这些湖泊在营养水平、常量阳离子方面具有很高的相似度。同时，这些湖泊的 pH 也较高（图 5-5），显示出碱化的趋势。说明这些缺乏出流的湖泊不仅表现在湖内水体营养水平的提高，同时还呈现盐碱化的特征。

利用钙镁离子，计算得到水体硬度（以 CaO 计），发现这些湖泊中，硬度较高的是东北的八里泡和雅库茨克湖群。最高的八里泡硬度高达 1000mg/L，而其他湖泊水体硬度均低于 200mg/L（图 5-6）。

对湖泊水体中的阴离子（硫酸根和氯离子）进行分析后发现，雅库茨克市郊湖泊的硫酸根和氯离子含量最高，而东北八里泡等湖泊硫酸盐浓度也达到了 1000mg/L，盐化趋势十分明显（图 5-7 和图 5-8）。而极地苔原湖泊由于径流作用不显著，流域土壤的溶蚀和搬运作用较弱，水体离子浓度和硬度一般均较低。调查的 4 个极地苔原湖泊水体的电导率为 99～222μS/cm，电导率最低的与贝加尔湖接近，最高值与中国长江中下游江汉湖群的平均值接近，明显低于雅库茨克城市湖群以及中国东北及华北湖群的平均值。

硅也是湖泊重要的营养盐，是硅藻的重要组成元素。其中，华北的衡水湖、贝加尔湖近岸水域以及东北八里泡等湖泊硅含量较高（图 5-9）。

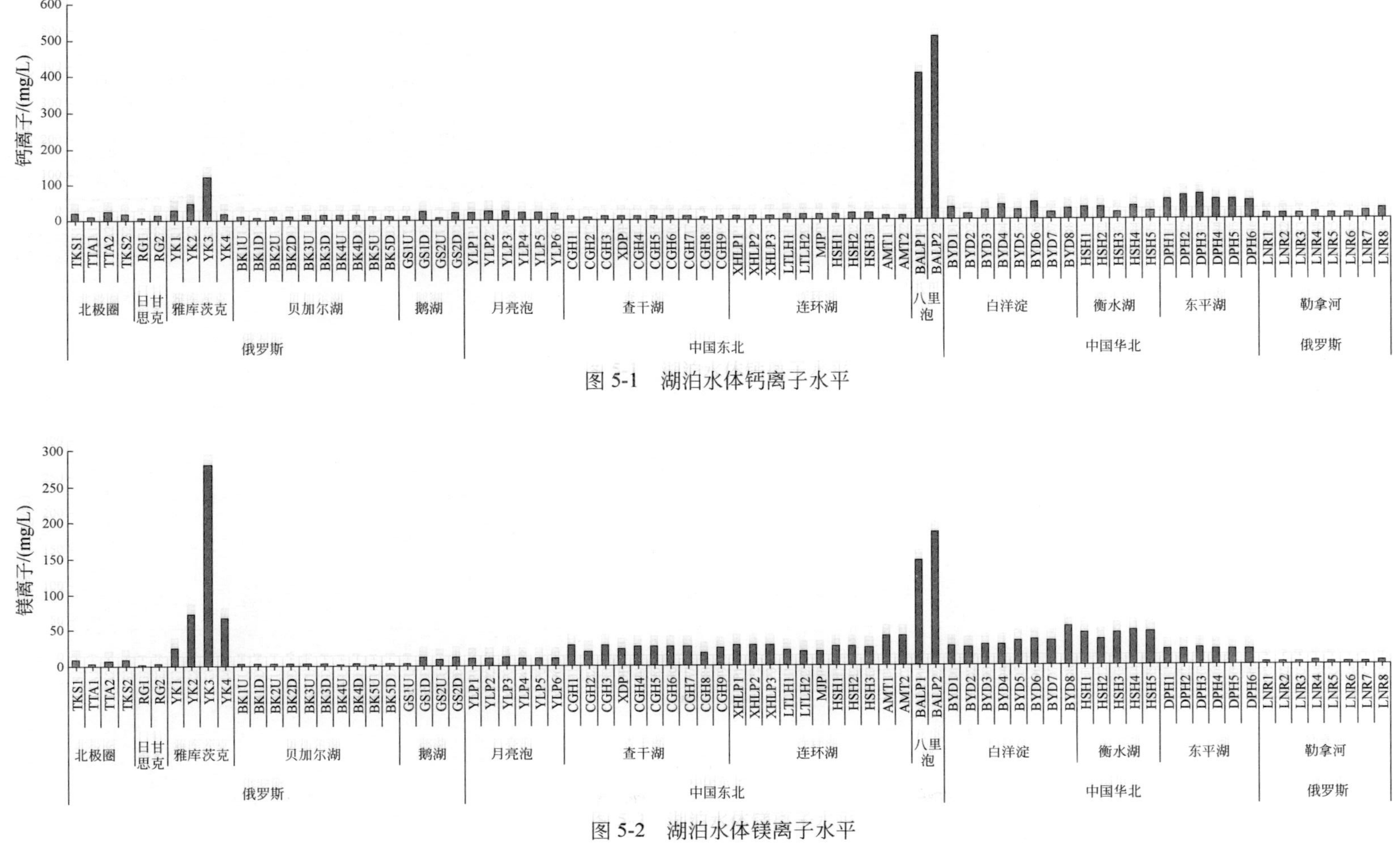

图 5-1　湖泊水体钙离子水平

图 5-2　湖泊水体镁离子水平

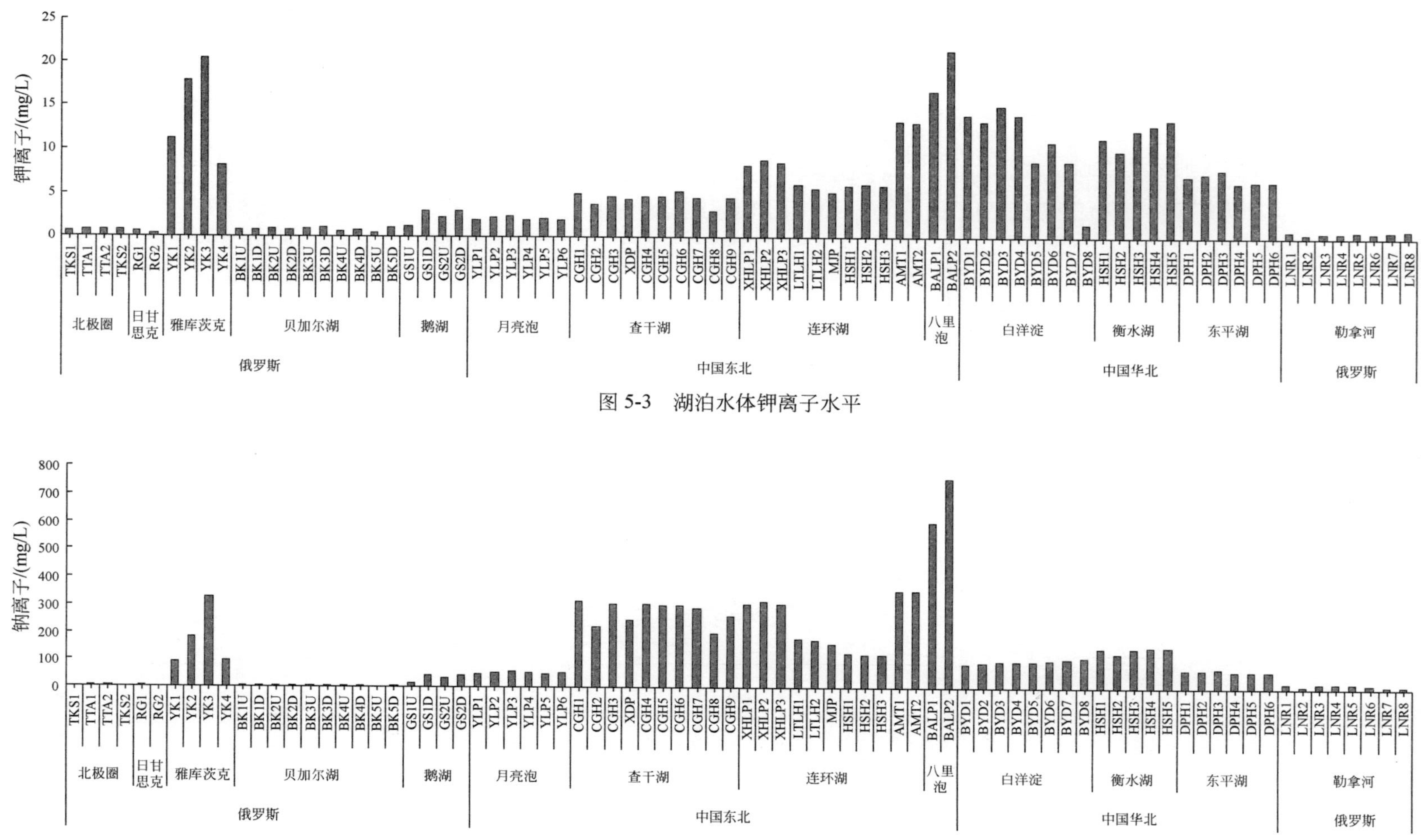

图 5-3　湖泊水体钾离子水平

图 5-4　湖泊水体钠离子水平

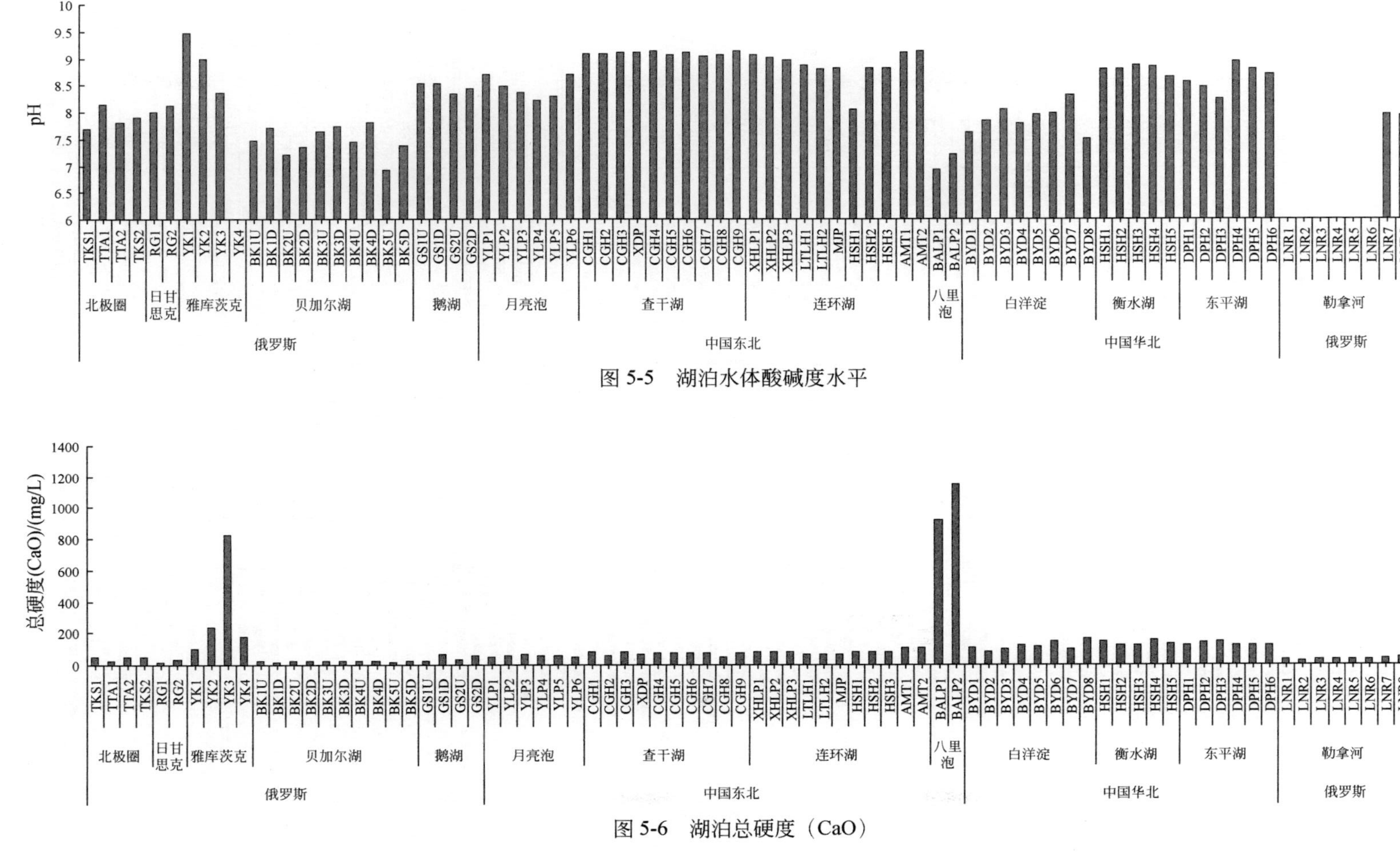

图 5-5　湖泊水体酸碱度水平

图 5-6　湖泊总硬度（CaO）

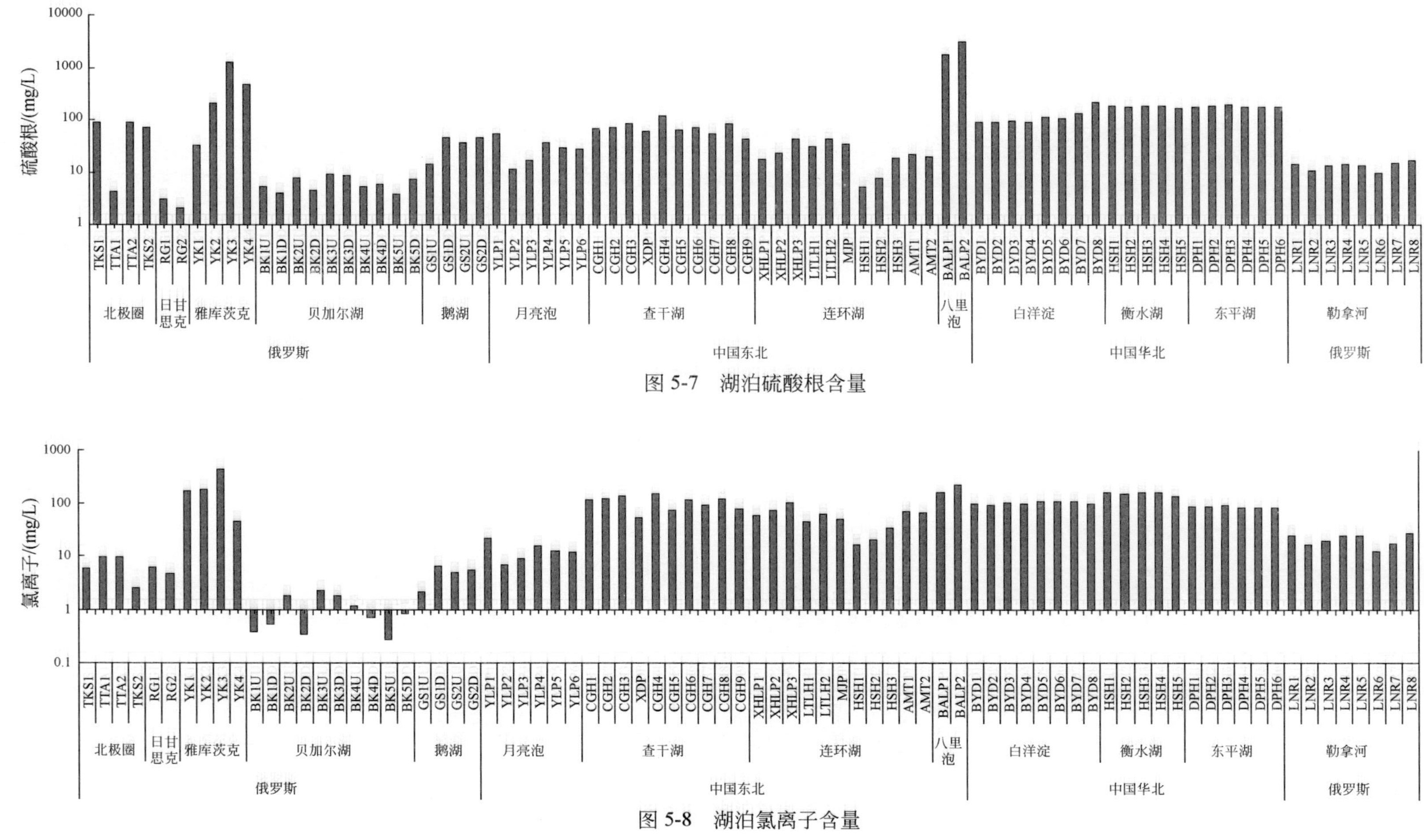

图 5-7 湖泊硫酸根含量

图 5-8 湖泊氯离子含量

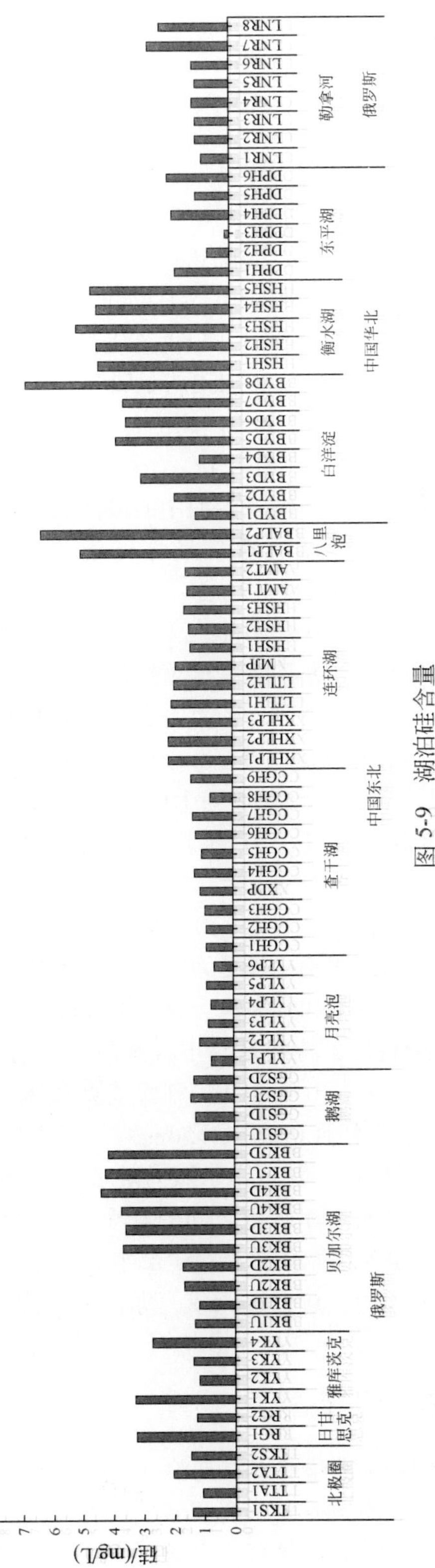

硅/(mg/L)
0
1
2
3
4
5
6
7
8
TKS1
TTA1
TTA2
TKS2
RG1
RG2
YK1
YK2
YK3
YK4
BK1U
BK1D
BK2U
BK2D
BK3U
BK3D
BK4U
BK4D
BK5U
BK5D
GS1U
GS1D
GS2U
GS2D
YLP1
YLP2
YLP3
YLP4
YLP5
YLP6
CGH1
CGH2
CGH3
XDP
CGH4
CGH5
CGH6
CGH7
CGH8
CGH9
XHLP1
XHLP2
XHLP3
LTLH1
LTLH2
MJP
HSH1
HSH2
HSH3
AMT1
AMT2
BALP1
BALP2
BYD1
BYD2
BYD3
BYD4
BYD5
BYD6
BYD7
BYD8
HSH1
HSH2
HSH3
HSH4
HSH5
DPH1
DPH2
DPH3
DPH4
DPH5
DPH6
LNR1
LNR2
LNR3
LNR4
LNR5
LNR6
LNR7
LNR8
北极圈
日甘思克
雅库茨克
贝加尔湖
俄罗斯
鹅湖
月亮泡
查干湖
连环湖
中国东北
八里泡
白洋淀
衡水湖
中国华北
东平湖
勒拿河
俄罗斯

图 5-9　湖泊硅含量

5.2 生源要素及水环境

5.2.1 水体总磷及总氮

总磷含量在纬度分布上没有显著梯度（图 5-10）。但雅库茨克城市湖泊、东北地区湖泊特别是八里泡，以及华北地区白洋淀等湖泊的总磷含量较高，而这些湖泊普遍为缺乏出流的入流湖，营养盐长期累积缺乏有效输出。与此同时，这些湖泊既有缺乏出流的特征，又与人类影响有关。如雅库茨克两个湖泊（YK1，YK2），虽然纬度较高，湖泊热量条件差，营养盐内循环速率较低，但是由于受周边放牧影响，水体总磷高达 0.55 ~ 0.7mg/L，大大超过湖泊富营养化的标准。中国东北境内湖泊总磷含量普遍高于 0.1mg/L，最大值出现在八里泡，全湖两个样点均超过了 0.8mg/L，为全部调查湖泊中最高值。

贝加尔湖总磷含量极低，为所有调查湖泊中的最低值，其总磷含量甚至低于方法检测限（0.01mg/L），其上游的鹅湖总磷含量也低于调查的其他湖泊，为 0.007 ~ 0.034mg/L，均远低于富营养化阈值（0.1mg/L）。北极地区的湖泊，如杰克西的水源地湖泊，其总磷含量也较低（0.006 ~ 0.023mg/L），与勒拿河水体的总磷含量相当。

与我国长江比较，勒拿河水体总磷含量显著较低，从空间分布看，城镇环境压力对水体总磷具有一定的贡献。从勒拿河雅库茨克上游 60km 处到雅库茨克城市段，共 6 个样点的结果表明，城市上游总磷含量（0.01mg/L）比城市段（0.024mg/L）要低。同样，勒拿河在流经日甘思克后，也出现了一个磷酸盐小幅升高的过程（0.041mg/L），但河流水体具有较强的自净能力，在进入勒拿河三角洲后，水体总磷下降到 0.017mg/L。

总氮的分布规律与总磷类似（图 5-11），说明氮磷污染具有一定的同源性；但受反硝化、固氮等过程的影响，氮的归趋比磷更为复杂。如八里泡总磷含量极高，但总氮含量并不突出，仅与东北的其他湖泊如月亮泡、查干湖等接近。雅库茨克城市的几个湖泊仍然表现出相当高的氮污染特征，特别是处于牧区的两个湖泊，由于受畜牧排泄物影响，使得这些水体总氮高达 5.6 ~ 10.2mg/L。雅库茨克森林中的小湖也受农牧业影响，总氮高达 13.5mg/L。贝加尔湖总氮 0.23 ~ 1.56mg/L，且敞水区（100m 水深）要低于近岸水域（色楞格河三角洲外围），从近岸水域向敞水区呈现逐渐稀释降解的过程。鹅湖总氮则介于贝加尔湖敞水区与近岸水域之间的水平，平均值为 0.63mg/L，在水深上并无明显的上下分层作用。勒拿河水体总氮在全部水体中最低，在雅库茨克城市段和日甘思克附近含量略高（0.35mg/L、0.55mg/L）。勒拿河总氮平均水平略低于贝加尔湖敞水区。

5.2.2 水体营养盐及有机质

除了雅库茨克森林湖泊和少数华北平原湖泊（白洋淀），调查的湖泊中氨氮含量普遍均低于 1mg/L（图 5-12），氨氮含量较低的原因有两个：一是湖泊中氮（包括有机氮）含量较低，氨化作用首先将有机氮转化为氨氮，由于北极及北方地区温度较低，氨

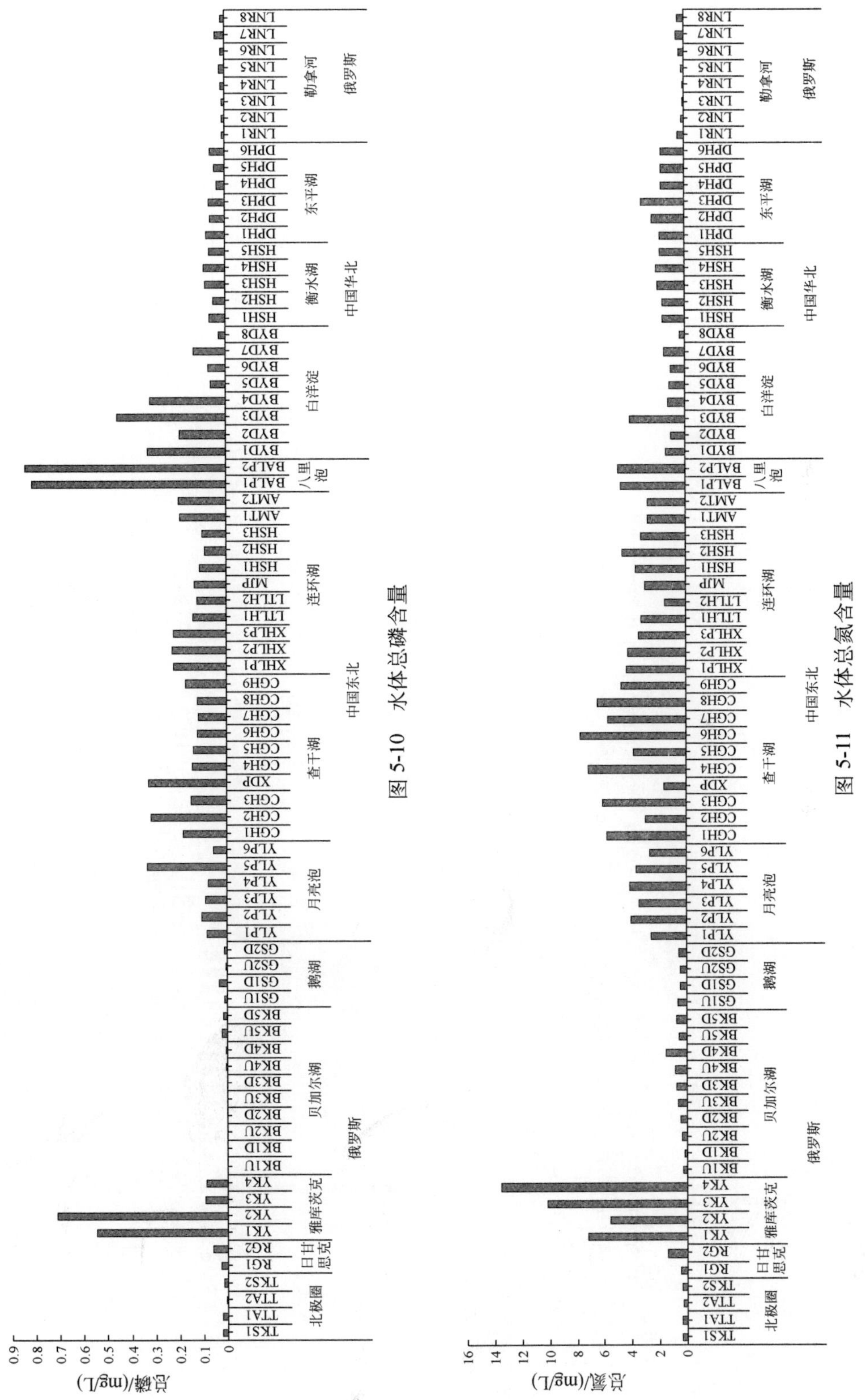

图 5-10　水体总磷含量

图 5-11　水体总氮含量

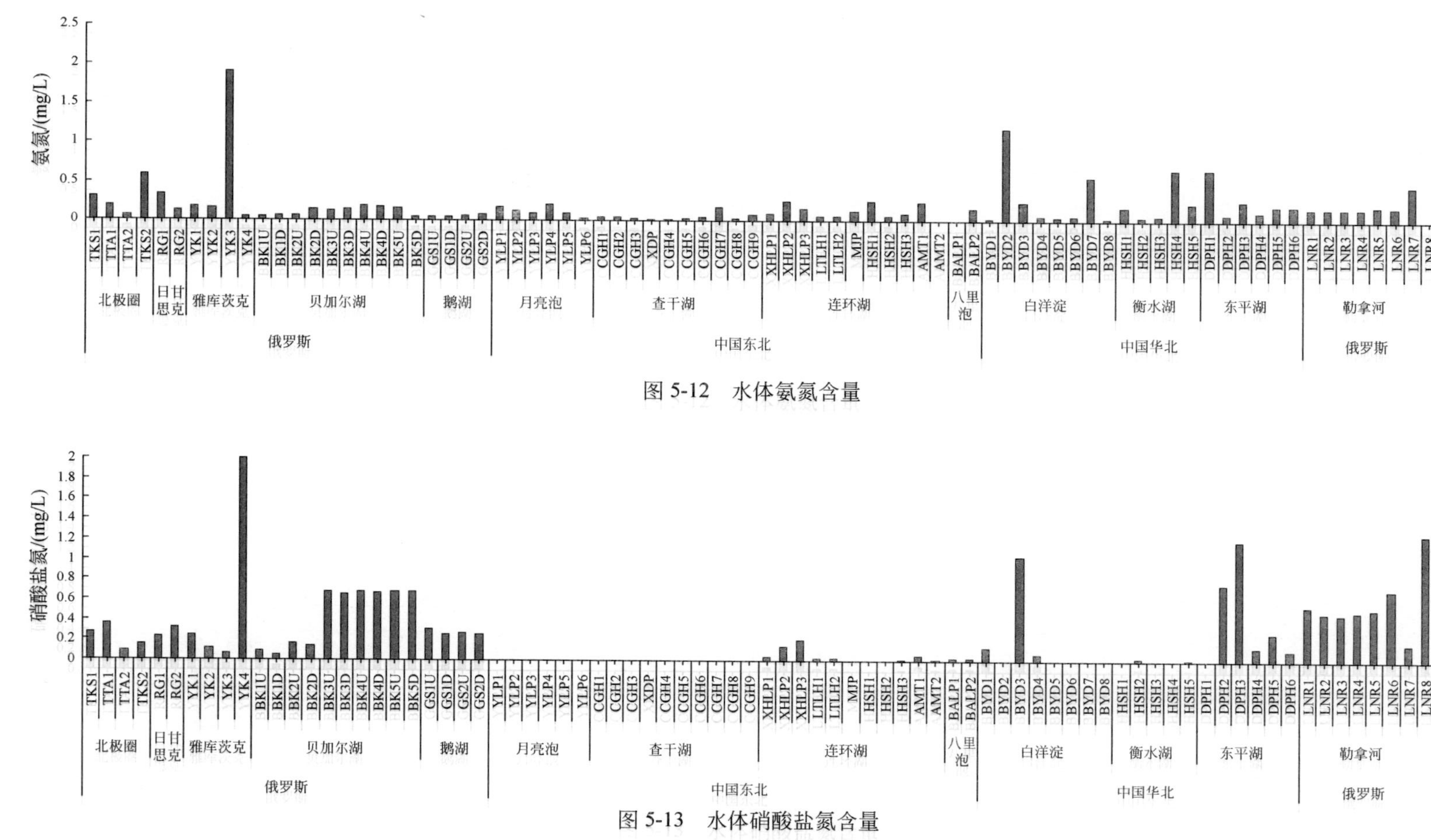

图 5-12　水体氨氮含量

图 5-13　水体硝酸盐氮含量

化过程不强烈，从而使得大多数的氮停留在有机氮这个形态中，难以得到有效的氨化转化。二是由于温度较低，也导致水体氧化性较好，溶解氧丰富，因此硝化过程在这些湖泊中可能占据主要作用，大部分通过氨化过程分解的有机氮转化成氨氮后，也能较容易地通过硝化过程转变成硝酸盐氮（图 5-13）。因此，在氮的循环过程中，氨氮作为中间产物，并不容易蓄积在水体中。这两个原因很容易通过水体硝酸盐与氨氮的比例得到证实。因此，中国北方及其毗邻地区湖泊与中国长江中下游湖泊最大的差异——湖泊热量的差异，造成了水体氧化性、氨化过程、硝化过程的差异，也导致了与我国长江中下游温带地区湖泊最显著的差别。

调查湖泊中水体有机氮在总氮中的比例明显占优，该比例在所有调查样点中呈明显偏正态分布，大多数湖泊有机氮比例在 90% ~ 100%（图 5-14），说明高纬度湖泊水体的形态氮以有机氮为主。

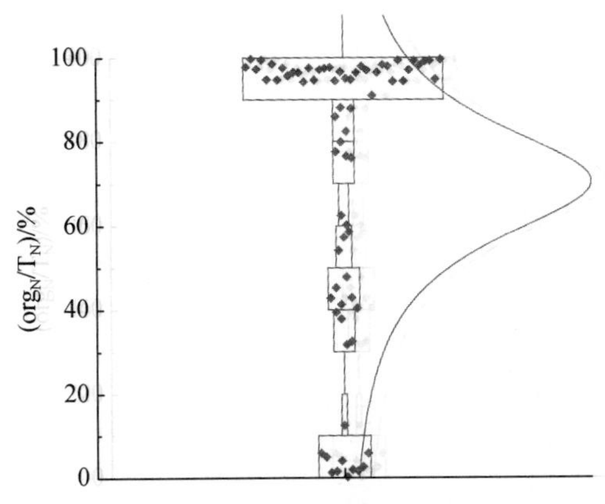

图 5-14　有机氮在总氮的比例分布

磷酸盐含量在大多数湖泊中并未表现出污染特征，仅在雅库茨克、东北八里泡、连环湖、华北白洋淀等湖泊中有较高的分布（图 5-15），其主要原因与外源输入有关。与氮不同，除了内源释放外，大多数的磷酸盐均来自外源，特别是一些缺乏外流河道的湖泊（如雅库茨克城市湖泊、八里泡等）。磷酸盐缺乏有效的输出途径，造成了磷酸盐的累积。

湖泊中有机物含量（以高锰酸盐指数表征）存在明显的区域差异（图 5-16）。总体来说，从湖泊纬度带分，水体有机质含量为北极圈湖群≈贝加尔湖、鹅湖<华北湖群<东北湖群<日甘思克、雅库茨克湖群。其中，北极圈湖群中 4 个湖泊高锰酸盐指数分别为 5.02mg/L（平均值）、1.94 ~ 8.75mg/L（最小值至最大值）；贝加尔湖、鹅湖为 5.02mg/L（平均值）、1.93 ~ 8.75mg/L（最小值至最大值）；华北湖群为 7.10mg/L（平均值）、2.90 ~ 11.03mg/L（最小值至最大值）；东北湖群为 18.64mg/L（平均值）、13.74 ~ 29.08mg/L（最小值至最大值）；日甘思克、雅库茨克湖群为 47.06mg/L（平均值）、10.43 ~ 114.87mg/L（最小值至最大值）。

从湖泊的纬度带分析，日甘思克和雅库茨克湖群与中国东北湖群具有更大的相似性，这些湖泊均为入流湖泊，出流较少，同时纬度较高，有机质分解速率低，腐殖质含量较高。

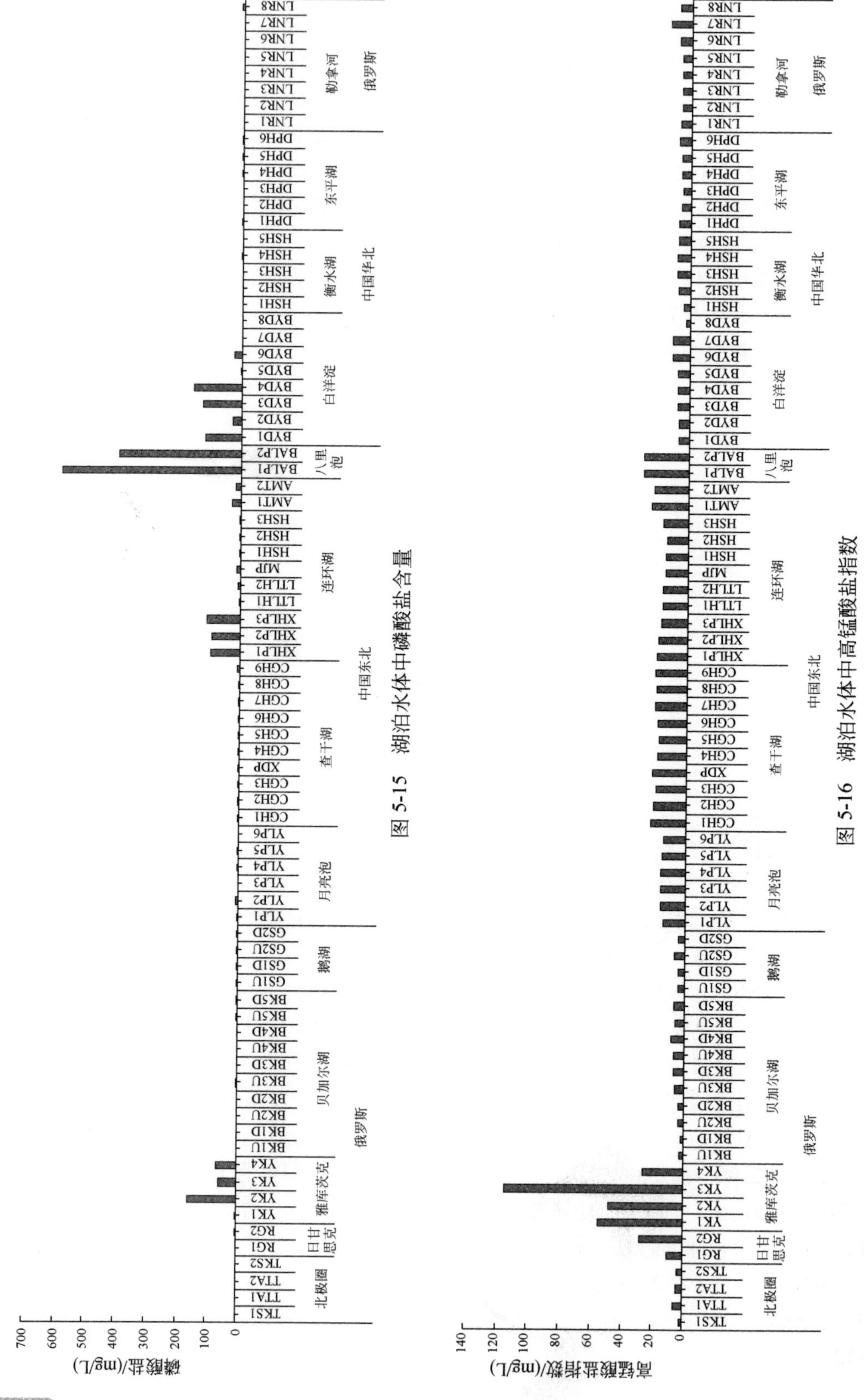

图 5-15 湖泊水体中磷酸盐含量

图 5-16 湖泊水体中高锰酸盐指数

5.2.3　湖泊营养水平

湖泊营养状态指数（TSI）是水体营养水平的重要指标。利用总氮、总磷、透明度、叶绿素 a、悬浮物和高锰酸盐指数 6 项指标（图 5-17），根据 Carlson 营养状态指数计算方法，计算得到上述湖泊的营养状态指数。其中，TSI < 38，为贫营养；TSI = 38 ~ 54，为中营养；TSI = 54 ~ 65，为富营养；TSI > 65，为重富营养。

从调查的湖泊营养状态指数来看，涵盖了从贫营养到重富营养所有级别。其中，贫营养的为贝加尔湖敞水区（100m 水深），以及鹅湖的上层水体。贝加尔湖的色楞格河入湖口到敞水区之间基本为中营养。北极圈内 4 个湖泊均为中营养。日甘思克湖泊为富营养，而雅库茨克 4 个城市湖泊均为重富营养。中国东北地区湖泊大都处于重富营养状态。华北地区湖泊则主要在富营养化阶段。根据营养状态指数对这些地区湖泊进行分类，则可以将东北地区湖泊及雅库茨克湖泊均划入重富营养状态，华北地区湖泊为富营养状态，北极圈内及贝加尔湖近岸水域划入中营养状态，贝加尔湖及鹅湖敞水域基本划入贫营养状态（图 5-18）。

这些湖泊的富营养化指数与水体总氮关系密切，但不同的营养水平与总氮相关性呈相反趋势，即中营养状态以下湖泊中，有机氮含量及比例与富营养化指数呈负相关；而富营养状态以上湖泊中，有机氮含量及比例则与富营养化指数呈正相关（图 5-19）。

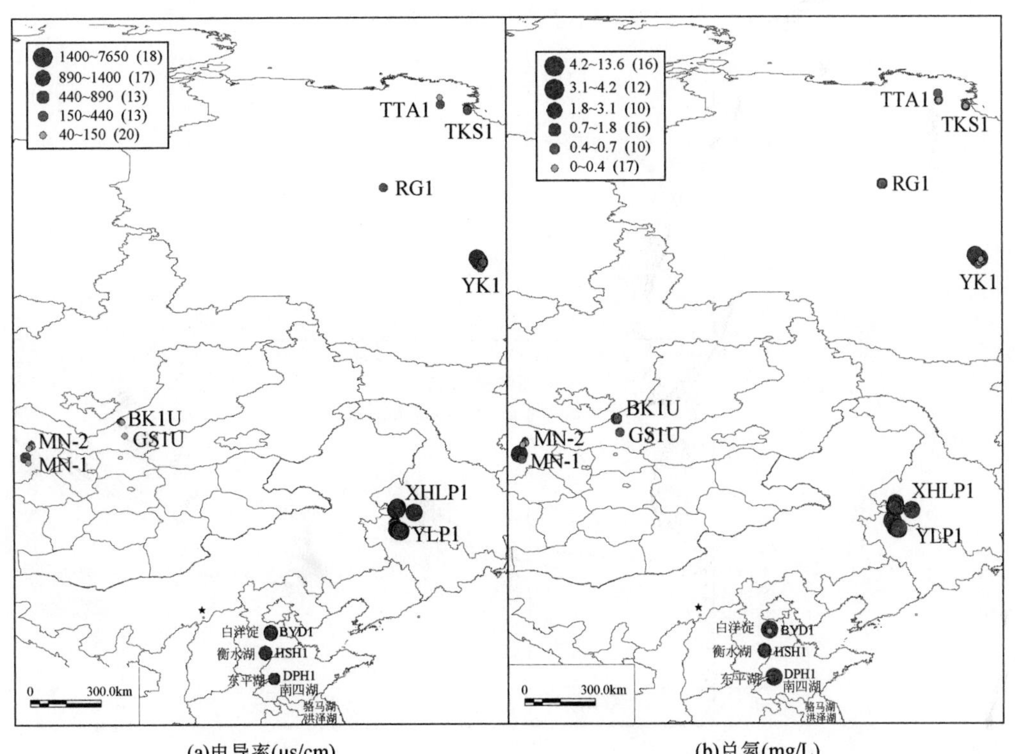

(a)电导率(μs/cm)　　(b)总氮(mg/L)

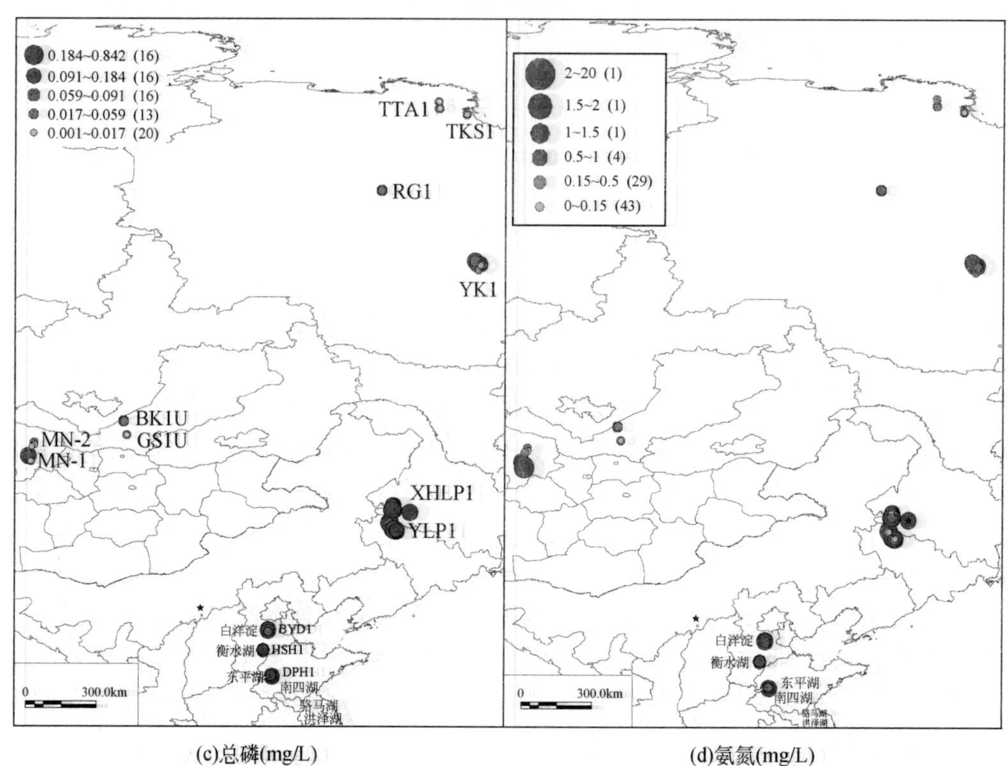

(c)总磷(mg/L)　　(d)氨氮(mg/L)

图 5-17　湖泊水体中化学参数空间分布

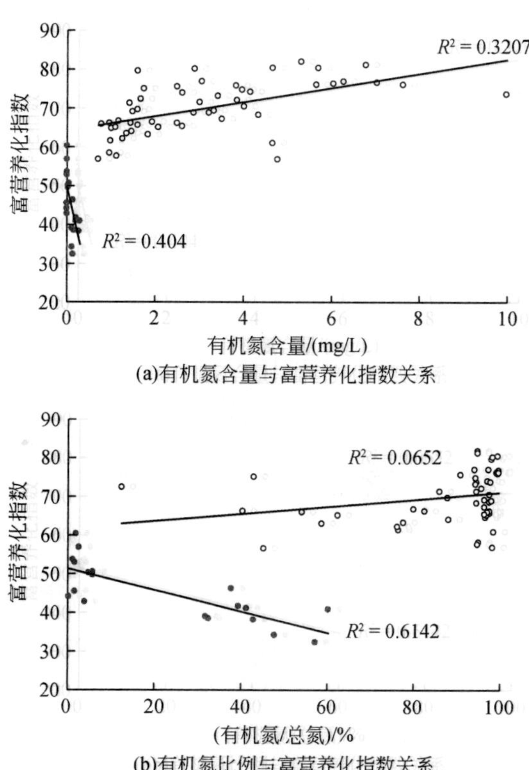

(a)有机氮含量与富营养化指数关系

(b)有机氮比例与富营养化指数关系

图 5-18　湖泊水体有机氮与富营养化指数关系

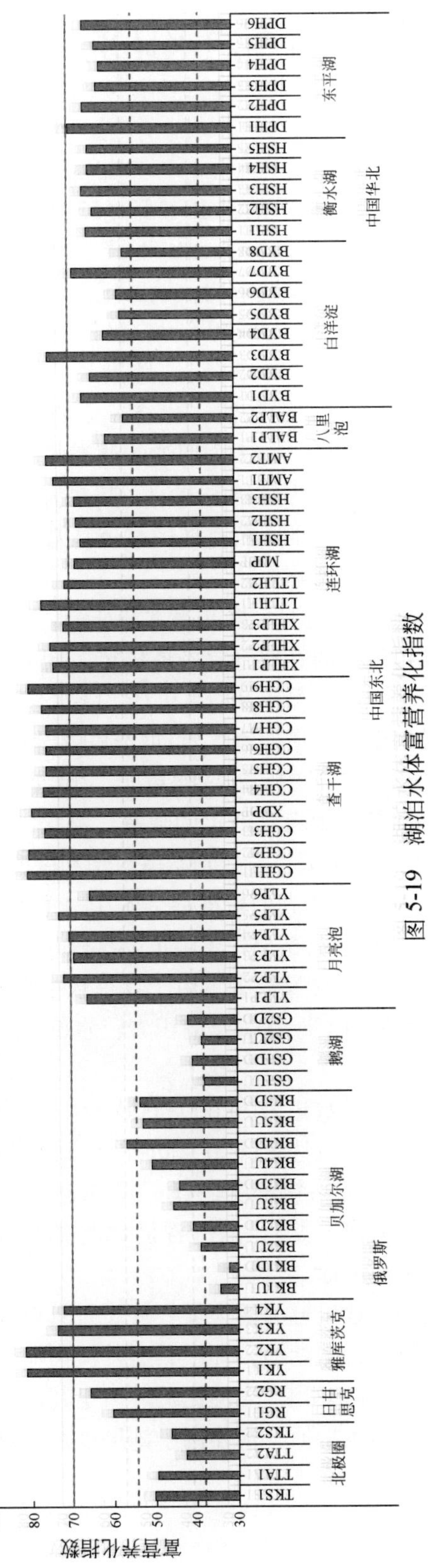

图 5-19　湖泊水体富营养化指数

5.3 冻土带热融喀斯特湖泊水环境

5.3.1 基本特征

萨哈（雅库特）共和国坐落于西伯利亚东部（57°N～75°N，110°E～160°E），区域面积辽阔，达310.32万 km^2。雅库特人口密度较小，仅为0.3人/km^2，然而在中部靠近勒拿河和Vilyuysk的地区则相对城市化，该区域湖泊很多，大约有106 000个湖泊，总覆盖面积达100hm^2，水容量超过$180\times10^{12}m^3$。当然，这些湖泊的面积与该区域的降水有很大的相关关系（Tarasenko，2013）。这些湖泊大多数是通过热融喀斯特过程（Lchiyanagi et al.，2003）形成，水深较浅（1～5m），统称为冻土带热融喀斯特湖泊。

根据Kumke等（2007）对该区域47个湖泊的调查研究结果，这些热融喀斯特浅水湖泊基本呈碱性或弱碱性，大多数为贫营养湖泊，其次为中营养湖泊，仅有很少数的富营养湖泊，分布于Vilyuysk区域。雅库茨克地区4个富营养湖泊主要是由人类活动输入营养物质造成，少数由水鸟活动影响所致。

萨哈（雅库特）共和国热融湖泊水情的基本特征是：从5月初开始，春季融雪导致支流水位上涨。上涨程度由每年的春季气象条件决定。从7月开始，湖泊水位由于蒸发下降。水位下降持续出现，但是在夏季8月、9月，降水会引起短时间的水位上涨。

这些湖泊上层的水最为温暖，最适宜大量动物体的生存和发展。湖泊底层呈厌氧状态。由于每年10月中旬至次年5月中旬的持续封冻，冰层厚度在冬季极端寒冷条件下可达到2.0m。冬季所有的湖泊都能观察到严重的缺氧，由此导致勒拿河–阿姆加河（Lena-Amginsky）之间的地下水含氧量极低，只达到溶解氧饱和度的5%～19%，而CO_2的含量却高达12.7～220.0mg/L。但在夏季湖面解冻后，水中氧的浓度升至10mg/L，即饱和度达到117.9%（Bes-kyuele湖）、106.5%（Ulahan-bagady湖）和94.9%（Dogdok湖）时，游离CO_2则基本不存在或是含量极少。由于夏季水中游离碳酸（free carbonate）含量减少，pH趋向碱性；而冬季由于CO_2大量积聚，水的pH转为酸性。季节性的酸碱度差异在5.0～10.2波动。

各季节平均的湖泊浮游藻类数量为25 000 000cell/L，生物量为0.3mg/L。浮游藻类生物含量在9月达到高峰，一般可达35 000 000cell/L，生物量为0.4mg/L。

雅库特地区湖泊水体中浮游动物密度一般不超过28 000cell/m^3（其中18.3%为轮虫，25%为枝角类，56.4%为桡足类），这些浮游动物的个体具有显著的冷水种特点。而湖泊底栖生物量一般在1.8 g/m^2。

冻土带热融喀斯特湖泊大致可分为两大类：一类是具有外流河输出的湖泊，或者是季节性输出的湖泊；另一类是封闭湖泊，即不具有外流河输出特征。这两大类湖泊在整个冻土带热融喀斯特湖泊中均占有相当大的比例。由于其水量输入、输出特征的巨大差异，这两类湖泊在水环境的基本特征、水体离子浓度以及酸碱度等基本水环境参数上具有非常大的差别。

这些湖泊中，无外流的湖泊往往处于地势更为低洼的区域，由于海拔的原因，这些湖泊水体的水量输出大多依靠蒸发。外流湖的海拔大多高于无外流湖，因此具有外流的基本条件（图5-20）。这些湖泊大多是浅水湖泊，平均深度在4m左右。由于无外流的冻土带热融喀斯特湖泊往往沉积速率更高，其深度也往往小于外流湖泊。从透明度分析，两种类型的湖泊未体现出差异，平均透明度均在0.8m左右。

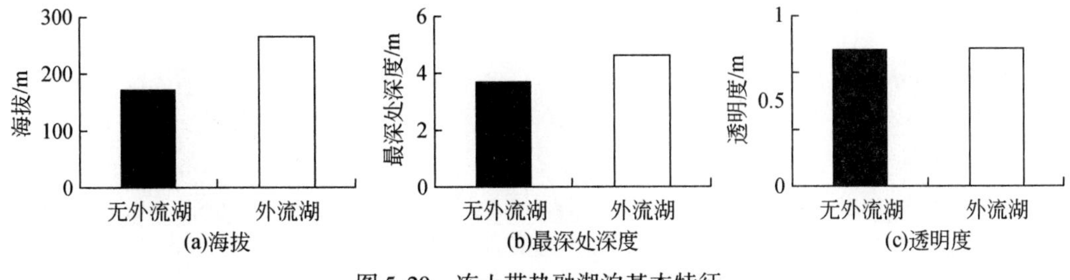

图5-20　冻土带热融湖泊基本特征

两个类型的湖泊在离子含量、矿化度、硬度等水环境指标上同样具有非常明显的差异。对126个无外流湖进行调查，其平均矿化度达到545.5mg/L，而62个外流湖的平均矿化度仅为129.1mg/L。类似，无外流湖硬度也高于外流湖。阴阳离子的总量同样显示了类似的规律（图5-21）。

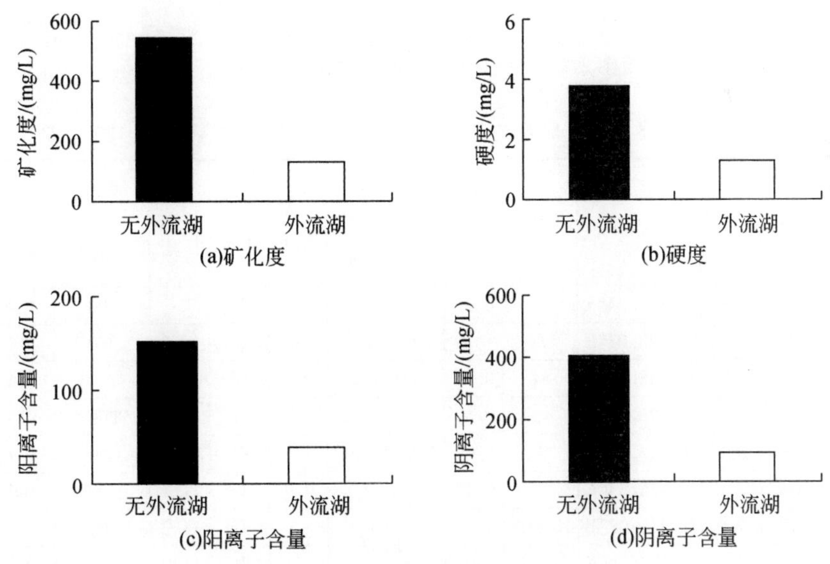

图5-21　冻土带热融湖泊总离子含量

冻土带热融喀斯特湖泊的阴阳离子含量，也大体显示出无外流湖含量高于外流湖泊的特点，除硅离子和氨氮外，无外流湖各阴阳离子含量均数倍于外流湖（图5-22）。这样的特点显示出，无外流的热融喀斯特湖泊更容易具有咸化的演变趋势。同样的规律在我国的东北平原沼泽湖泊中也体现得非常明显（表5-1）。

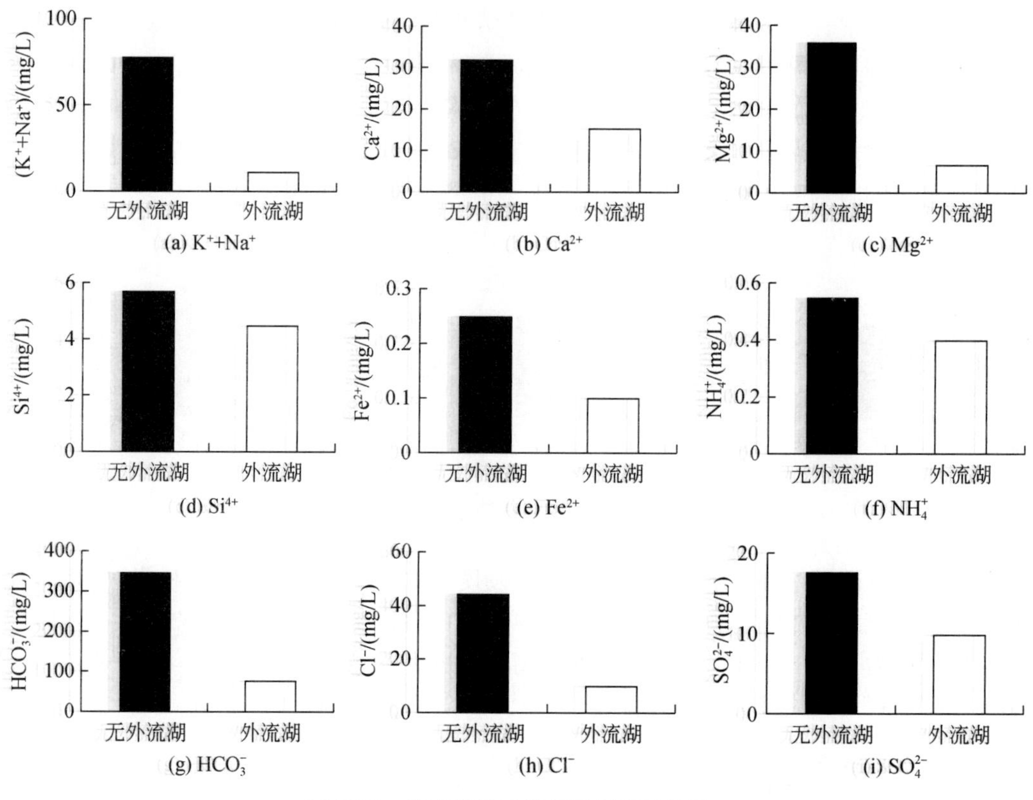

图 5-22　冻土带热融湖泊阴阳离子含量

表 5-1　冻土带热融喀斯特湖泊基本状况［萨哈（雅库特）共和国 188 个湖］

湖泊编号	野外编号	纬度	经度	海拔/m	湖泊面积/km²	最大深度/m	样点深度/m	透明度/m	湖泊来源	7月气温/℃	年降水量/mm	无冰期天数/d	地区植被
N001	06-NK-01	69.50°N	160.34°E	8	0.05	1.50	1	1	Te	7.6	200	114	L2
N002	98-BU-01	71.82°N	128.04°E	8	10.9	3.60	3.6	0.9	Gl	10.3	200	114	L2
N003	98-BU-02	71.18°N	128.77°E	64	0.72	5.00	4.85	0.6	Gl	10.5	200	114	L2
N004	05-BU-03	72.95°N	126.13°E	45	0.63	6.50	6.5	1.5	Te	11.2	200	114	L1
N005	02-An-02	72.00°N	113.33°E	3	0.09	3.10	2.31	—	FE	11.2	200	109	L1
N006	02-An-04	72.67°N	114.33°E	39	0.02	12.40	7.5	0.9	Te	11.2	200	109	L1
N007	03-An-07	72.92°N	113.08°E	100.08	4.00	2	0.6	—	Te	11.2	200	109	L1
N008	02-An-01	72.75°N	113.78°E	30.57	3.02	2.1	1.5	—	FE	11.2	200	109	L1
N009	02-An-03	72.60°N	113.20°E	5	0.83	5.20	3.4	0.8	Te	11.2	200	109	L1
N010	06-AL-01	70.13°N	147.14°E	9	28	2.50	0.5	0.4	Te	9.8	200	115	L2
N011	06-AL-02	70.53°N	147.50°E	4	0.02	1.50	0.7	0.4	Te	9.8	200	115	L2
N012	06-AL-03	70.09°N	147.29°E	9	0.02	1.80	0.4	0.3	Te	9.8	200	115	L2
N013	06-NYak-01	69.67°N	145.83°E	47	91	3.10	3.1	0.32	Te	10.4	250	132	L6
N014	02-An-05	71.48°N	113.93°E	51	0.02	3.00	1	1.5	Te	12.4	200	112	L3
N015	02-An-06	71.27°N	113.99°E	53	0	5	1	2.5	Te	12.4	200	112	L3

续表

湖泊编号	野外编号	纬度	经度	海拔/m	湖泊面积/km²	最大深度/m	样点深度/m	透明度/m	湖泊来源	7 月气温/℃	年降水量/mm	无冰期天数/d	地区植被
N016	04-AB-03	68. 08°N	143. 42°E	52	11. 8	1. 95	1. 95	1	Te	11. 5	250	132	L3
N017	06-NYak-02	68. 37°N	145. 31°E	35	0. 24	3. 10	3. 1	0. 32	Te	11. 5	250	132	L3
N018	06-NYak-06	68. 09°N	146. 41°E	31	6	2. 50	2. 5	0. 18	Te	11. 6	250	132	L3
N019	06-NYak-07	68. 62°N	146. 71°E	27	3. 2	2. 10	2. 1	0. 38	Te	11. 6	250	132	L3
N020	04-AB-02	68. 59°N	146. 62°E	25	6	2. 50	2. 5	0. 18	Te	11. 6	250	132	L3
N021	06-NYak-15	69. 51°N	147. 59°E	21	0. 24	3. 50	3. 5	0. 51	Te	11. 7	250	132	L3
N022	06-NYak-14	69. 50°N	147. 98°E	11	0. 8	3. 00	2. 9	0. 42	Te	11. 7	250	132	L3
N023	04-AB-01	68. 82°N	145. 11°E	27	1. 63	31. 5	0. 2	—	Te	12	250	132	L3
N024	04-Mi-06	66. 50°N	113. 47°E	286	0. 75	2	2	0. 4	FE	12	400 ~ 500	110	L3
N025	06-NYak-03	68. 75°N	146. 28°E	24	2. 24	3. 40	3. 4	0. 38	Te	12. 1	250	132	L3
N026	03-SK-01	67. 20°N	153. 82°E	17	0. 66	3	3	0. 7	Te	13. 4	200	111	L3
N027	03-SK-02	67. 64°N	154. 28°E	18	1. 47	2. 80	2. 8	0. 28	Te	13. 4	200	111	L3
N028	03-SK-03	67. 15°N	153. 89°E	18	1. 16	1. 80	1. 8	0. 4	Te	13. 4	200	111	L3
N029	06-Zi-03	68. 05°N	120. 87°E	59	0	2. 50	1. 5	0. 9	Te	14. 1	250	122	L3
N030	04-Mi-05	66. 99°N	112. 39°E	381	6	3	3	0. 6	FE	14. 1	400 ~ 500	110	L3
N031	02-OL-08	67. 05°N	112. 40°E	149	0. 03	3	1. 5	0. 5	Te	14. 4	300 ~ 350	117	L3
N032	06-Zi-04	67. 31°N	123. 00°E	28	2	10. 00	4	0. 5	Te	14. 4	300 ~ 350	122	L3
N033	06-Zi-02	68. 24°N	122. 00°E	41	0. 02	3	1. 5	0. 7	Te	14. 7	250	122	L3
N034	02-OL-04	69. 05°N	112. 79°E	130	0. 07	1. 50	1	0. 6	Te	15. 1	300 ~ 350	117	L3
N035	02-OL-05	68. 72°N	112. 36°E	134	0. 07	1. 75	1. 5	0. 4	Te	15. 1	300 ~ 350	117	L3
N036	02-OL-06	68. 30°N	112. 56°E	137	0. 42	3	1. 9	0. 7	Te	15. 1	300 ~ 350	117	L3
N037	02-OL-01	69. 00°N	112. 66°E	105	0. 3	1. 80	1. 8	1. 3	Te	15. 2	300 ~ 350	117	L3
N038	02-OL-02	69. 02°N	112. 85°E	107	0. 2	2. 60	2. 6	0. 4	Te	15. 2	300 ~ 350	117	L3
N039	02-OL-03	68. 96°N	112. 80°E	102	0. 02	3. 00	3	0. 3	Te	15. 2	300 ~ 350	117	L3
N040	02-OL-07	68. 78°N	112. 64°E	145	0. 05	1. 00	1	0. 6	Te	15. 2	300 ~ 350	117	L3
N041	02-Le-01	61. 30°N	115. 53°E	185	0. 03	2. 5	2	0. 15	FE	16. 2	300 ~ 350	137	L4
N042	02-Nu-07	63. 66°N	117. 86°E	112	0. 9	1. 7	1. 7	1. 8	Te	16. 3	250	132	L4
N043	02-Nu-11	64. 44°N	119. 37°E	195	0. 49	5. 4	5. 4	4	Te	16. 5	250	132	L4
N044	02-Nu-09	64. 30°N	118. 57°E	111	2	1. 6	1. 6	0. 8	Te	16. 5	250	132	L4
N045	02-Nu-10	64. 04°N	118. 25°E	115	1. 4	1. 8	1. 8	1. 5	Te	16. 5	250	132	L4
N046	02-Le-02	60. 73°N	115. 22°E	188	0. 06	2	1. 8	0. 6	FE	16. 5	400 ~ 500	137	L4
N047	02-Nu-04	63. 81°N	119. 97°E	98	52	2. 8	2. 8	0. 6	Te	16. 9	250	132	L4
N048	02-Nu-01	63. 34°N	117. 93°E	108	4. 55	3. 3	3. 3	0. 85	Te	17	250	132	L4
N049	02-Nu-03	63. 87°N	118. 36°E	127	0. 36	2	2	1. 5	Te	17. 1	250	132	L4

续表

湖泊编号	野外编号	纬度	经度	海拔/m	湖泊面积/km^2	最大深度/m	样点深度/m	透明度/m	湖泊来源	7月气温/℃	年降水量/mm	无冰期天数/d	地区植被
N050	02-Nu-08	63.80°N	118.83°E	104	0.4	2	2	0.5	Te	17.1	250	132	L4
N051	02-Nu-05	63.43°N	118.68°E	128	0.4	2.8	2.8	0.6	Te	17.1	250	132	L4
N052	02-Nu-06	63.65°N	118.54°E	105	5.4	2.7	2.7	0.9	Te	17.1	250	132	L4
N053	06-Ko-01	63.72°N	125.18°E	138	114	9	3.5	0.5	ET	17.1	250	122	L4
N054	02-Nu-02	64.19°N	119.19°E	113	2.1	2.5	2.5	0.5	Te	17.2	250	132	L4
N055	03-PG-04	64.91°N	122.48°E	174	0.02	1.6	1.6	1.5	Te	17.4	250	130	L4
N056	03-PG-03	64.30°N	122.51°E	179	0.11	1	0.75	0.4	Te	17.4	250	130	L4
N057	03-PG-06	64.58°N	123.31°E	178	2.53	1.1	1.1	0.6	Te	17.4	250	130	L4
N058	06-BB-03	64.07°N	120.51°E	111	0.25	2.5	2.5	0.5	FE	17.5	250	130	L4
N059	06-BB-04	63.70°N	121.07°E	111	0.4	1.9	1.5	0.4	FE	17.5	250	130	L4
N060	06-BB-06	64.23°N	120.61°E	125	0.3	1.8	1.8	0.7	Te	17.5	250	130	L4
N061	06-BB-08	63.74°N	120.23°E	121	0.36	3	3	0.6	Te	17.5	250	130	L4
N062	06-BB-07	63.56°N	120.54°E	128	0.03	3.1	2	1	Te	17.5	250	130	L4
N063	03-PG-07	64.92°N	122.66°E	180	0.24	1.6	1.6	0.2	Te	17.5	250	130	L4
N064	01-Na-01	63.42°N	130.03°E	85	9.75	2.6	1	0.3	ET	17.6	250	136	L4
N065	03-PG-16	63.65°N	122.28°E	130	0.24	1.2	1.21	—	Te	17.7	250	130	L4
N066	05-Yak-08	62.41°N	129.80°E	228	0.32	1.5	1.3	0.3	Te	17.7	200	136	L4
N067	05-Yak-09	62.25°N	129.96°E	228	0.06	2.2	2.1	0.7	Te	17.7	200	136	L4
N068	03-PG-22	63.95°N	122.67°E	105	0.08	1.2	1.2	0.9	Te	17.8	250	130	L4
N069	03-PG-21	63.61°N	122.69°E	112	0.45	2.6	2.6	2.6	Tu	17.8	250	130	L4
N070	03-PG-17	63.81°N	122.20°E	99	0.32	2.7	2.7	0.8	Te	17.8	250	130	L4
N071	03-PG-11	63.91°N	122.51°E	131	0.4	2	2	1.5	Te	17.8	250	130	L4
N072	01-Na-02	63.70°N	128.98°E	63	19.2	4.5	2.5	1.1	ET	17.8	250	136	L4
N073	06-BB-01	63.80°N	120.81°E	134	2.4	2.1	2	0.55	Te-A	17.8	250	130	L4
N074	06-BB-02	64.35°N	120.64°E	137	0.5	2.4	2	0.45	Te-A	17.8	250	130	L4
N075	06-BB-05	63.88°N	121.24°E	111	1.5	1.5	1.5	0.35	Te	17.8	250	130	L4
N076	03-PG-15	63.86°N	122.56°E	130	0.47	72	52	11	Te	17.8	250	130	L4
N077	03-PG-08	64.93°N	122.52°E	165	2.24	1.8	1.8	1.6	Tu	17.8	250	130	L4
N078	03-PG-19	63.63°N	121.64°E	103	0.44	3	3	0.6	Tu	17.9	250	130	L4
N079	03-PG-20	63.61°N	121.70°E	104	0.45	3.8	3.8	0.6	Tu	17.9	250	130	L4
N080	03-PG-18	64.01°N	121.45°E	105	0.35	0.9	0.9	0.4	Tu	17.9	250	130	L4
N081	03-PG-00	63.61°N	121.49°E	110	1.26	2	2	0.3	Te	17.9	250	130	L4
N082	03-PG-23	63.51°N	122.06°E	96	0.05	4	4	1.2	Te	17.9	250	130	L4
N083	03-PG-25	63.77°N	122.01°E	118	1.5	1.9	1.9	0.7	Tu	17.9	250	130	L4

续表

湖泊编号	野外编号	纬度	经度	海拔/m	湖泊面积/km^2	最大深度/m	样点深度/m	透明度/m	湖泊来源	7 月气温/℃	年降水量/mm	无冰期天数/d	地区植被
N084	03-PG-24	63.61°N	121.67°E	112	1.5	4	4	1.2	Tu	17.9	250	130	L4
N085	03-PG-29	64.20°N	121.58°E	125	0.5	1.7	1.7	1.3	Te	17.9	250	130	L4
N086	03-PG-27	63.78°N	122.23°E	127	0.15	1.5	1.5	1.4	Te	17.9	250	130	L4
N087	03-PG-02	64.06°N	123.36°E	119	45	1.4	0.8	0.5	Te	17.9	250	130	L4
N088	03-PG-09	64.12°N	121.99°E	115	0.15	1.8	1.8	1.7	Tu	18.0	250	130	L4
N089	03-PG-13	64.10°N	121.64°E	116	1.26	1.9	1.9	1	Te	18.0	250	130	L4
N090	13-PG-12	64.39°N	121.86°E	125	0.75	1.2	1.2	0.2	Te	18.0	250	130	L4
N091	97-KH-01	61.46°N	129.81°E	143	1.2	2.8	1.2	0.25	Te	18.0	250	136	L4
N092	02-Ch-15	61.48°N	132.17°E	196	0.2	4.25	4.25	0.37	Te-A	18.1	250	136	L4
N093	02-Ch-14	61.74°N	132.85°E	212	0.02	1.2	1.2	0.2	FE	18.1	250	136	L4
N094	02-Ch-01	61.99°N	132.82°E	257	0.79	3	2.68	0.45	Te	18.1	250	136	L4
N095	05-Yak-25	61.60°N	132.12°E	198	0.15	2	1.7	0.5	Te-A	18.1	250	136	L4
N096	05-Ch-13	61.65°N	132.18°E	218	0.03	1.6	1.6	0.25	FE	18.1	250	136	L4
N097	05-Yak-20	61.44°N	131.27°E	250	0.32	2	1.4	0.8	ET	18.2	250	136	L4
N098	05-Yak-19	61.66°N	131.08°E	256	0.01	1.3	1.1	1	Te-A	18.2	250	136	L4
N099	05-Yak-16	61.55°N	130.44°E	228	0.06	1.5	1.2	0.4	Te-A	18.2	250	136	L4
N100	05-UA-02	62.58°N	131.99°E	102	36	4	2.9	0.35	Te-R	18.3	250	136	L4
N101	06-CYak-02	63.15°N	131.98°E	205	0.02	3.70	3.7	0.23	Te	18.3	200	136	L4
N102	06-CYak-05	62.77°N	131.41°E	215	0.06	2.30	2.3	0.21	Te	18.3	200	136	L4
N103	06-Cyak-01	62.31°N	131.83°E	194	0.03	3.30	3.3	0.45	Te	18.3	200	136	L4
N104	06-CYak-04	63.19°N	131.28°E	151	0.32	4.50	4.4	0.1	Te	18.3	200	136	L4
N105	05-Yak-27	61.86°N	132.81°E	200	0.07	2	1.3	2	Te	18.3	200	136	L4
N106	05-Yak-29	61.61°N	132.37°E	207	0.03	1.4	1.4	0.3	Te	18.3	250	136	L4
N107	05-Yak-26	61.57°N	132.42°E	187	0.02	3.8	1.7	0.45	Te	18.3	250	136	L4
N108	05-Yak-28	62.48°N	132.95°E	171	0.03	4.7	4	0.5	Te-T	18.3	250	136	L4
N109	02-Ch-16	61.96°N	132.46°E	186	0.09	1.8	1.8	0.25	Te-A	18.3	250	136	L4
N110	05-Yak-05	61.63°N	130.43°E	221	0.02	4.6	3.5	1.1	Te-T	18.3	200	136	L4
N111	05-Yak-04	62.35°N	130.41°E	228	0.01	1.8	1.8	1	Te-D	18.3	200	136	L4
N112	05-Yak-03	62.10°N	130.74°E	227	0.01	4.6	3.6	1.5	Te-D	18.3	200	136	L4
N113	05-Yak-01	62.09°N	130.55°E	227	0	1.8	1.8	0.7	Te-D	18.3	200	136	L4
N114	05-Yak-02	62.07°N	130.67°E	227	0.01	3.5	1.5	0.9	Te-D	18.3	200	136	L4
N115	04-MK-02	61.56°N	130.84°E	167	0.3	3.7	1.2	0.45	Te	18.3	250	136	L4
N116	04-MK-03	61.45°N	131.22°E	153	1.7	3.6	1	0.15	Te	18.3	250	136	L4
N117	02-Ch-03	61.70°N	132.32°E	248	0.15	2.5	1.9	0.56	FE	18.3	250	136	L4

续表

湖泊编号	野外编号	纬度	经度	海拔/m	湖泊面积/km^2	最大深度/m	样点深度/m	透明度/m	湖泊来源	7月气温/℃	年降水量/mm	无冰期天数/d	地区植被
N118	02-Ch-02	62.00°N	132.31°E	245	0.21	1.8	1.8	0.25	FE	18.3	250	136	L4
N119	04-MK-04	61.61°N	131.53°E	181	0.03	5	2.5	0.7	Te	18.3	250	135	L4
N120	05-Yak-24	61.81°N	132.45°E	182	0.06	3.2	2.3	0.25	Te-A	18.3	250	136	L4
N121	02-Ch-20	61.90°N	132.30°E	179	0.68	2.20	2.2	0.25	Te-A	18.3	250	136	L4
N122	04-Ch-02	61.88°N	132.68°E	179	0.25	3.50	3.5	0.32	Te-A	18.3	250	136	L4
N123	04-Ch-03	61.76°N	132.80°E	183	0.68	2.2	2.2	0.28	Te-A	18.3	250	136	L4
N124	02-Ch-17	61.77°N	132.13°E	183	0.25	3.5	3	0.45	Te-A	18.3	250	136	L4
N125	05-Yak-11	61.48°N	131.15°E	201	0.07	5.2	3	0.15	Te-A	18.3	250	136	L4
N126	05-Yak-12	61.45°N	130.92°E	199	0.03	3	2	0.35	Te-A	18.3	250	136	L4
N127	05-Yak-15	61.63°N	131.19°E	198	0.02	1.6	1.5	0.4	ET	18.3	250	136	L4
N128	05-Yak-14	61.39°N	130.41°E	203	0.03	1.9	1.6	0.3	ET	18.3	250	136	L4
N129	05-Yak-13	61.68°N	131.15°E	219	0.12	3.9	2	0.25	ET	18.3	250	136	L4
N130	05-Yak-17	62.06°N	130.65°E	252	0.01	1.6	1.5	0.6	ET	18.3	250	136	L4
N131	02-UA-01	62.96°N	131.01°E	127	0.28	4.2	4.2	0.25	Te-S	18.4	200	136	L4
N132	06-MK-05	63.10°N	130.98°E	145	0.2	3.45	1.35	0.25	ET	18.4	250	136	L4
N133	05-Yak-21	62.23°N	132.28°E	208	0.02	1.9	1.6	0.35	Te	18.4	250	136	L4
N134	05-Yak-22	62.77°N	131.54°E	207	0.02	1.7	1.5	0.3	Te	18.4	250	136	L4
N135	05-Yak-23	62.76°N	131.64°E	169	0.05	2.3	1.8	0.2	Te	18.4	250	136	L4
N136	05-Yak-10	61.81°N	130.41°E	160	0.01	5.2	3.2	0.5	Te	18.4	200	136	L4
N137	02-Ch-12	61.87°N	132.24°E	216	0.04	1.7	1.45	0.47	Te	18.4	250	136	L4
N138	02-Ch-11	61.90°N	132.39°E	235	0.02	1.8	1.4	0.45	Te	18.4	250	136	L4
N139	02-Ch-10	61.81°N	132.21°E	236	0.06	2.9	1.8	1.1	Te	18.4	250	136	L4
N140	02-Ch-09	61.70°N	132.14°E	221	0.21	1.1	0.9	0.8	Te	18.4	250	136	L4
N141	04-Ch-01	62.05°N	132.01°E	220	2	5	2.7	0.3	Te	18.4	250	136	L4
N142	02-Ch-08	62.05°N	132.01°E	220	0.78	3.7	2	0.9	Te	18.4	250	136	L4
N143	02-Ch-06	61.91°N	131.92°E	229	0.02	2.6	1.65	0.95	Te	18.4	250	136	L4
N144	02-Ch-05	61.81°N	131.80°E	233	0.12	2.7	2.7	1	Te	18.4	250	136	L4
N145	02-Ch-07	62.24°N	131.88°E	232	0.06	1.5	1.5	0.75	Te	18.4	250	136	L4
N146	02-Ch-04	61.52°N	132.06°E	236	0.16	2	1.5	0.3	Te	18.4	250	136	L4
N147	05-Yak-06	62.25°N	130.66°E	130	0.12	1.3	1	0.7	Te-S	18.4	200	136	L4
N148	05-Yak-07	62.02°N	130.49°E	138	0.28	1	0.7	0.5	Te-S	18.4	200	136	L4
N149	04-Ch-06	62.64°N	131.33°E	203	3	4.9	2	0.15	Te-A	18.4	250	136	L4
N150	05-Yak-18	62.09°N	130.79°E	215	0.02	1.5	1.3	0.15	ET	18.4	250	136	L4
N151	Chabyda	62.28°N	129.38°E	218	1.97	1.6	1.6	0.3	Tu	18.6	200	136	L4

续表

湖泊编号	野外编号	纬度	经度	海拔/m	湖泊面积/km^2	最大深度/m	样点深度/m	透明度/m	湖泊来源	7月气温/℃	年降水量/mm	无冰期天数/d	地区植被
N152	04-MK-01	61.74°N	129.80°E	148	0.84	3	2	1	Te-A	18.6	250	136	L4
N153	05-Yak-30	61.85°N	129.89°E	208	0.24	3	1.4	1.2	Tu	18.8	200	136	L4
N154	06-To-04	63.55°N	140.05°E	1258	0.18	4	1.5	1	ET	8.2	600~800	130	L6
N155	06-To-02	63.55°N	139.95°E	1330	0.04	5	1.5	1	Gl	9.1	600~800	130	L6
N156	06-To-03	63.26°N	139.84°E	1123	0.08	2.7	1.7	0.7	ET	9.3	600~800	130	L6
N157	06-Mo-01	65.85°N	147.35°E	596	0.12	1.9	1	0.3	Gl	9.6	400~500	130	L6
N158	06-Be-03	66.21°N	130.35°E	984	0.01	4.5	3	0.6	Te	11.5	250	112	L5
N159	06-To-01	63.92°N	139.34°E	1083	0.03	2.5	2	0.5	ET	11.7	600~800	130	L6
N160	04-Mi-04	66.50°N	111.69°E	624	41.4	3	3	0.5	ET	13.4	300~350	110	L6
N161	04-Mi-03	66.35°N	111.59°E	692	0.28	2.75	1.5	0.7	ET	13.7	300~350	110	L6
N162	04-Mi-02	65.82°N	112.01°E	618	1.92	4.5	2.1	0.95	ET	13.8	300~350	110	L6
N163	04-Mi-01	66.39°N	111.55°E	625	4.2	3.9	1.85	1	ET	13.8	300~350	110	L6
N164	02-Ne-01	56.83°N	125.12°E	810	0.21	6	1.5	0.9	FE	13.8	600~800	131	L7
N165	06-OM-01	63.21°N	141.35°E	975	8	80	3	3	Gl	14.1	600~800	130	L6
N166	03-Ol-01	58.06°N	119.77°E	1099	4.5	28	3	2.1	Gl	14.6	600~800	131	L5
N167	05-MP-02	60.11°N	116.35°E	660	0	1.7	1.2	1	FE	15.0	400~500	133	L7
N168	05-MP-01	60.43°N	116.56°E	745	0.01	3	1.5	1.2	FE	15.1	400~500	133	L7
N169	05-Be-02	66.01°N	127.23°E	337	36	24	7.8	1	Gl	15.1	600~800	112	L6
N170	06-NYak-12	68.79°N	145.33°E	26	0.06	2.30	1.8	0.4	Te	11.8	300~350	132	L3
N171	06-NYak-09	67.53°N	144.42°E	54	0.6	2.30	2.3	0.5	Te	12.4	300~350	132	L3
N172	06-NYak-10	68.32°N	144.65°E	48	0.15	2.10	2.1	0.2	Te	12.4	300~350	132	L3
N173	06-NYak-08	68.10°N	145.01°E	57	4.8	1.10	1.1	0.2	Te	12.4	300~350	132	L3
N174	06-NYak-11	67.84°N	145.30°E	35	1.8	3.30	3	0.58	Te	12.5	300~350	132	L3
N175	05-MP-04	59.67°N	117.40°E	276	0.01	2	1.7	0.7	FE	13.4	400~500	133	L4
N176	05-MP-03	61.00°N	116.57°E	302	0	1.5	1.5	1.2	FE	13.4	400~500	133	L4
N177	04-Be-01	67.82°N	133.72°E	158	0.5	6	1.5	0.9	Te	14.6	200	112	L3
N178	06-Zi-05	67.82°N	123.49°E	49	0.6	4	1.5	0.45	Te	15.2	300~350	122	L3
N179	06-Zi-01	67.86°N	123.31°E	34	0.35	5	2.8	0.8	Te	15.2	300~350	122	L3
N180	05-Le-01	59.90°N	110.99°E	320	0.01	3.7	3.7	0.4	FE	16.2	400~500	137	L4
N181	06-Le-08	61.48°N	113.86°E	368	0.02	2.5	0.6	0.36	FE	16.3	300~350	137	L4
N182	05-Le-03	59.81°N	110.90°E	315	0	1.9	1.9	0.3	FE	16.3	400~500	137	L4
N183	05-Le-06	59.40°N	110.67°E	336	0	4	2	0.5	FE	16.3	400~500	137	L4
N184	06-Bi-03	65.80°N	119.66°E	148	0.24	2.5	1.7	0.55	Te	16.3	250	130	L3
N185	06-Bi-02	66.01°N	119.81°E	138	2.86	4	2.5	1.2	Te	16.3	250	130	L3

续表

湖泊编号	野外编号	纬度	经度	海拔/m	湖泊面积/km^2	最大深度/m	样点深度/m	透明度/m	湖泊来源	7月气温/℃	年降水量/mm	无冰期天数/d	地区植被
N186	06-Bi-01	65.39°N	120.26°E	151	0.27	3.7	2.6	1	Te	16.3	250	130	L3
N187	06-Bi-04	65.74°N	120.15°E	159	0.18	3.5	3.1	2	Te	16.3	250	130	L3
N188	05-Le-04	59.55°N	110.54°E	355	0	1.9	1.9	0.4	FE	16.4	400～500	137	L4
N189	05-Le-02	59.70°N	110.95°E	377	0	2	2	0.25	FE	16.4	400～500	137	L4
N190	05-Le-05	60.24°N	111.47°E	400	0	3.1	1	0.3	FE	16.5	400～500	137	L4
N191	99-Y-05	62.15°N	130.18°E	111	0.51	4.2	2	0.5	FE	17.8	200	136	L4
N192	99-Y-01	62.22°N	130.29°E	119	0.06	3	1.4	0.15	FE	17.8	200	136	L4
N193	99-Y-04	62.14°N	130.24°E	92	0.36	6.7	6	0.2	FE	17.8	200	136	L4
N194	99-Y-03	62.81°N	130.03°E	92	0.36	6.7	1.4	0.2	FE	17.9	200	136	L4
N195	99-Y-02	62.04°N	129.67°E	106	1.12	4.9	2.05	0.8	FE	17.9	200	136	L4
N196	04-Ch-04	62.46°N	133.11°E	167	0.13	1.95	1.95	1.2	FE	18.2	250	136	L4
N197	02-Ch-18	62.15°N	132.86°E	177	0.07	1.5	1.5	0.45	FE	18.3	250	136	L4
N198	02-Ch-19	61.78°N	132.27°E	175	0.13	1.95	1.95	0.5	FE	18.3	250	136	L4
N199	04-Ch-05	62.22°N	131.57°E	205	0.6	3	3	0.7	FE	18.4	250	136	L4

注：Te，热融的；Te-A，热融喀斯特洼地；Te-R，热融喀斯特河流残余；Te-D，热融喀斯特 Dyuedya 湖；Te-T，热融喀斯特 Tyympy 湖；Te-S，碱性热岩溶；FE，水侵蚀；ET，热岩溶侵蚀；Gl，冰川；Tu，Tukulan 地区。L1，永久冻土带；L2，森林冻土带；L3，北泰加稀疏落叶松林；L4，中泰加落叶松林及部分松叶林；L5，高山冻土带及山地、山下稀疏林地；L6，山地落叶松林及山下稀疏林地；L7，山地落叶松林及落叶松林；—，无数据

5.3.2 湖泊水体常量离子

重碳酸水型的淡水湖泊类型在冻土带热融喀斯特湖泊最为普遍，特别是萨哈（雅库特）共和国湖泊矿化度一般为 100～1000mg/L，平均值为 408.20mg/L，中位数为 259mg/L。湖泊矿化度的高低取决于其是否有出流。出入湖河流的差异导致了湖泊水体中电导率的巨大差异，其最大电导率达到 7 743.50μS/cm，而最小电导率仅为 18.62μS/cm，相差数百倍。因此，只从这些湖泊水体电导率的差异就可以说明湖泊是否有出流。缺乏与勒拿河及其他河流沟通的湖泊，由于水体中的阴阳离子因缺乏有效的去除途径而不断蓄积，使得电导率不断升高，同时，也使得这些湖泊盐碱化得以缓慢而持续地发生。而有出流的湖泊，随着周期性汛期的到来，湖水中蓄积的离子逐渐被冲淡，并进入下游河道，因此在降水集中的季节这些湖泊是否具有出流是影响电导率高低的关键因素。与此同时，这些湖泊的常量离子浓度的高低还取决于湖泊水体的蒸发和地下水的输移，然而，冻土带热融喀斯特湖泊气温普遍较低，蒸发作用与我国西部的一些高盐度地区高蒸发、低降雨的特征具有根本性的差别。冻土带热融喀斯特湖泊往往具有低蒸发、低降雨的特点。地下水的渗流作用在这些湖泊中往往可以低至被忽略，这主要是由非常浅的永久冻土深度导致。

这些矿物离子中，以钾钠离子为主，尽管这些湖泊中钾钠离子总浓度最低的仅为 0.1mg/L，其浓度甚至低于贝加尔湖的钾钠离子总浓度，但最高的浓度却能达到

1191.40mg/L。同样，钙镁离子总浓度波动范围也极大，分别在 0 ~ 208.40mg/L 和 0 ~ 179.80mg/L 之间波动。

碳酸氢根是阴离子浓度的主要贡献者，特别在一些厌氧性湖泊中，碳酸氢根浓度可能达到 3721.00mg/L，而最低的浓度可低至 0.00。氯离子的平均浓度为 33.00mg/L。同样，湖泊之间差异极其显著，最高的氯离子浓度甚至高达 408.50mg/L（表 5-2）。

因此，这些湖泊中，基本的矿物质为碳酸氢根和钙镁离子，其他离子为 Cl^-、SO_4^{2-}、Na^+、K^+。

表 5-2　188 个湖泊水环境基本特性统计

参数	平均值	中位数	最小值	最大值	差值
海拔/m	203.50	145.00	3.00	1330.00	1327.00
水面面积/km^2	3.30	0.20	0.00	114.30	114.30
最深处深度/m	4.00	2.70	0.90	80.00	79.10
样点深度/m	2.50	2.00	0.40	52.00	51.60
透明度/m	0.80	0.60	0.10	11.00	10.90
pH	7.90	7.90	5.00	10.20	5.20
电导率/（μS/cm）	628.00	398.40	18.62	7743.50	7724.88
硬度/（mgCaO/L）	3.00	2.50	0.08	15.00	14.90
矿化度/（mg/L）	408.20	259.00	12.10	5033.30	5021.20
Fe^{2+}/（mg/L）	0.20	0.10	0.00	1.50	1.50
Ca^{2+}/（mg/L）	26.50	24.00	0.00	208.40	208.40
Mg^{2+}/（mg/L）	26.30	12.70	0.00	179.80	179.80
Si^{4+}/（mg/L）	5.30	3.20	0.00	37.20	37.20
NH_4^+/（mg/L）	0.50	0.30	0.00	3.40	3.40
（K^++Na^+）/（mg/L）	55.70	14.30	0.10	1191.40	1191.30
阳离子含量/（mg/L）	114.50	70.40	2.39	1312.20	1309.81
PO_4^{3-} 浓度/（mg/L）	0.10	0.00	0.00	2.90	2.90
HCO_3^- 浓度/（mg/L）	256.80	152.50	0.00	3721.00	3721.00
SO_4^{2-} 浓度/（mg/L）	15.00	6.70	0.00	98.90	98.90
Cl^-浓度/（mg/L）	33.00	8.50	0.00	408.50	408.50
阴离子含量/（mg/L）	304.90	199.80	10.83	4129.60	4118.77
Fe^{2+}/%	0.30	0.10	0.00	2.60	2.60
Ca^{2+}/%	34.40	31.90	0.00	87.10	87.10
Mg^{2+}/%	24.10	21.70	0.00	67.50	67.50
Si^{4+}/%	8.30	5.70	0.00	54.60	54.60
NH_4^+/%	0.80	0.40	0.00	12.10	12.10
（K^++Na^+）/%	32.20	26.20	0.07	97.70	97.63
PO_4^{3-}/%	0.00	0.00	0.00	0.90	0.90

续表

参数	平均值	中位值	最小值	最大值	差值
HCO_3^-/%	81.40	87.30	0.00	99.80	99.80
SO_4^{2-}/%	7.80	4.00	0.00	71.10	71.10
Cl^-/%	10.80	6.70	0.00	79.20	79.20
$(Ca^{2+}+Mg^{2+})/(K^++Na^+)$	23.60	2.30	0.02	1121.20	1121.18
$(HCO_3^-)/(Cl^-+SO_4^{2-})$	13.10	6.90	0.00	406.70	406.70
7月气温/℃	16.00	17.50	7.60	18.80	11.20

5.3.3 湖泊水体营养盐

与我国东北的一些湖泊类似，萨哈（雅库特）共和国湖泊同样存在富营养化的威胁。对于磷酸盐而言，最高浓度可达2.9mg/L，而一些湖泊中的磷酸盐却低于检测限，甚至为0。氨氮浓度平均为0.5mg/L，最低值为0，而最高值却高达3.4mg/L。

水体的高锰酸盐指数一般在0.4～21.4mg/L，也呈现了较大的差异。

尽管雅库特地区人口稀少，但近年来，由于城市重建、工农业废水排放，水中氮磷营养盐含量从0.5mg/L升至4.5mg/L。NH_4^+含量从1.5mg/L升至3.87mg/L，明显表现出富营养化的趋势。同时，由于人为的富营养化，使水中的矿物质含量达到2000mg/L以上。

这些湖泊中，电导率小于500μS/cm的湖泊有62个，这些湖泊都存在外流河道，与勒拿河等河流存在水力交换。

对这些湖泊进行的水环境特征统计数据显示：当电导率低于500μS/cm时，水体质量得到了显著改善，营养盐离子等均处于较低的水平（表5-3）。

表5-3　电导率小于500μS/cm的62个湖泊水质参数统计

参数	平均值	中位数	最小值	最大值	差值
海拔/m	266.4	122.0	3.00	1327.0	1324.0
水面面积/km^2	4.7	0.2	0.00	91.0	91.0
最深处深度/m	4.6	2.8	1.20	78.8	77.6
样点深度/m	2.2	1.8	0.40	7.4	7.0
透明度/m	0.8	0.7	0.15	2.9	2.75
pH	7.1	7.1	6.00	9.0	3.0
电导率/（μS/cm）	198.6	154.1	30.92	454.5	423.58
硬度/（mgCaO/L）	1.3	1.0	0.08	3.6	3.52
矿化度/（mg/L）	129.1	100.1	20.10	295.4	275.3
Fe^{2+}/（mg/L）	0.1	0.1	0.00	1.1	1.1
Ca^{2+}/（mg/L）	15.5	10.8	0.00	47.2	47.2
Mg^{2+}/（mg/L）	6.6	4.2	0.00	28.0	28.0
Si^{4+}/（mg/L）	4.5	2.9	0.00	18.5	18.5

续表

参数	平均值	中位数	最小值	最大值	差值
NH_4^+/（mg/L）	0.4	0.3	0.00	3.4	3.4
（K^++Na^+）/（mg/L）	10.9	7.3	0.10	50.7	50.6
阳离子含量/（mg/L）	38.0	30.6	2.43	107.2	104.77
PO_4^{3-}/（mg/L）	0.0	0.0	0.00	0.3	0.3
HCO_3^-/（mg/L）	75.5	55.8	0.00	241.0	241.0
SO_4^{2-}/（mg/L）	9.8	5.2	0.00	57.9	57.9
Cl^-/（mg/L）	9.9	5.7	0.00	60.4	60.4
阴离子含量/（mg/L）	95.2	68.1	14.74	233.6	218.86
Fe^{2+}/%	0.5	0.2	0.00	2.6	2.6
Ca^{2+}/%	40.2	39.6	0.00	82.7	82.7
Mg^{2+}/%	17.4	17.6	0.00	39.9	39.9
Si^{4+}/%	12.2	7.4	0.00	54.6	54.6
NH_4^+/%	1.3	0.9	0.00	6.5	6.5
（K^++Na^+）/%	28.5	22.8	0.17	82.4	82.23
PO_4^{3-}/%	0.0	0.0	0.00	0.4	0.4
HCO_3^-/%	73.9	83.2	0.00	98.1	98.1
SO_4^{2-}/%	12.3	7.2	0.00	71.1	71.1
Cl^-/%	13.7	7.9	0.00	79.2	79.2
（Ca^{2+}+Mg^{2+}）/（K^++Na^+）	27.2	2.8	0.13	543.9	543.77
（HCO_3^-）/（Cl^-+SO_4^{2-}）	7.5	4.9	0.00	50.5	50.5
7 月气温/℃	13.9	13.8	7.60	11.2	3.6

第 6 章　贝加尔湖及其流域水环境

6.1　贝加尔湖水环境

贝加尔湖位于布里亚特共和国（Buryatiya）和伊尔库茨克州（Irkutsk）境内，为南北向狭长形地质构造湖，长 636km，平均宽 48km，最宽处 79.4km，面积 3.15 万 km^2，平均深度 744m，最深点 1642m，湖面海拔 456m，是世界上最深和蓄水量最大的淡水湖。湖形狭长弯曲，宛如一弯新月，又称"月亮湖"。贝加尔湖湖水澄澈清冽，水质稳定，季节波动小，透明度最大可达 40m，为世界第二。其总蓄水量为 23 600km^3，约占世界上可利用淡水资源的 1/4。其容积巨大的原因在于其深度。在贝加尔湖周围，总共有大小 336 条河流注入湖中，其中，最大入湖河流为色楞格河，出湖河流仅有安加拉河，年均流量为 1870m^3/s，且受位于伊尔库茨克的水电站控制。

贝加尔湖物种丰富，其中，1083 种是特有品种。最令科学家感兴趣的是生物的古老性。其中，有很多西伯利亚其他淡水湖已绝迹的物种。该湖还是俄罗斯的主要渔场之一。贝加尔湖就其面积而言，只居全球第九位，却是世界上最古老的湖泊之一（据考其历史已有 2500 万年）。湖区气候比周围地区温和，1～2 月平均气温 -19℃，8 月平均气温 11℃。湖面 1 月结冰，5 月解冻。表面水温在 8 月约为 13℃，在湖水浅处达 20℃。浪高可达 4.6m。

6.1.1　贝加尔湖水质

贝加尔湖是一个典型的贫营养湖泊，其最高透明度达 40m，透明度较高的区域主要分布在中部湖区的西侧，而北部湖区透明度较低。从季节变化看，夏季（7 月）的湖水透明度要远高于其他季节。秋季湖水透明度大多不超过 10m。从年际变化看，透明度的变化不甚显著（图 6-1）。

2008 年对贝加尔湖从色楞格河入湖河口到安加拉河出湖河口的断面监测显示，色楞格河河口透明度为 2.2～7m，而安加拉河河口透明度则为 7.8～12m。色楞格河河口由于承接了流域颗粒物的输入，且水深较浅，易受风浪和湖流扰动，透明度较低。安加拉河河口则位于出流河口，湖体悬浮颗粒物经深湖区自然沉降后显著降低，而且出湖口水深较深，风浪对湖底部的扰动较弱，因而透明度显著提高。

贝加尔湖水体悬浮物含量普遍较低（图 6-2），平均悬浮物含量均低于 3mg/L。仅在一些入湖河口，特别是色楞格河河口外侧悬浮物含量较高。2008 年调查发现，北部沿岸区也存在悬浮物含量较高的局部区域。夏季丰水期入湖经流增加导致悬浮物含量要略高。而冬季湖面封冻以及入湖水量减少，颗粒物的输入明显降低，因此，在贝加尔湖进入封冻期

(11 月) 后，湖泊水体的颗粒物含量迅速下降，一般都低于1.0mg/L。但色楞格河入湖河口颗粒物含量显著高于贝加尔湖的其他湖区，河口水深85m处悬浮颗粒物可达18.13mg/L。安加拉河河口悬浮颗粒物则降低至2.21mg/L。

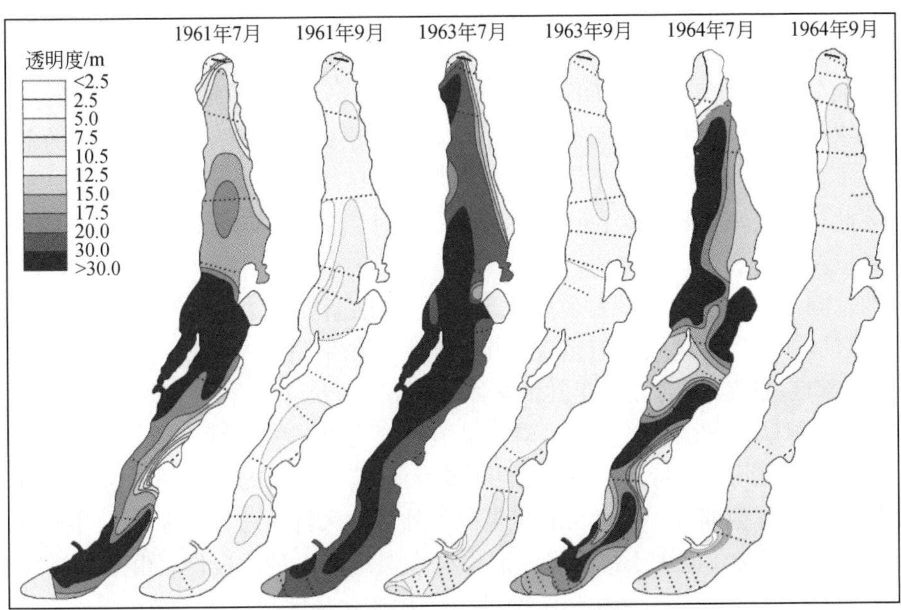

图6-1 贝加尔湖透明度分布（1961年、1963年1964年）

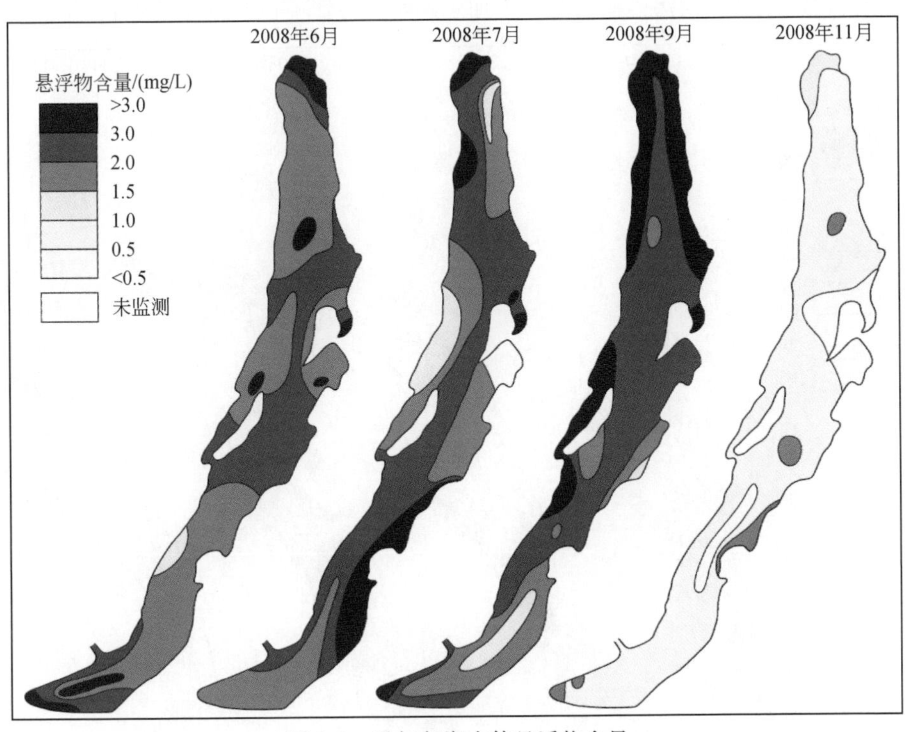

图6-2 贝加尔湖水体悬浮物含量

贝加尔湖水体化学需氧量（COD_{Mn}）全年均低于 2.0mg/L，远低于西伯利亚地区其他小型浅水湖泊，更低于我国长江中下游和东北地区湖群水体。空间分布规律上可以看出（图 6-3），色楞格河三角洲来水对水体化学需氧量贡献较大，三角洲外围存在一个全湖最高的扇形区域。而安加拉河出湖口处化学需氧量含量较低。COD_{Cr}与高锰酸盐指数存在同样的规律。COD_{Cr}一般在 2.5 ~4.0mg/L。

从贝加尔湖化学需氧量的垂向剖面分析（图 6-4），除了 BK4（色楞格河河口与贝加尔湖深水区之间的沙坝）明显表现出下层高于上层的规律外，其他各点位的上下层水体差别并不显著。BK4 由于处于河口三角洲与深水区之间的沙坝，水位较浅，易受风浪扰动，因此，下层水体悬浮颗粒物浓度较高，同时，受颗粒物有机质影响，下层水体的化学需氧量要显著高于上层水体。

贝加尔湖水体磷酸盐含量大多接近于钼酸盐比色法的检测限，即低于 10μg/L。含量较高的区域在东北部湖区，但也仅在 10μg/L 左右［图 6-5（a）］。硝酸盐含量 10 ~ 80μg/L，北部区域硝酸盐含量高于其他水体［图 6-5（b）］。

水体有机氮磷含量也极低。有机磷含量最高仅为 18μg/L，而有机氮最高为 200μg/L 左右。有机氮的空间分布特征受输入的影响较大。其中突出的特征是色楞格河河口有机氮磷含量均高于其他湖区，显示了有机氮磷的外源输入特性［图 6-6（a）和（b）］。

总体而言，贝加尔湖属于贫营养湖泊，水体碳氮磷含量均极低。由于水体库容量巨大，换水周期达 400 年，输入的碳氮磷等在湖泊中矿化降解和自然沉降作用显著。影响贝加尔湖水环境的主要因素与色楞格河三角洲的输入有密切关系。尽管贝加尔湖环境容量很大，但色楞格河三角洲的污染输入对于贝加尔湖水环境影响的长期趋势不容忽视。

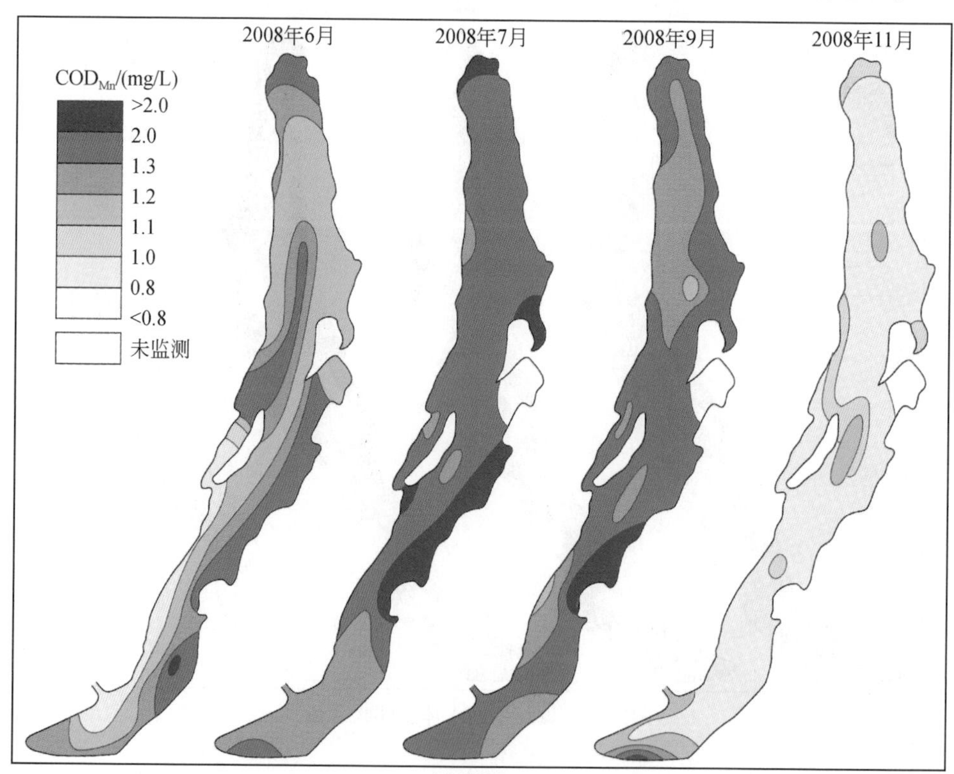

(a) COD_{Mn}

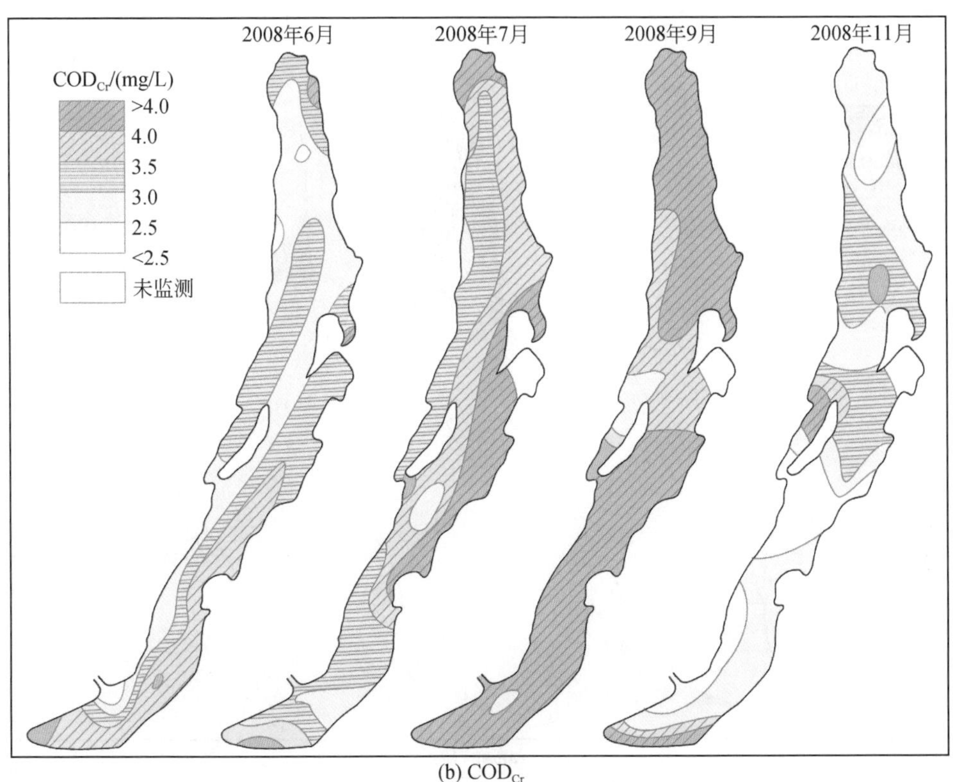

(b) COD_{Cr}

图 6-3　贝加尔湖水体化学需氧量分布

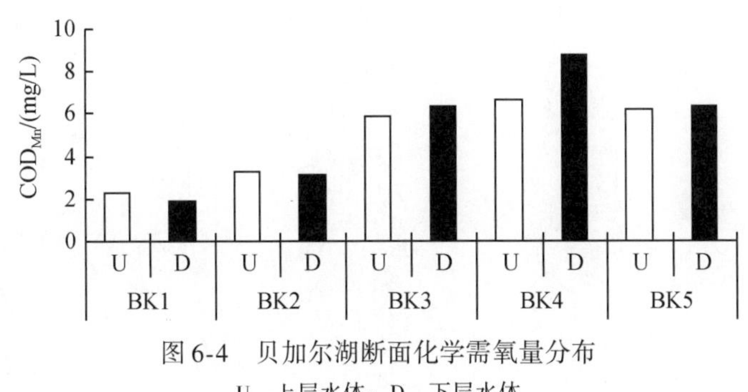

图 6-4　贝加尔湖断面化学需氧量分布

U，上层水体；D，下层水体

6.1.2　贝加尔湖水体营养盐输移

通常在每年 12 月/次年 1 月和 6 月，贝加尔湖表层 250 ~ 300m 水层发生两次对流混合（图 6-7）。在此期间，南部和北部湖区分别有 30 ~ 70km^{3}的表层低温水可侵入到深部水层。相应地，底层水体上涌以平衡表层水的下侵，对于南部和北部湖区，在 400m 深处的上涌速度分别可达 9m/a 和 5m/a。

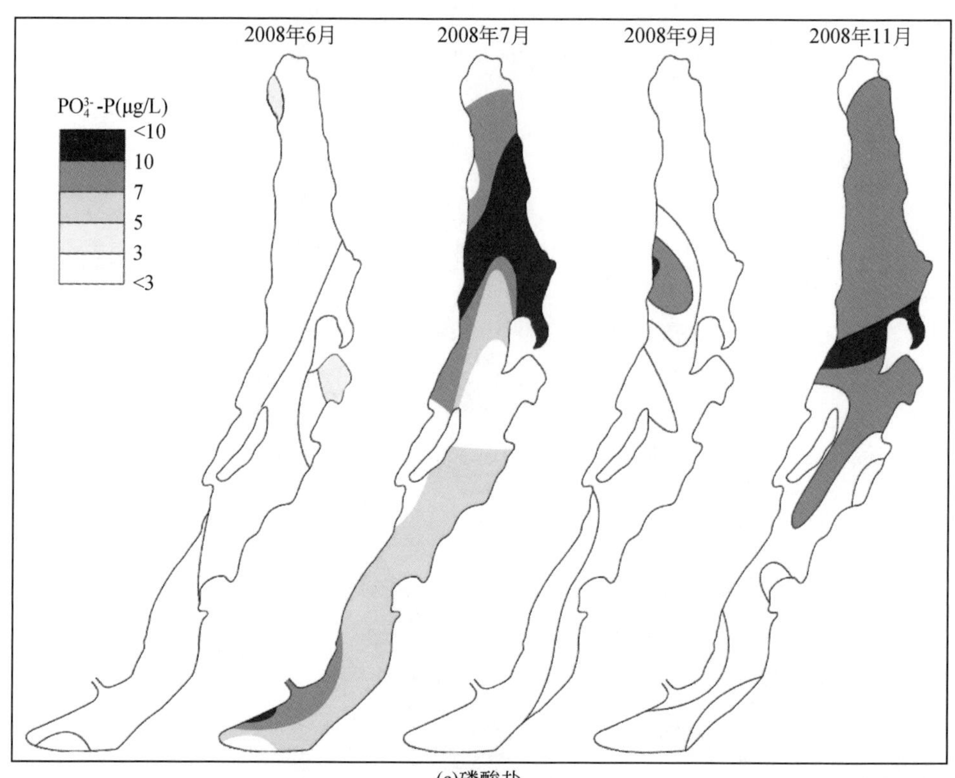

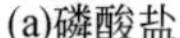
(a)磷酸盐

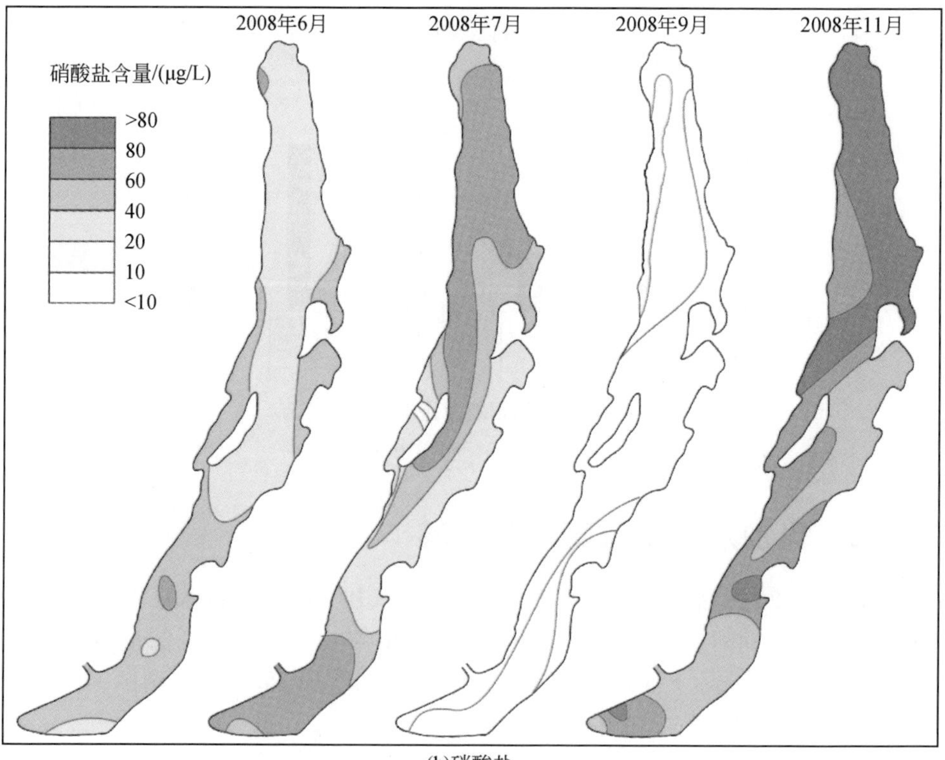

(b)硝酸盐

图 6-5 贝加尔湖水体磷酸盐和硝酸盐分布

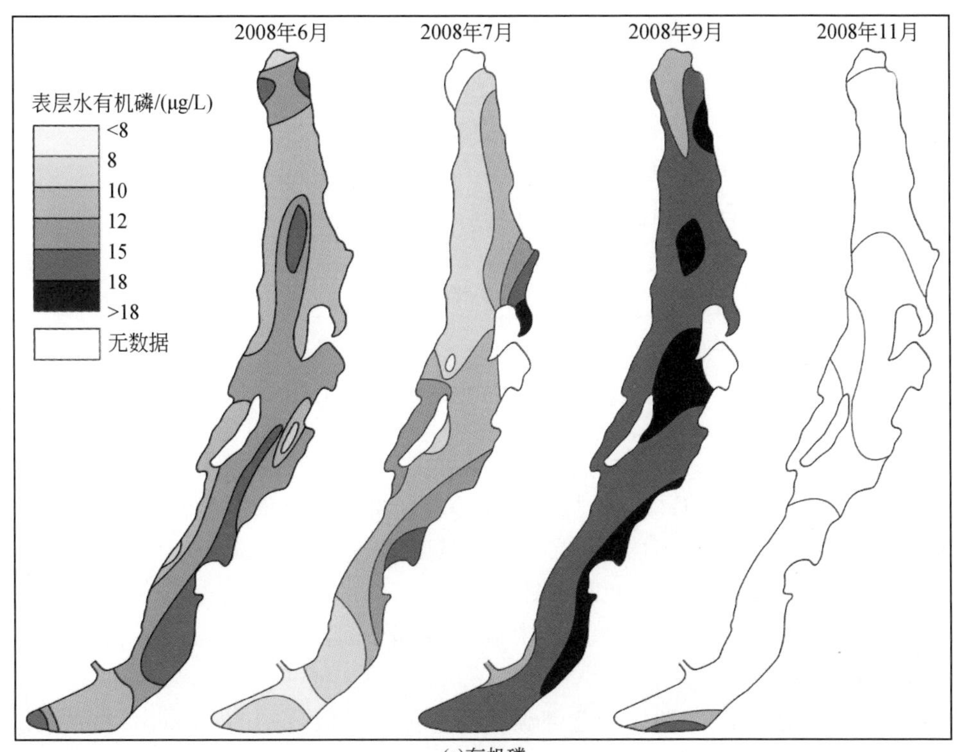

(a)有机磷

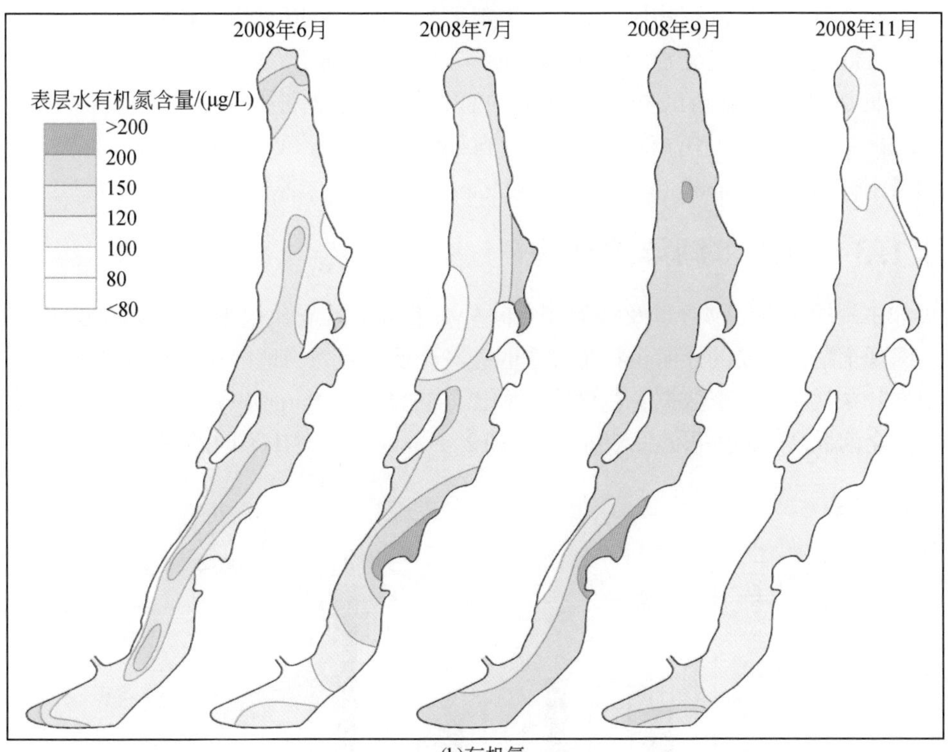

(b)有机氮

图 6-6　贝加尔湖水体有机磷和有机氮含量

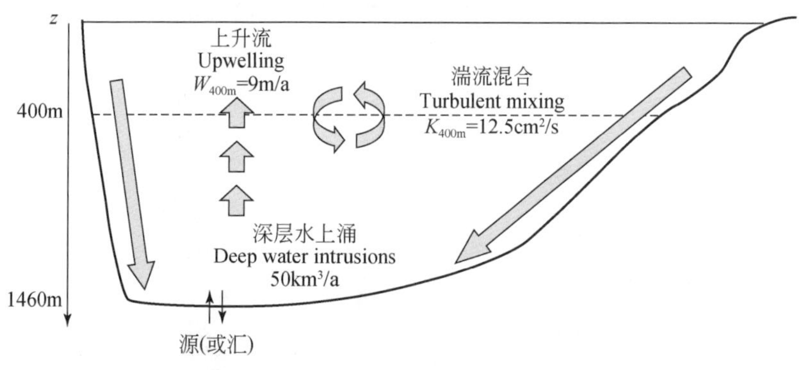

图 6-7　贝加尔湖南部湖盆水体流动示意图

基于对贝加尔湖全湖多个采样点的研究结果，湍流引起的物质输移通量占总输移通量的70% ~95%，远远大于对流引起的物质输移通量。不同物质的输移特征如下（输移方向设定为由上层水指向下层水，负值表示从下层水向上层水输移）。

氧气在贝加尔湖南部湖区和北部湖区 400m 深度的总传输通量分别为 2300mmol/(m^2 · a) 和 1300mmol/(m^2 · a)，其中湍流通量分别达到 1900mmol/(m^2 · a) 和 1100mmol/(m^2 · a)。

硝酸盐在贝加尔湖南部湖区和北部湖区的总传输通量分别为-93mmol/(m^2 · a) 和-34mmol/(m^2 · a)，其中湍流通量分别达到-67mmol/(m^2 · a) 和-23mmol/(m^2 · a)。由于湖体富氧状态以及表层沉积物快速硝化，氨氮的传输通量可以忽略。磷酸盐在贝加尔湖南部湖区和北部湖区的通量分别为-5mmol/(m^2 · a) 和-3mmol/(m^2 · a)。

硅在贝加尔湖南部湖区和北部湖区的总传输通量分别为-630mmol/(m^2 · a) 和-460mmol/(m^2 · a)，其中湍流通量分别达到-580mmol/(m^2 · a) 和-449mmol/(m^2 · a)，对流通量则分别为-51mmol/(m^2 · a) 和-22mmol/(m^2 · a)。

6.1.3　贝加尔湖浮游植物

贝加尔湖的浮游植物含量及种类在空间分布上有所差异。根据 2001 ~2003 年 7 月的调查，综观全湖，主要的浮游植物是春季的硅藻，且主要为当地的小环藻（*Cyclotella*）种类。根据叶绿素 a 的调查数据，色楞格河和巴尔古津河（Barguzin）的入湖河口叶绿素 a 的含量为全湖最高，分别可达 2. 39nmol/L 和 2. 49nmol/L。对比不同湖区（图 6-8），发现

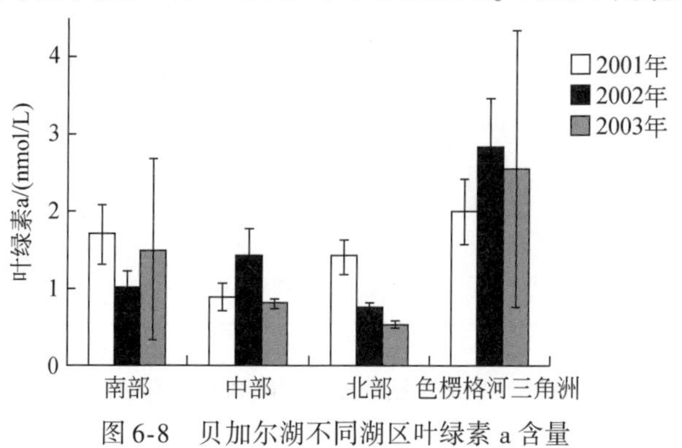

图 6-8　贝加尔湖不同湖区叶绿素 a 含量

南部湖区的叶绿素 a 含量高于北部湖区，分别为 1. 43nmol/L 和 0. 96nmol/L。叶绿素 a 的含量可间接反映湖水中浮游植物的组成。贝加尔湖大多数湖区的叶绿素 a 含量主要来自硅藻和金藻的贡献，而在南部湖区叶绿素 a 主要来源于金藻，在色楞格河入口区则主要来源于蓝藻，这与该河口增高的磷负荷有着密切的关系。从全湖的角度来看，浮游植物的种类组成主要受温度差异和分层所控制。

巴尔古津湾位于贝加尔湖中部东侧，接纳东部巴尔古津河的来水，同时承载着大量有机和无机物质的输入，并导致湾内大量微型蓝藻生成。由于水文特征形成的自河口向湖内的浓度梯度，进而影响着浮游植物的组成和功能差异。根据 2002 年 8 月对此区域进行的自河口向湖内一系列样点的研究观测，河口区的水温较高，为 17. 3 ℃，这是流入的河水温度较高所致，水温自河口向湖内逐渐将至 14. 5 ℃。该区域氮磷硅营养盐的含量分别为 N<1. 0μmol/L、P<0. 16μmol/L 和 Si>20μmoli/L。叶绿素 a 在河口区含量较高，超过了 10μg/L，而在其他区域则低于 3μg/L。在浮游植物的构成中，微型浮游植物在河口区所占比例较低，仅有 5. 8%~6. 8%，而在离岸较远的湖中所占比例较高，为 56. 9%~83. 9%。其中，离岸较远处微型浮游植物主要由富含蓝藻蛋白的蓝藻构成，其次为真核微型浮游植物。而在河口处，除了上述两种类别外，还有富 phycocyanin 蓝藻存在。在离岸较远处，微型浮游植物的生长和捕食消耗率分别为 0. 56 ~0. 69/d 和 0. 43 ~0. 83/d，而在河口附近则分别为 1. 61/d 和 0. 70/d，可以看出河口附近的生长率明显高于离岸较远处。

受近来气候变化的影响，贝加尔湖浮游植物在水层中沿深度的垂向分布也发生了有规律的变化。基于贝加尔湖 45 年数据的分析，贝加尔湖表层水温 1955 ~2000 年稳步上升，导致表层 50m 水体形成一个明显的温度梯度。进而，相对密度高的硅藻分布以 1. 90m/a 的速度向下层迁移，而其他类群的浮游植物的垂向迁移特征并不明显。

了解湖泊浮游植物生长的限制因子对湖泊的有效管理具有重要意义。Satoh 等（2006）于 2002 年 8 月在贝加尔湖中部和南部湖区进行了浮游植物初级生产力和限制因子的调查研究。研究区内叶绿素 a 的浓度范围为 0. 7 ~5. 8μg/L，溶解态磷酸盐浓度范围为 0. 05 ~0. 20μmol/L，氨氮浓度范围为 0. 21 ~0. 41μmol/L，硝态氮（硝酸盐+亚硝酸盐）浓度范围为 0. 33 ~0. 37μmol/L。通过营养盐投加培养实验的结果推断，贝加尔湖初级生产力的首要限制因子为磷，但当磷浓度获得补充时，限制因子迅速转变为氮。

6. 1. 4　贝加尔湖水体甲烷分布

甲烷是大气中重要的有机气体组分，其温室效应约为二氧化碳温室效应的 30%。据估计，每年自然来源和人为来源向大气中释放的甲烷总量 500 ~600Mt。其中，1/3 为自然来源，包括海洋、湿地、淡水水体、森林大火等。近年来，大气中的甲烷含量以每年约 1% 的速度增长，加剧了对全球气候变化的影响。另外，甲烷水合物作为重要的燃料储备和化学原材料，同时作为地球上甲烷存在的主要形态，越来越引起人们的广泛兴趣和关注。贝加尔湖作为地球上最大的淡水水体，早在 17 世纪便已发现在其底部有天然气泄漏，随后便发现了天然气水合物和泥火山的存在，是唯一在沉积物中发现有甲烷水合物的淡水水体。贝加尔湖沉积物中的甲烷主要是生物成因，其次为混合成因（生物成因和热成因）和热成因。通过声呐法探测表层沉积物甲烷气泡的排放并进行计算，中部和南部湖区由于沉积作用生成的甲烷总量可达 2600 ~ 14 000t/a，排放总量可达 1400 ~ 2800t/a。

2003 ~ 2004 年夏季，Vereschagin 号科考船上的高灵敏度激光甲烷探测器探测了贝加尔湖上方大气的甲烷浓度，并估算了从水体向大气释放的甲烷通量。根据观测结果（图 6-9），贝加尔湖上方大气的甲烷平均背景浓度为 1. 90 ~ 2. 00ppm①。在色楞格河河口，该浓度达到了 5. 5ppm，说明该处是一个明显的甲烷排放区域。除了色楞格河河口，上方大气甲烷浓度较高的区域还有 Babushkin 沉降区和 Mishikha 沉降区。观测结果同时显示，水体释放甲烷呈区块化分布，区块跨度在 150 ~ 300m，在区块中心位置可观测到的最高甲烷浓度可达 27ppm。

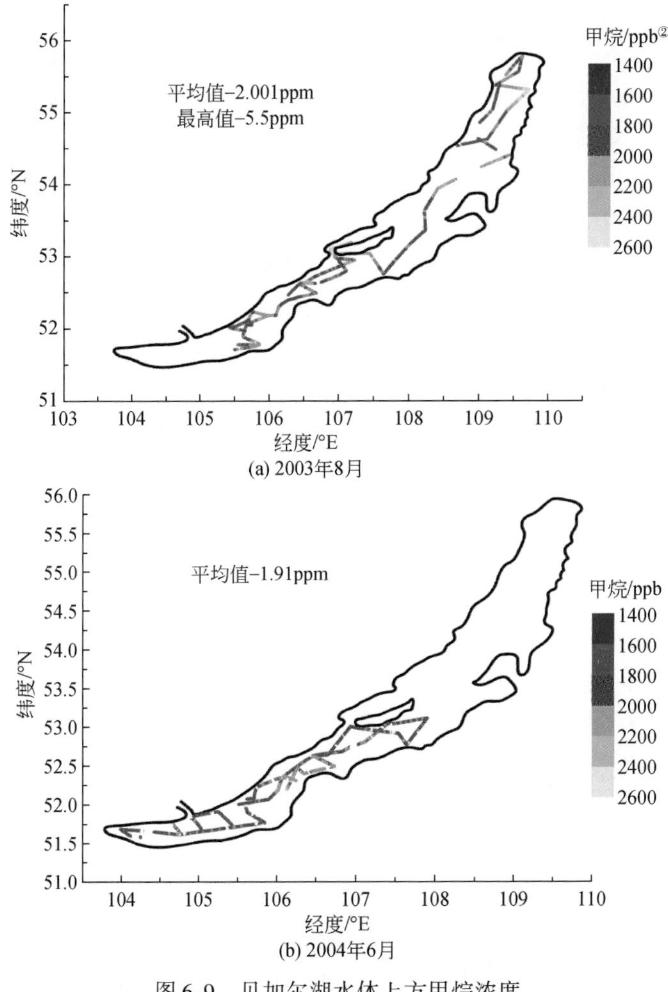

图 6-9　贝加尔湖水体上方甲烷浓度

相关的研究也发现，色楞格河三角洲是一个重要的甲烷释放源，可在表层水和大气

① 1ppm = 10^{-6}。

② 1ppb = 10^{-9}。

中观测到高浓度的甲烷。贝加尔中部湖区和南部湖区的甲烷通量很接近，而在北部湖盆浅水区的甲烷释放源比较微弱。

另一方面，从贝加尔湖水体内部的甲烷分布来看，每年进入表水混合层的内源性甲烷总量据估计约为 40Mg，很大一部分向下部扩散消耗在水体中，停留时间为 4a。来源于深部泄漏以及淤泥火山的甲烷总量低于 10Mg/a，且大部分在抵达水体表层前的上升过程中便被氧化。

6.1.5　贝加尔湖沉积物分布及污染特征

（1）沉积物的分布及粒径

由于贝加尔湖是地质构造湖，湖泊形成历史长和较高的沉积速率造成湖底蓄积了极厚的沉积物，其最厚处达 7km，使得贝加尔湖沉积物成为研究历史气候变化的重要沉积记录器，成为反演古气候变化的重要载体。

贝加尔湖沉积物从类型上分，既有砂和卵石型，也有粗粉砂、细粉砂和黏土沉积物。其中，砂和卵石型沉积物主要分布在湖泊沿岸四周，一般由湖岸崩塌和河流输入，并率先沉降在沿岸带。从沿岸带向湖心，沉积物粒径逐渐变小，其中，粗粉砂主要集中在砂和卵石层湖向的外围，呈零散状分布，分布面积在 4 种沉积相中最小。在粗粉砂沉积物外侧，则广泛分布着细粉砂沉积物，其分布面积在全湖沉积物中比例最高，约占全湖沉积物面积的 43.3%。而黏土的分布则更近湖心区，面积约占沉积物面积的 25.4%。从图 6-10 中黏土的分布范围与深湖区区域（图 6-11）的一致性可以看出，黏土沉积物主要分布在湖心区，特别是深湖区（>1000m）。从这种沿岸带—湖心特别是深水湖区沉积物的粒度变化可以看出颗粒物沉降的规律，即粗颗粒分布离岸较近，而细颗粒物则随水动力能分布到更远的区域，从而沉降在更深的湖盆中。

从全湖来看，细粉砂和黏土等粒径较小的沉积物在贝加尔湖沉积物中分布面积最广，两者分布面积合计有 68.7%。小粒径沉积物分布面积较广的事实也说明了贝加尔湖在长达 3000 万年的演化进化中，矿物岩石颗粒的自然分解过程。

相对于卵石、砾石和粗粉砂沉积，黏土是记录古气候历史和湖泊演化的更为重要的介质。图 6-12 显示了贝加尔湖黏土在沉积物中的比例分布，说明北部中心湖区、中部中心湖区是两块黏土矿物含量最高的区域，其黏土沉积物的比例超过了 70%。除沿岸带外，北部湖区、南部湖区的黏土沉积物比例为 30% ~50%。

（2）沉积物元素特征

贝加尔湖沉积物中磷含量较高，最高可达 5000mg/kg（0.5%），与富营养化湖泊的中国太湖、巢湖等相比，要高 4 ~5 倍。从空间看（图 6-13），深水区的总磷含量较浅水区要高。含量最高的区域集中在贝加尔中部的深水区，而北部深水区和南部深水区的总磷含量略低。由于磷在输入贝加尔湖后，缺乏有效的去除途径，因此在沉积物中逐渐累积。同时，由于贝加尔湖沉积物粒径分布的特点，深湖区的黏土含量较高，而湖泊边缘区普遍为卵石、砾石和粗砂，对磷酸盐的吸收吸附较弱，从而导致磷酸盐含量较低。

贝加尔湖是地质构造湖，含磷地层的出露和侵蚀冲刷也是导致贝加尔湖沉积物含磷量较高的原因，这些磷酸盐基本是以无机磷形态存在。

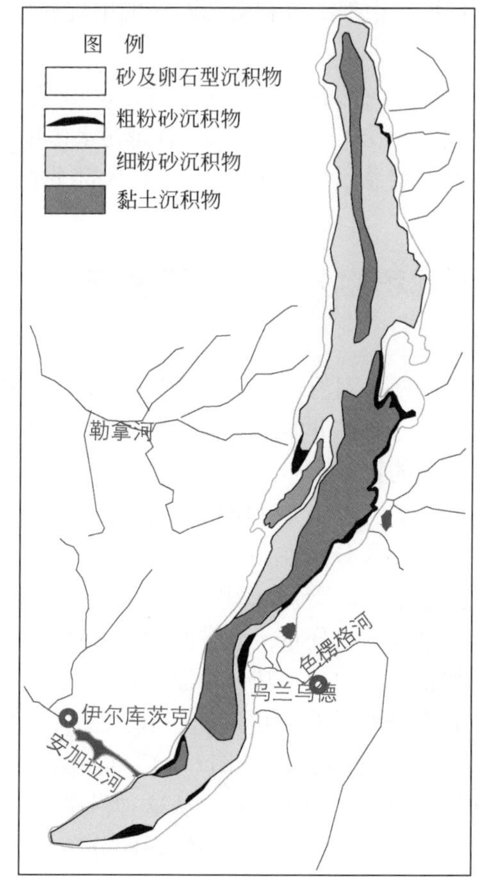

图 6-10　贝加尔湖沉积物粒径分布

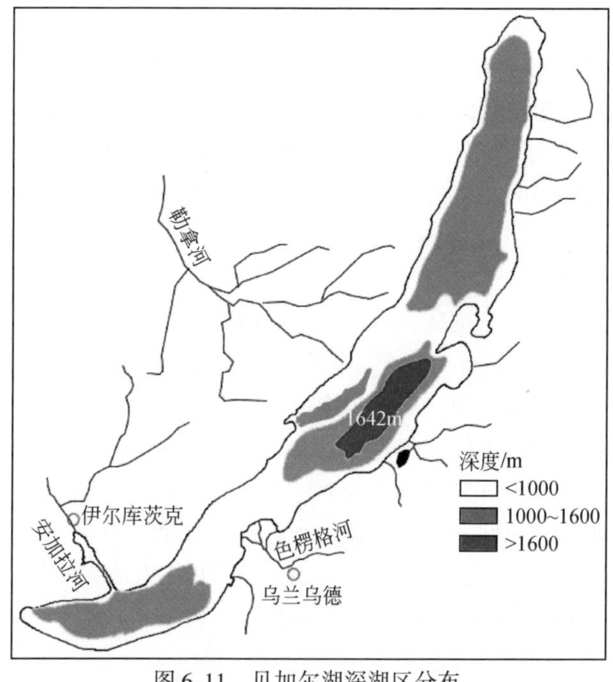

图 6-11　贝加尔湖深湖区分布

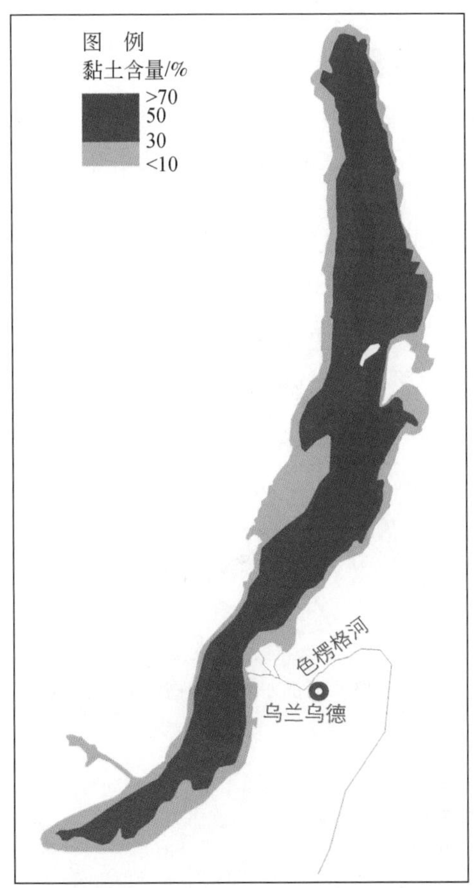

图6-12 贝加尔湖沉积物中黏土含量

贝加尔湖沉积物的硅酸盐含量为5%～50%，说明这些沉积物基本以无机矿物沉积为主，缺乏像中国长江中下游或者东北的有机质丰富的黏土沉积。硅酸盐含量最高的区域在贝加尔湖北部的深湖区，具有从北向南逐渐降低的空间分布特征，且浅水区的含量要低于深水区（图6-13）。

贝加尔湖沉积物的有机质（有机碳）含量较低，一般在0.5%～2.5%，与中国得多浅水湖泊相比要低得多。其中，有机质含量较高的区域在中部的湖心区（图6-13），最高含量达3%左右。

湖区沉积物有机氮的含量大多为2000mg/kg。与中国长江中下游湖泊接近。北部和南部湖区沉积物有机氮含量略低（图6-13），约为500mg/kg。

贝加尔湖沉积物中重金属含量呈逐渐上升趋势（图6-14）。以铅为例，从1850年的10～20mg/kg逐渐上升到2000年的30～40mg/kg。从空间分布规律看，以贝加尔湖中心深湖区为最高，而南部（近贝加尔斯克）和北部深湖区较低，南部与北部湖区的交界处居中。重金属含量的升高与外源输入的关系十分密切。

（3）沉积物营养元素释放

据研究，贝加尔湖沉积物在各形态营养元素的迁移中扮演着迥然不同的角色。其中，在硝酸盐的迁移中沉积物主要表现为“汇”的特征，而对于氨氮、磷酸盐、硅等物质，沉积物则向上覆水释放，表现为内源特征。

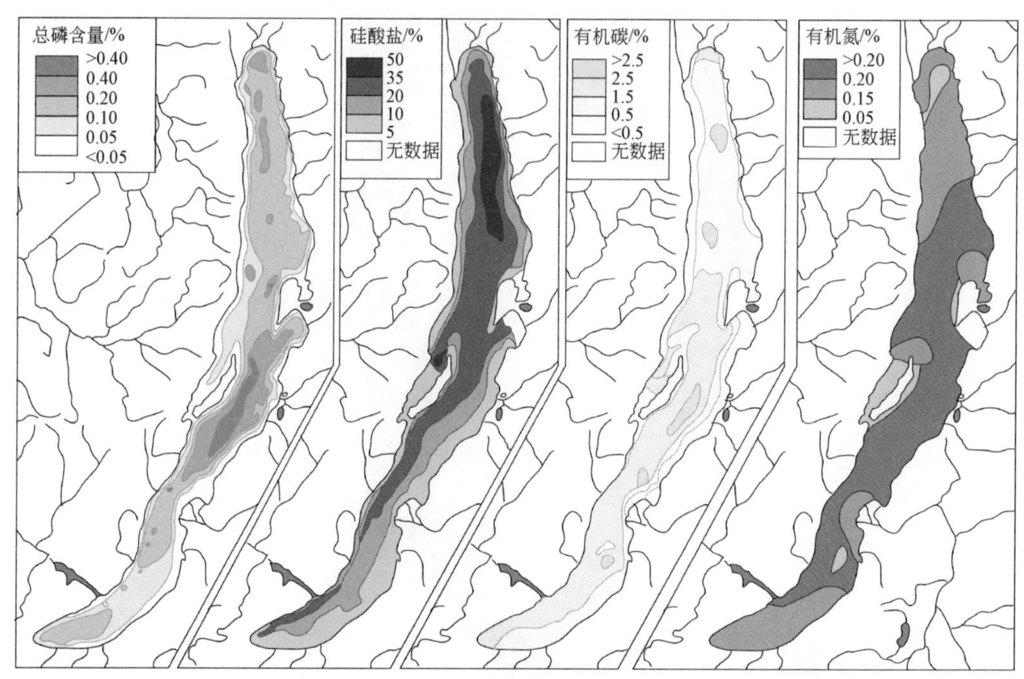

图 6-13　贝加尔湖沉积物营养物含量

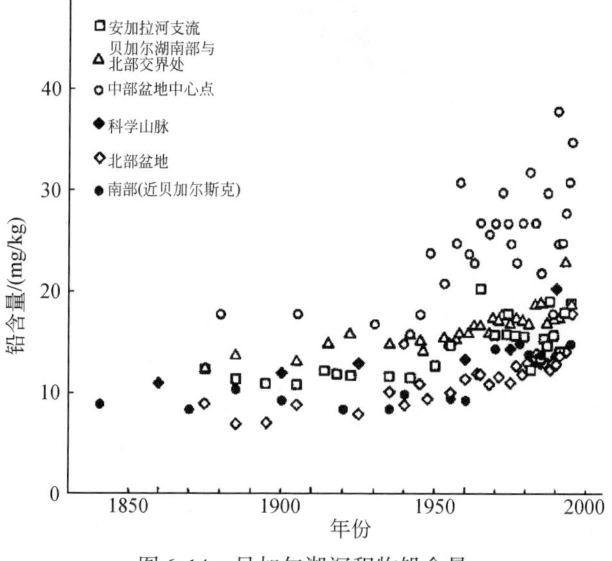

图 6-14　贝加尔湖沉积物铅含量

对于南部湖区和北部湖区，氧气从上覆水向沉积物方向的平均消耗速率分别为 1200mmol/(m^2・a) 和 400mmol/(m^2・a)，南部湖区明显高于北部湖区。

贝加尔湖沉积物间隙水中的硝酸盐浓度很低，约为 10μmol/L，在 1～2cm 出现峰值。根据间隙水浓度梯度利用 Fick 第一定律可计算沉积物-上覆水的营养盐释放通量。然而，由于间隙水采样方式的不同，计算结果具有较大差异。根据间隙水采样板获取的剖面结果计算，自北向南的硝酸盐释放速率为 -7～-31mmol N/(m^2・a)，均值为 -22mmol N/(m^2・a)；通过沉积物过滤获取间隙水的方法计算，硝酸盐释放速率结果则为-45 ~ -130mmol N/(m^2 · a)；通过压榨法和离心法采集间隙水的方法计算，均值则分别为-150mmol N/(m^2 · a) 和-17mmol N/(m^2 · a)。然而，无论通过何种采样方式，贝加尔湖的沉积物都表现为硝酸盐的“汇”。

与硝酸盐类似，间隙水氨氮的浓度峰值也出现在沉积物 1 ~ 2cm 深处。通过间隙水采样板采样计算，沉积物氨氮的释放通量为 2.9 ~ 30mmol N/(m^2 · a)。通过压榨法和离心法采集间隙水的方法计算，均值则分别为 270mmol N/(m^2 · a) 和 340mmol N/(m^2 · a)。根据计算结果，贝加尔湖沉积物表现为氨氮的内源特征，这与春季硅藻暴发后的沉降以及有机质的矿化有关，尤其在色楞格河河口以及南部湖盆更为显著。

贝加尔湖沉积物磷酸盐的释放通量平均为 4mmol/(m^2 · a)，然而不同区域差异很大。其中，Maloe More 湾的释放通量较高，为 19 ~ 20mmol/(m^2 · a)，色楞格河三角洲和南部湖区的释放通量较低，分别为 0.5 ~ 3.1mmol/(m^2 · a) 和 0.8 ~ 2.4mmol/(m^2 · a)。色楞格河三角洲是重要的陆源颗粒物汇集区，北部湖区则有离散的铁锰颗粒，而铁氢氧化物颗粒在磷酸盐的吸附中起着很大作用。

通过间隙水采样板和过滤法采样计算，沉积物溶解态硅的释放通量为 110 ~ 347mmol/(m^2 a)。通过压榨法和离心法采集间隙水的方法计算，均值则分别为 1030mmol/(m^2 a) 和 940mmol/(m^2 a)，较低值出现在北部湖盆。间隙水中硅的浓度梯度是由沉积物表层硅质生物物质，尤其是沉降的硅藻不断溶解来维持的。

综上所述，贝加尔湖沉积物在硝酸盐的迁移中主要表现为“汇”的特征，而对于氨氮、磷酸盐、硅等营养盐，沉积物则表现出向上覆水释放的状态，即内源特征。

(4) 沉积物中的矿化

贝加尔湖水体的溶解氧（DO）饱和度全年超过 80%，这种富氧状况使得有机质在沉降到沉积物表面之前尚未被降解。同时，较低的颗粒有机碳沉积速率致使很多区域的氧气渗透性很强，渗透深度可达沉积物的 50mm 深处。有机物的矿化过程在含有新沉降有机质的沉积物表层最为活跃。好氧条件下由于氧自由基的生成而更有利于降解沉积较久难降解的有机质。

有学者利用离子选择电极测定了贝加尔湖南部湖区沉积物的剖面特征，分辨率达到亚毫米级。研究区内湖水的 pH 约为 7.4，间隙水 pH 沿深度增加则有一个明显的下降，直到氧气耗尽的深度则趋于稳定。湖水碳酸盐浓度约为 0.75μmol/L，间隙水中碳酸盐的垂向变化特征与 pH 相似，该变化是由早期成岩过程引起 pH 和碱度变化的结果。湖水中 Ca^{2+} 的浓度普遍接近于 0.40mmol/L。

根据剖面观测数据，沉积物上方湖水的氧气浓度趋于饱和，其在沉积物中的整个垂向分布曲线包含两个典型的氧气消耗段，分别为有机碳的氧化和好氧-缺氧分界面处还原态化合物的再氧化（图 6-15）。根据氧气和硝酸盐的剖面曲线计算的有机碳氧化速率为 2.2 ~ 4.9mmol C/(m^2 · d)。湖底沉积物的碳循环过程中，60% ~75% 的有机碳通过好氧呼吸作用被代谢，11% ~28% 的有机碳通过缺氧矿化过程而转化，剩余的 12% ~ 14% 则参与到反硝化过程中。

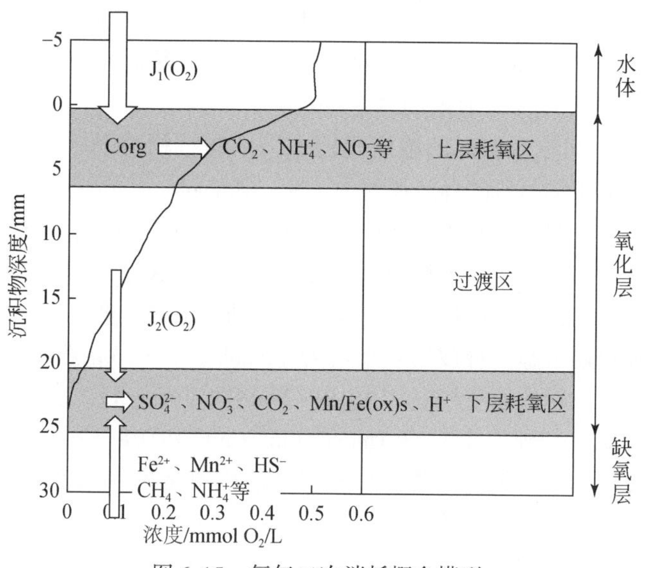

图 6-15　氧气二次消耗概念模型

硝酸盐的剖面在好氧区存在一个明显的浓度降低过程，从上覆水的约 9.5μmol/L 降至约 5μmol/L，之后趋于稳定，表明在沉积物好氧层，异养呼吸作用和反硝化作用共同存在。

氨氮浓度在沉积物表层下方存在一个明显的峰值，但这种现象更有可能归因于采样过程中细菌由于胞外压力降低造成的裂解以及温度变化，而不能反映沉积物中原位的地球化学过程（图 6-16）。

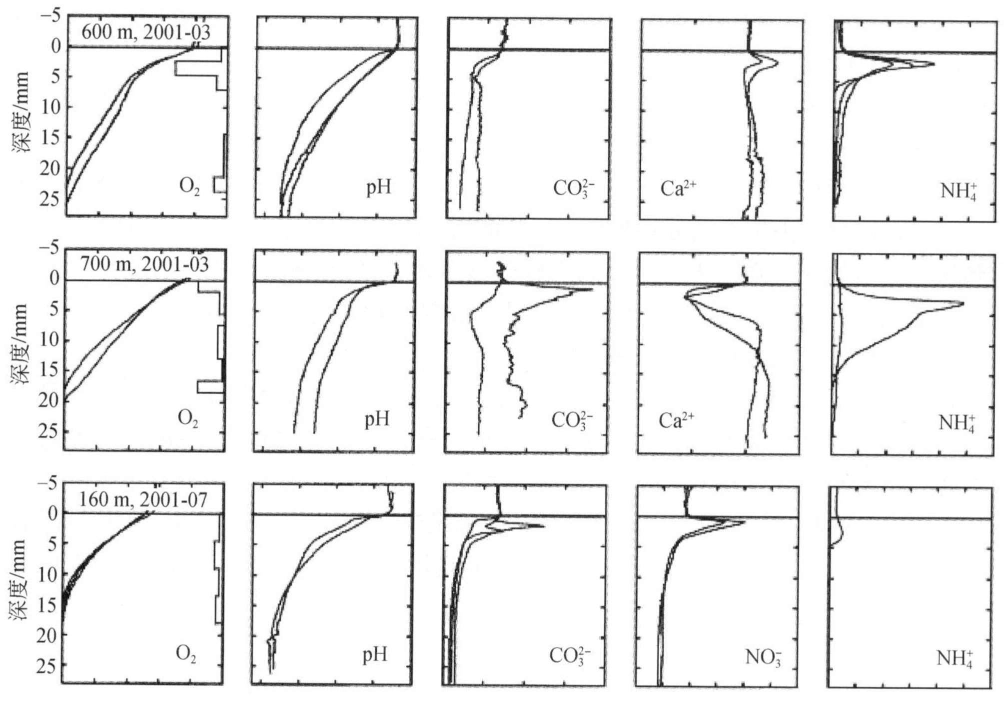

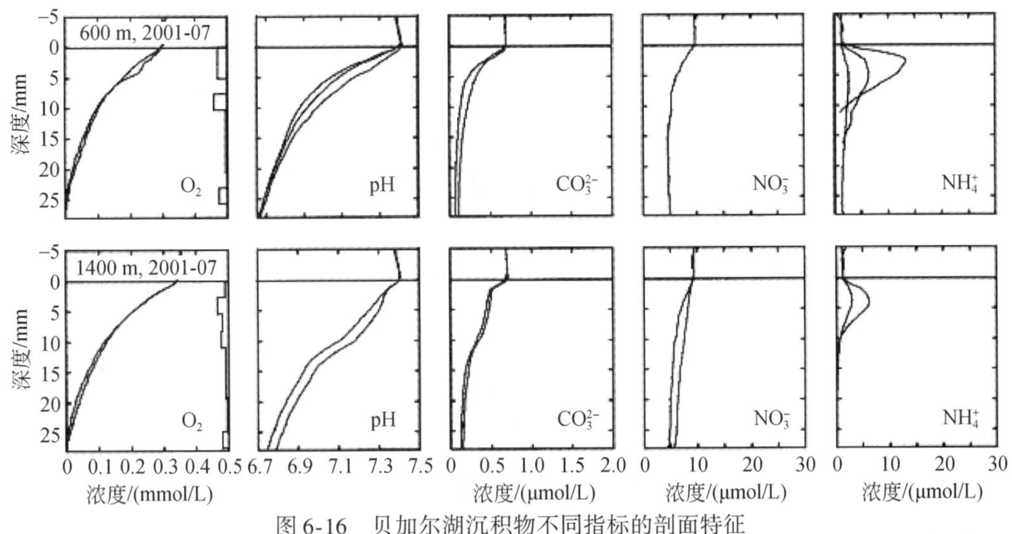

图 6-16　贝加尔湖沉积物不同指标的剖面特征

此外，据研究，贝加尔湖沉积物的另一大特征是在其还原性分层中埋藏有厚达 3cm 的铁锰（Fe/Mn）氧化物，这种现象在自南向北三大湖盆中均存在。这个铁锰氧化物层的形成和动态变化是由过去的气候变化、构造裂谷事件以及随后的 Fe、Mn 再分配所控制的。它的存在导致了氧化还原序列在垂向分布上的不连续性，以及 P、Ca、Sr、As、Sb 等不同元素的矿化再分配。

6.2　贝加尔湖流域典型湖泊水环境连续监测

在贝加尔湖流域两个典型湖泊——贝加尔湖（Lake Baikal）及鹅湖设立连续监测样点，其中，贝加尔湖连续监测点分别位于色楞格河河口（水深 100m）及安加拉河河口（水深 140m），鹅湖连续监测点位于湖北侧（水深 15m）处。连续监测时段为 2008 年 8 月～2011 年 10 月。

6.2.1　水温

3 个连续监测样点水温呈季节性波动。由于采样时间为每年湖泊解冻（5 月）到年底湖泊封冻（11 月）为止，3 个样点水温的平均年际变化如图 6-17 所示。监测期最低水温为 4℃，最高水温出现在 2008 年 8 月，达 21℃。

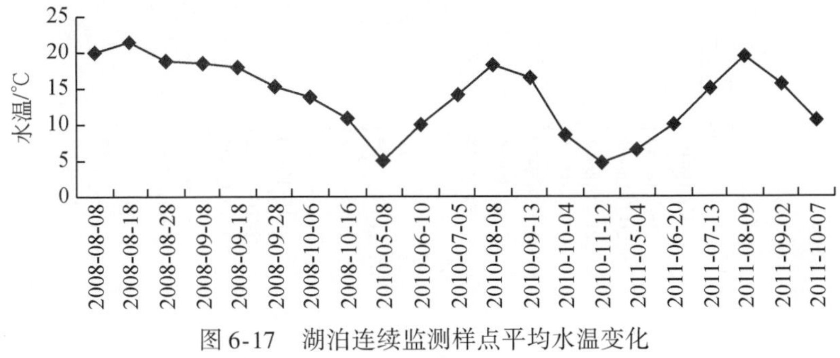

图 6-17　湖泊连续监测样点平均水温变化

6.2.2 pH

贝加尔湖水体 pH 较稳定，变化较小，年际波动范围在 7.36～8.17。其中，入口水域年平均为 7.68，安加拉出口水域年平均为 7.76。最低值出现在春季。由于夏季初级生产力较高导致 pH 升高，因此最大值往往出现在夏秋季节（图 6-18）。

鹅湖水体 pH 同样年际波动较小，其变化范围在 7.97～8.76，年平均为 8.12，高于同季节贝加尔湖水体。但其季节性变化规律同贝加尔湖类似，同样为夏季略高（图 6-18）。

俄罗斯境内的贝加尔湖和鹅湖由于纬度高于我国长江中下游湖泊，导致其水温较低，且由于营养盐水平也较低，因而其初级生产力明显低于我国长江中下游地区，因此其 pH 的季节性变化较小。

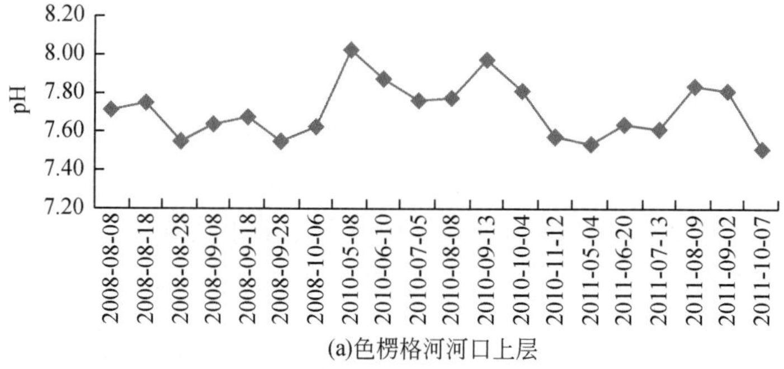

(a)色楞格河河口上层

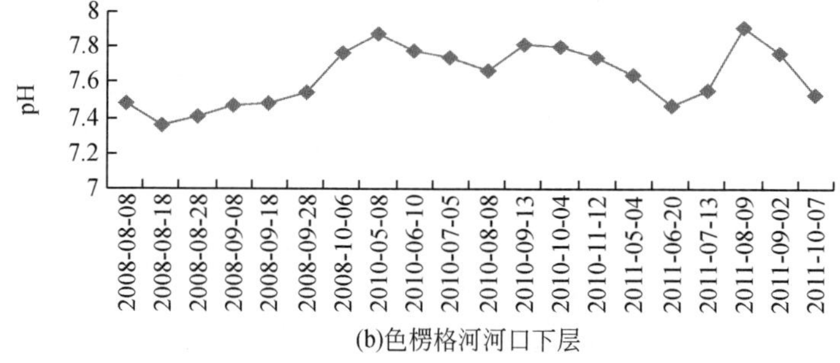

(b)色楞格河河口下层

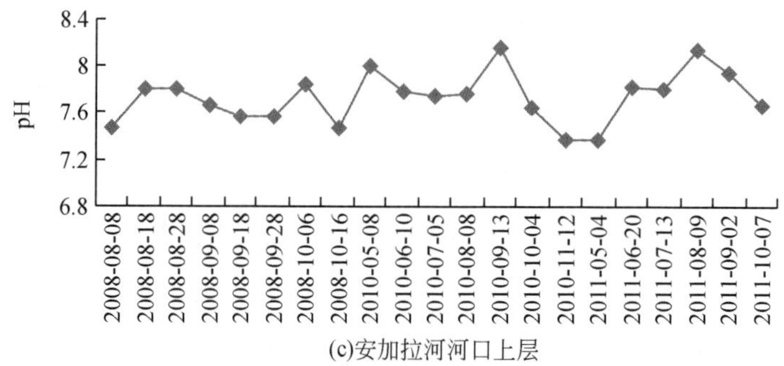

(c)安加拉河河口上层

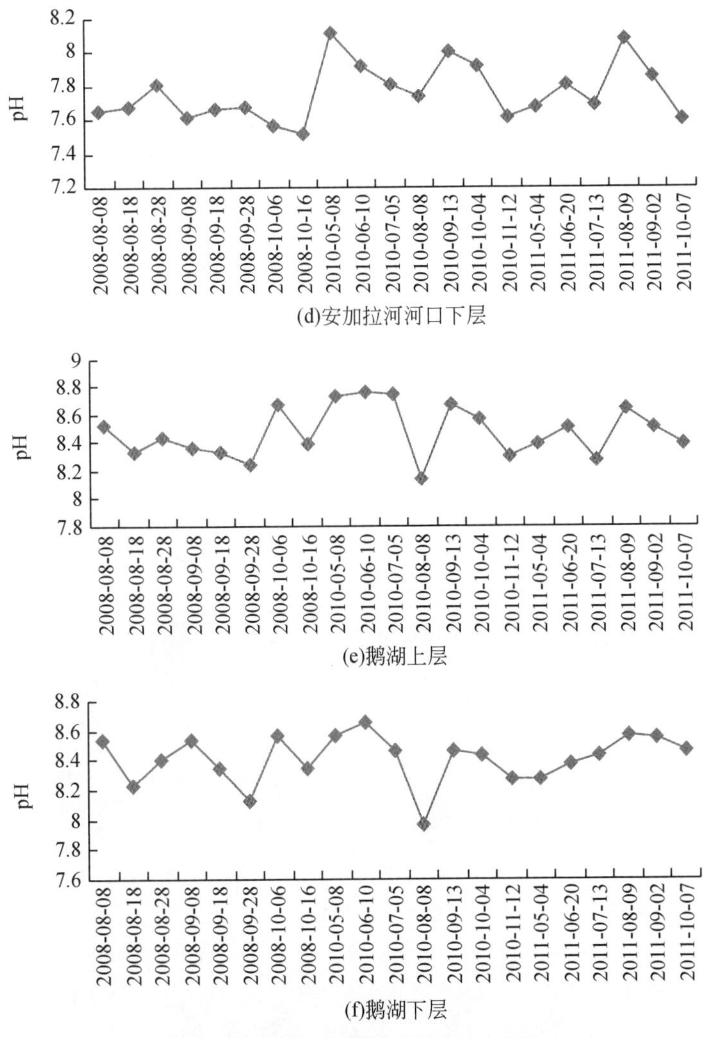

图 6-18　湖泊连续监测样点 pH 变化

6.2.3　营养水平

在非冰冻季节，贝加尔湖及鹅湖水体营养水平并未监测到显著的季节性变化。其中，贝加尔湖的营养水平特别是总氮、硝酸盐含量均显著低于鹅湖，溶解氧则略高。矿化度则明显低于鹅湖。两个湖水体中无机氮均以硝酸盐为主要形态，氨氮含量则低于 0.05mg/L。贝加尔湖矿化度为 45～50mg/L，而鹅湖的矿化度上层水体略高于下层水体，为 180～230mg/L（图 6-19）。

贝加尔湖的入湖口（色楞格河河口）和出湖口（安加拉河河口）相比，入湖口水质略差于出湖口，但不显著；入湖口的矿化度也略高于出湖口，总磷和溶解态总磷含量同样也遵循入口高于出口的规律。

贝加尔湖化学需氧量在 1.5mg/L 左右。其中，入口浓度为 1.5～1.6mg/L，而出口略低，为 1.4～1.5mg/L。鹅湖化学需氧量为 3～3.7mg/L。

在定点连续观测中，对这 3 个样点每 10 天一次采样分析，发现两个湖并未表现出明显的季节性变化规律（图 6-19）。这与两个湖均为深水湖、水力停留时间和换水周期较长、水体初级生产力较低、对营养盐和污染物的分解去除较弱有关。

贝加尔湖入湖口水体氨氮平均浓度为 0. 053mg/L，最大值为 0. 084mg/L，最小值为 0. 037mg/L。春季氨氮浓度略高于夏季，但年际变化规律并不明显。而出湖口水体的氨氮平均浓度为 0. 043mg/L，最大值为 0. 068mg/L，最小值为 0. 011mg/L。出湖口氨氮浓度比入湖口水体略低（图 6-20）。

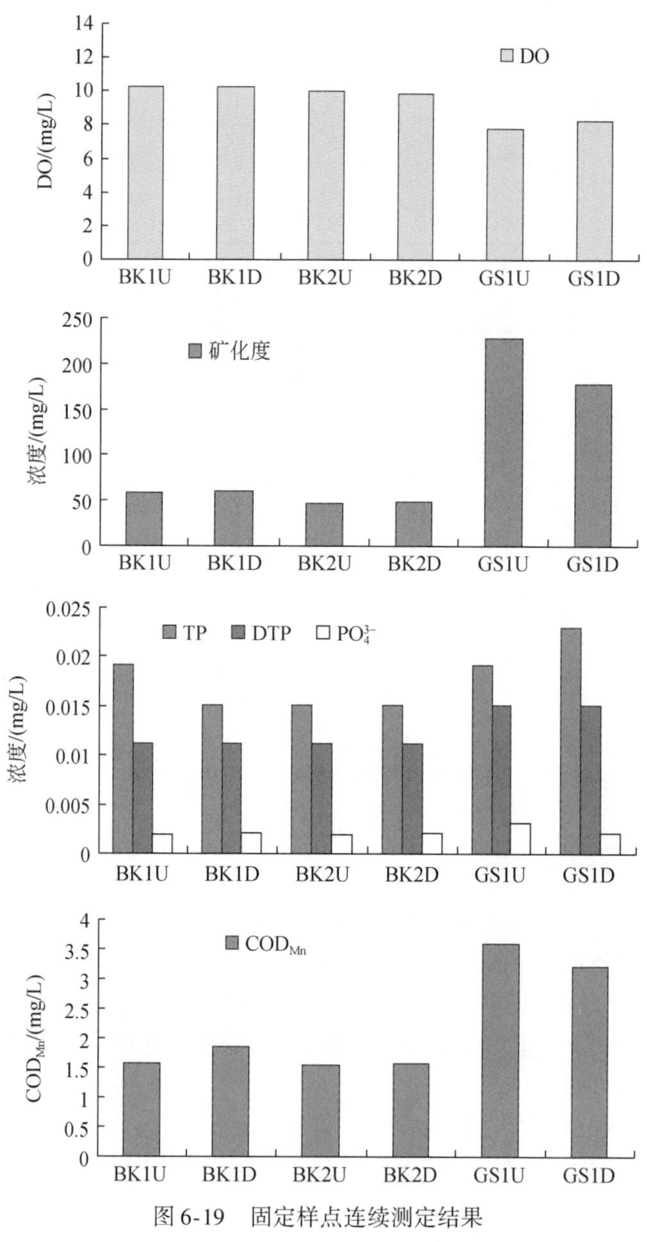

图 6-19　固定样点连续测定结果

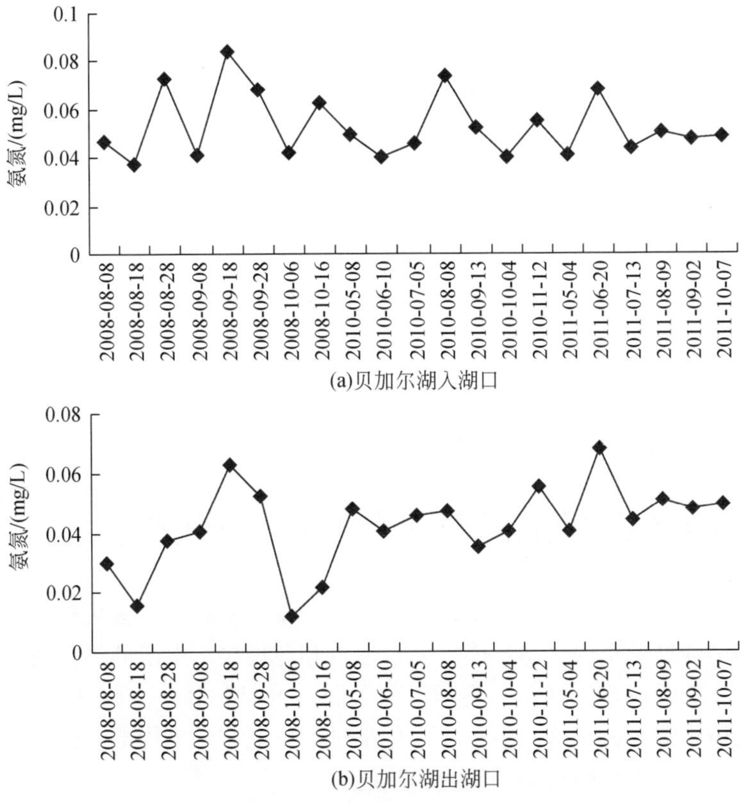

图6-20　贝加尔湖入湖口和出湖口水体氨氮含量变化

硝酸盐的变化规律与氨氮类似（图6-21），色楞格河入湖口处平均值为0.075mg/L，而安加拉出湖口处为0.064mg/L，其季节变化规律同样并不显著。

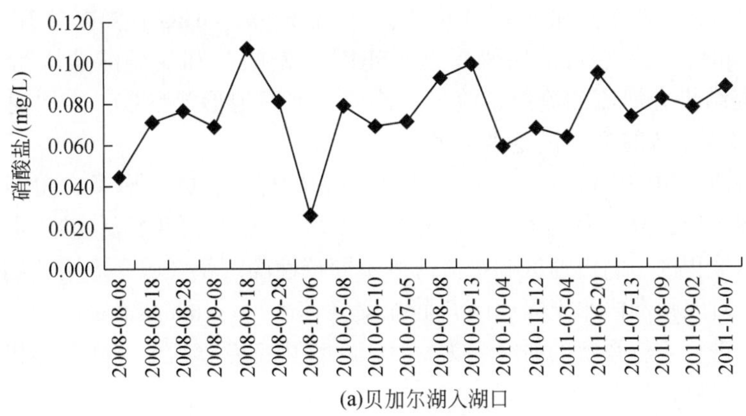

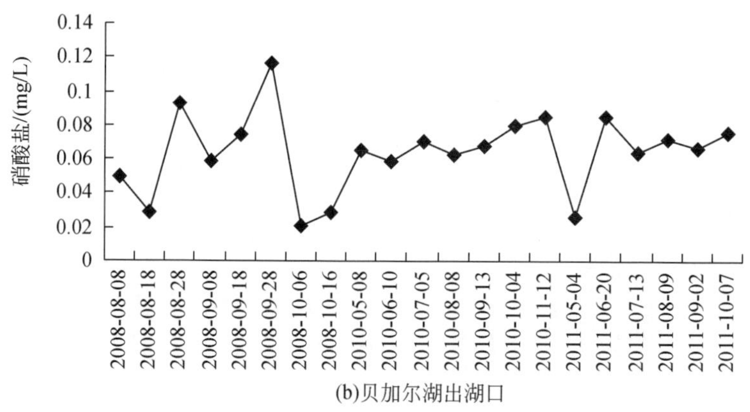

图 6-21　贝加尔湖入湖口和出湖口水体硝酸盐含量变化

6.3　色楞格河三角洲营养物分布及迁移研究

色楞格河三角洲是贝加尔湖上游最重要的前置湿地，具有改善色楞格河水质和维持贝加尔湖生物多样性的重要生态功能。来自蒙古和色楞格河上游的污染物进入色楞格河三角洲湿地后，随着流速的降低，逐渐发生吸附、沉降和其他生物地球化学转化过程。湿地丰富的动植物资源，对这些生物地球化学过程可能有较大影响，而湿地水动力的特性差异，也会影响其水质的空间分异和净化能力。

本研究以色楞格河三角洲的主要河流和河口的水质分异和内源交换为研究目标，揭示该生态系统中水质的空间分异现象和机理。2006 年 7 月 23 日 ~ 8 月 2 日，研究人员对贝加尔湖流域色楞格河三角洲湿地主要河流和河口进行了营养盐和内源交换的空间分异研究。选取了三角洲内部典型主干水系 3 个，样点 20 个。其中，柱状沉积物样点 12 个。三角洲外围河口样点 38 个。对主干水系河流中主要物化参数——溶解氧（DO）、水温（T_w）、浊度（Turb）、叶绿素 a（Chla）、电导率（Ec）、深度（depth）、pH、氨氮、可溶性磷酸盐（SRP）、硝酸盐和亚硝酸盐进行了分析，结合水动力研究结果中河流的流速、流量、流向、河底地形等参数，为构建色楞格河三角洲湿地内部营养盐的输移模型做准备。

在色楞格河三角洲内部选择了 12 个柱状沉积物样点，并考虑了三角洲沉积物的物理和化学空间差异，分别采集了水草区和非水草区、砂性沉积物区、砂土混合区和黏土区、侵蚀区和堆积区、高流速区和缓流区等不同特性的沉积区域，应用控制条件下的流动培养实验，对三角洲内水土界面的营养盐交换速率（exchange flux）和沉积物氧消耗速率（SOD）进行了较系统的研究，为解释三角洲内部营养盐的空间分异机理和完善营养盐输移模型提供依据。

样点选择分三类：三角洲主干河流水样点、柱状沉积物样点和三角洲外围水样点。表 6-1 为主干河流水样点和柱状沉积物样点，图 6-22 为所有样点的示意图。

表6-1　色楞格三角洲水样点和沉积物样点

序号		纬度	经度	水样/沉积物
1	SC1	52.14302°N	106.56288°E	水样+沉积物
2	SC2	52.20378°N	106.468°E	水样+沉积物
3	SC3	52.20262°N	106.42002°E	水样+沉积物
4	SC4	52.18327°N	106.36229°E	水样+沉积物
5	SC5	52.13727°N	106.29651°E	水样+沉积物
6	S6	52.20904°N	106.42883°E	水样
7	SC7	52.23084°N	106.32475°E	水样+沉积物
8	S8	52.24183°N	106.29093°E	水样
9	SC9	52.2856°N	106.28055°E	水样+沉积物
10	SC10	52.20828°N	106.31477°E	水样+沉积物
11	S11	52.17805°N	106.56239°E	水样
12	S12	52.20959°N	106.51233°E	水样
13	S13	52.21532°N	106.5155°E	水样
14	S14	52.24832°N	106.54215°E	水样
15	SC15	52.28197°N	106.59303°E	水样+沉积物
16	S16	52.31325°N	106.64561°E	水样
17	SC17	52.32776°N	106.7309°E	水样+沉积物
18	S18	52.30381°N	106.73713°E	水样
19	SC19	52.33911°N	106.39871°E	水样+沉积物
20	SC20	52.35004°N	106.35639°E	水样+沉积物

6.3.1　三角洲水系内水质空间差异

三角洲内水体营养盐水平的分布并不均一，不同生态条件下的营养盐水平差异较大，氨氮含量在0.22～0.86mg/L（Mean=0.46，SD=0.20），磷酸盐含量在0～0.08mg/L（Mean=0.03，SD=0.018）。其中最大值出现在SC10，该样点为三角洲内缓流湿地区域，水流速小，水生植被覆盖度高，且沉积物为有机质含量非常高的黏土质沉积。磷酸盐的最低含量出现在SC20，为河口区。从氨氮含量看，色楞格河三角洲的南部河流水质好于北部（SC10为非河流区域），而磷酸盐的含量未显示明显的南北差异。从样点特性上分析，沉积物为砂性的河流，一般流速较大，且水质较黏土性沉积的河流或者湿地区域要好。如SC10、SC19、SC5样点均为黏土质沉积，其水质要优于其他砂性沉积的样点。一般来说，黏土质沉积粒径较小，对有机质的吸附能力强于砂性沉积物，有机质和营养盐的含量较高，造成水体营养盐负荷较高。

图6-23为三角洲内部主干水系水质的溶解性氨氮和磷酸盐含量。

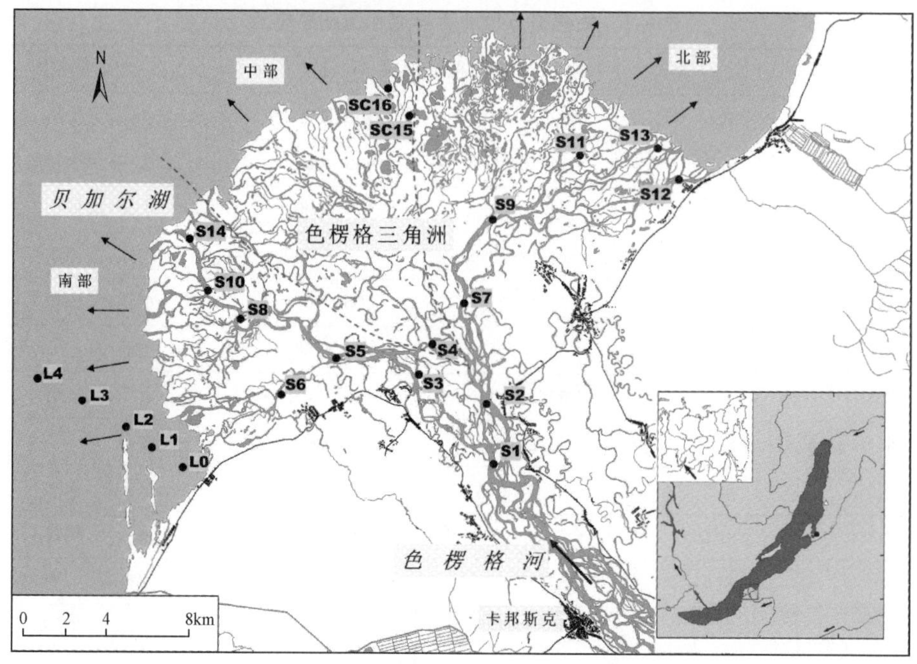

图 6-22 色楞格河三角洲样点示意图

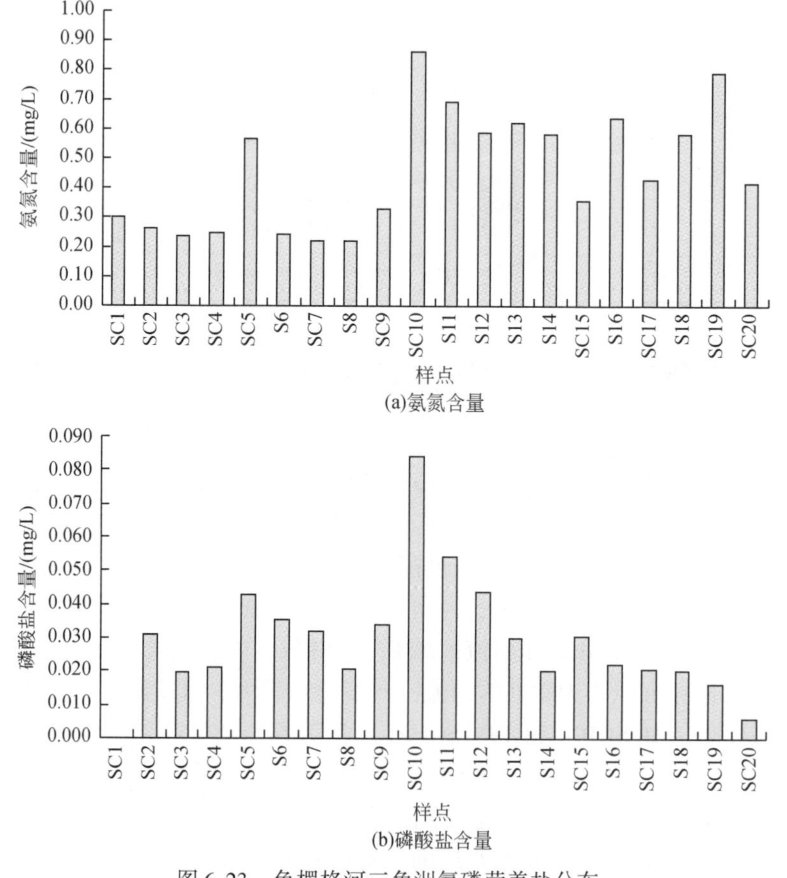

图 6-23 色楞格河三角洲氮磷营养盐分布

夏季三角洲的南部河流的水量约占总量的 60%，中部为 15%，北部为 25%，而冬季南部水量占总水量的 90%，南部河流的流速也大于北部河流。因此，就氨氮含量来说，南部河流的含量低于北部河流可以认为是水体自净能力较强所致。但磷酸盐的含量南北部河流相当，并未观察到显著的分异现象。

从河流的流向上分析，处于上游的河流，水体中氮磷含量要略高于下游水体，如（上游）SC1-SC2-SC3-SC4（下游）、（上游）S11-S12-S13-S14-S17（下游）。图 6-22 中箭头表示下游位置。这种空间差异性显示了湿地河流对营养盐吸附吸收的净化作用。色楞格河三角洲内河道水体的磷酸盐含量均远远高于贝加尔湖流域色楞格河三角洲河口及湖心区。

6.3.2 三角洲河口的水质分异

从水力联系和水量的差异出发，将三角洲河口分为南部（S）、中部（M）和北部（N）三个区域。其中，南部为 1 ~ 12 号样点，中部为 13 ~ 18 号样点，北部为 19 ~ 31 号样点。从图 6-24 可以看出，氨氮在三个区域的分布较均一，并未发现 3 个水力特征区域有显著差异。运用等方差 T 检验，对于氨氮而言，3 个区域间未发现统计学上的显著差异（PSM = 0.38>0.05，PSN = 0.69>0.05，PMN = 0.28>0.05）；对磷酸盐而言，则南部与中部区域没有显著差异（PSM = 0.38>0.05），而对于北部与南部和北部与中部的比较，尽管北部磷酸盐含量高于南部，但从统计学角度出发，也未发现有显著差异（PSN = 0.11>0.05，PMN = 0.26>0.05）。

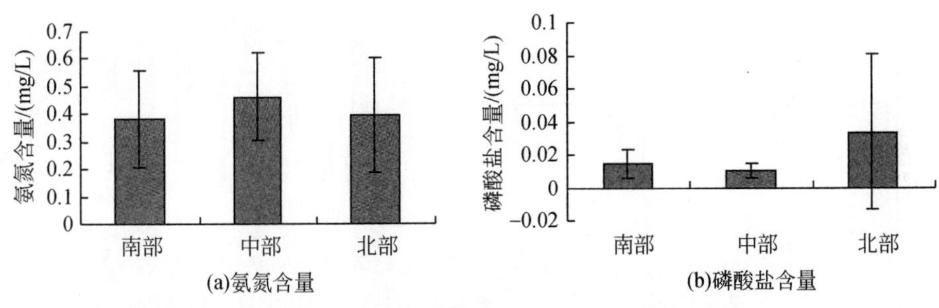

图 6-24 氨氮和磷酸盐在河口区的含量分布

考虑湖体的稀释作用，在样点的选择上考虑了离河口不同距离和不同水深的样点。其中，a 样点系列表示水深 2m，b 样点系列表示水深 5m。a 样点系列为近湿地点，a 和 b 样点系列的距离约为 500 ~ 2000m。从图 6-25 可以看出，距离河口更近的 a 系列的氨

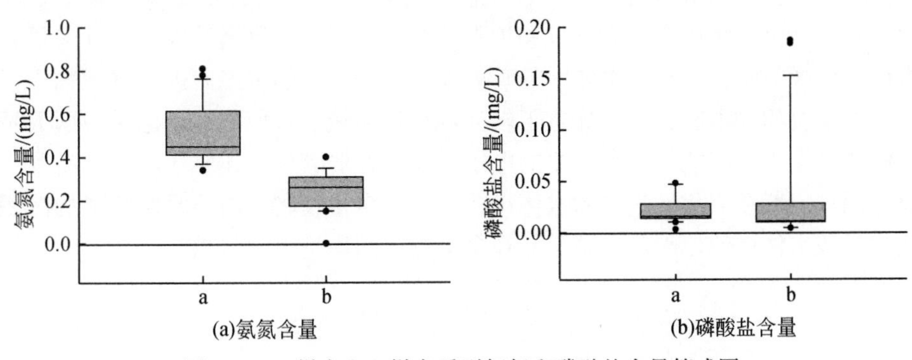

图 6-25 a 样点和 b 样点系列氨氮和磷酸盐含量箱式图

氮含量显著高于 b 系列，但对磷酸盐而言，没有显著差异。这说明对于氨氮而言，河流输入的含量要高于湖体的含量，而磷酸盐的稀释作用不明显，显示河流输入的浓度和湖体含量相差不大，没有显著的浓度梯度。

6.3.3　色楞格河三角洲水土界面营养盐交换差异

运用流动培养技术，在控制光强、溶解氧、温度水平等条件下，计算水土界面间营养盐和溶解氧的交换通量（图 6-26）。其中，正值为沉积物向水体中释放，负值为吸附。

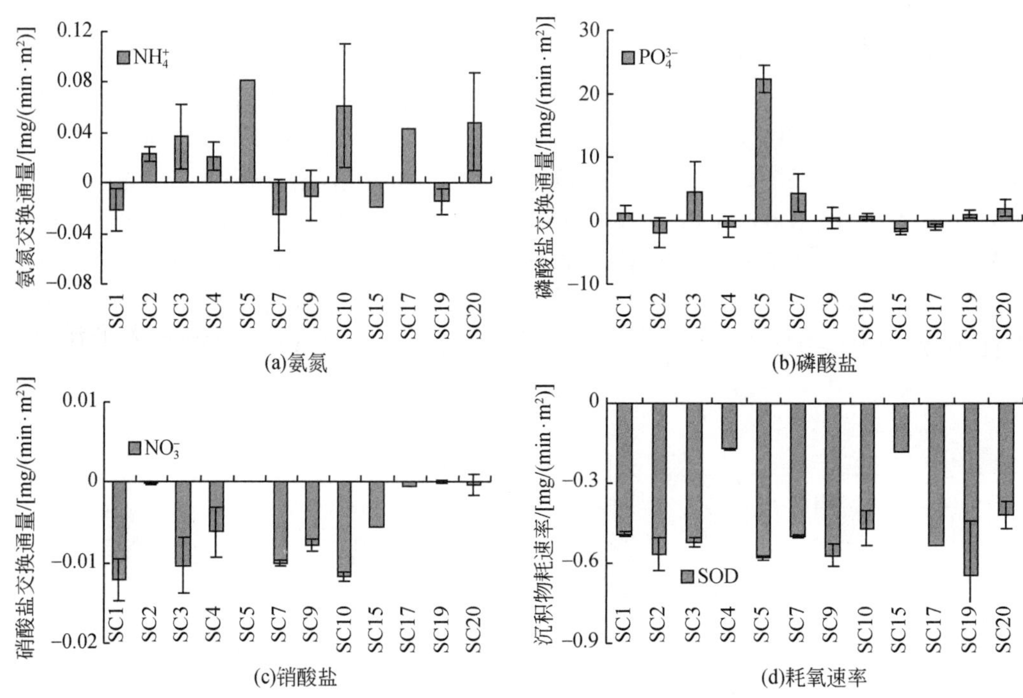

图 6-26　氨氮、磷酸盐、硝酸盐交换通量和沉积物耗氧速率

氮磷释放最大值的样点和水体氮磷含量最高的样点（SC5）相吻合，氨氮最大释放量为 0. 08mg/（min · m^2）。其中氨氮释放通量较高的 SC5、SC10、SC17 和 SC20 均出现在水草区，这些样点磷酸盐的释放同样也较高。由于水草区的水流速较非水草区低得多，而且水草区沉积物中有机质含量和细颗粒含量较高，水草区一方面能够大量阻截和促沉水体中的颗粒物，并导致水体中的营养盐随着颗粒物的沉降而进入沉积物中。另一方面，较高的沉积物本底含量也导致了较高的释放通量。类似的结果也在中国太湖流域的东太湖湖区发现。硝酸盐是很重要的电子受体，在弱氧化和还原环境中容易发生反硝化还原作用。一般在氧化性较强的水体中，硝酸盐含量较高，而还原性较强的沉积物中硝酸盐含量较水体中低。因此，硝酸盐在水土界面间均呈吸附状态。

6.4 贝加尔湖流域典型湖泊水环境

6.4.1 色楞格河流域及其典型湖河水质分析

6.4.1.1 流域调查

色楞格河发源于蒙古境内杭爱山北侧，由上游的伊德尔河和德勒格尔河（木伦河）汇流而成，流经蒙古北部和俄罗斯中东部，全长 1024km，以每年约 $30km^3$ 的流量最终注入俄罗斯的贝加尔湖，大约承载了入湖水量补充的一半，对湖体的水文和水质特征具有显著的影响。色楞格河的主要支流包括蒙古境内的哈拉河、图勒河、哈努伊河、额吉河、鄂尔浑河和俄罗斯境内的吉达河、捷姆尼克河、奇科伊河、希洛克河、乌达河，河流流域面积达 447 $060km^2$，其中 63% 面积在蒙古境内，流域内地形以中、高山区为主，并主要覆盖以针叶森林和干草原。

色楞格河的主要支流大多位于蒙古境内，少数分布在俄罗斯。位于蒙古北部的北冰洋流域（Arctic Ocean Basin，AOB）可视作色楞格河流域在蒙古的部分。尽管该流域面积相对较小，但却提供了蒙古全国 50% 左右的水资源（约 $35km^3/a$），如哈拉河、图勒河等在该区域都占有重要的地位。相比较而言，其他的两个流域——太平洋流域（Pacific Ocean Basin，POB）以及内部流域（Internal Drainage Basin，IDB）虽然面积较大，水资源却比较稀少（图 6-27）。根据 1949 ~ 1990 年对三大流域 72 个监测站点的监测数据分析，水体中的主要离子为 HCO_3^- 和 Ca^{2+}，径流冲刷携带的总悬浮颗粒物较低，在 20 ~ 20 000kg/(km^2 a）范围内。其中，流入色楞格河的 AOB 水体中 HCO_3^-、Ca^{2+}、$SO_4{}^{2-}$、TDS 均值分别为 150mg/L、30mg/L、13mg/L、230mg/L，营养盐各指标 $NH_4{}^+$-N、NO_3^--N、$PO_4{}^{3-}$-P、Si、COD_{Mn} 的均值分别为 0.23mg/L、0.13mg/L、< 0.01mg/L、5.6mg/L、4.0mg/L。总体来说，流域内有机质、氮、磷的污染水平较低，水质依据蒙古环境标准可界定为“清洁”或“可接受水质”。然而，北部的图勒河是个例外，受工业发展、城市发展、农业活动的影响，其 $NH_4{}^+$-N 和 BOD 浓度较高，被界定为“中度污染”。

（1）哈拉河（River Kharaa）

哈拉河起源于蒙古北部的肯特山，向西北方向注入鄂尔浑河（流域面积 133 $000km^2$），隶属于色楞格河流域（图 6-27）。哈拉河流域面积 14 $534km^2$，位于蒙古首都乌兰巴托北部，纬度范围 47°53′N ~ 49°38′ N，经度范围 105°19′E ~ 107°22′ E。流域最低处海拔 654m，最高处海拔 2668m，位于肯特山的最高峰 Asralt Hairhan 附近，该处同样也是蒙古其他几条重要河流（Eroo 河、图勒河）的发源地。流域 60% 的范围海拔处于 900 ~ 1300m，流域平均海拔 1167m。哈拉河长 362km，平均流量 $11.8m^3/s$。河流上游主要为高山构成，中游地势放缓，以宽阔的河谷和低缓丘陵为主，下游则遍布大面积的草原和低地景观。流域内的土地利用类型以草地（59%）和林地（26%）为主，耕地仅占 11%，主要作物为小麦。草地的主要功能为放牧，并伴随大量畜牧粪便的排放。

哈拉河的水质自上游向下游存在明显差异。在上游，营养盐和离子浓度均较低，而向下游逐渐升高。DOC 浓度均值为4.3mg/L，占 TOC（6.4mg/L）的67%。其中，硝酸盐和磷酸盐分别为氮磷营养盐的主要存在形态。流域内硝酸盐的平均浓度为0.55mg/L，约占无机氮总含量的86%。亚硝酸盐浓度较低，在大多数区域均低于0.015mg/L。磷酸盐在流域中的平均浓度为59μg P/L，占总磷比例的69%，其含量在上游仅为5μg P/L左右，而到了下游的达尔汗附近则高达168μg P/L。总磷的浓度范围为11～260μg P/L。哈拉河水所含阳离子主要为钙、镁离子，所含阴离子主要为氯离子和硫酸根离子。

流域内2006～2008年磷污染排放强度为56t P/a，主要来源是下游的达尔汗城市排放，占到了50%，而中游的排放量为32%，上游的排放量仅为18%。氮污染排放强度为301t N/a，其污染排放分布类似于磷的排放，下、中、上游分别占到了51%、28%和21%。

雨水和冰雪融水等的侵蚀造成哈拉河流域颗粒物的输移和沉积。据统计，1990～2002年平均每年的沉积负荷为2.03万t/a。细颗粒沉积物对于河底生态系统具有一定的影响，其来源在不同季节具有较大差异。在融雪径流阶段，河岸和切沟侵蚀是河水中悬浮物的主要来源；而在夏季，山地的侵蚀构成了悬浮颗粒物的主要来源。总体来说，河岸侵蚀产生了74.5%的悬浮态颗粒物，地表侵蚀产生悬浮物比例为21.7%，切沟侵蚀仅占到了3.8%。

（2）图勒河（River Tuul）

图勒河同样起源于蒙古北部的肯特山，流经乌兰巴托盆地，是乌兰巴托重要的水源（图6-27）。根据水质分析结果，河水在流经乌兰巴托时发生了明显的恶化，地下水虽然水质达标，但下游的硝酸盐浓度升高明显。此外，对沉积物中金属含量的分析发现，砷、铅、锌、铜、镍、铬、钒在中游区域（临近城市）的含量明显高于上游和下游区域。其中，砷和铬的含量水平已可引起水生生物的不良反应。其他金属元素虽然低于相应的警戒阈值，但中游沉积物中的含量升高，已接近阈值下限。

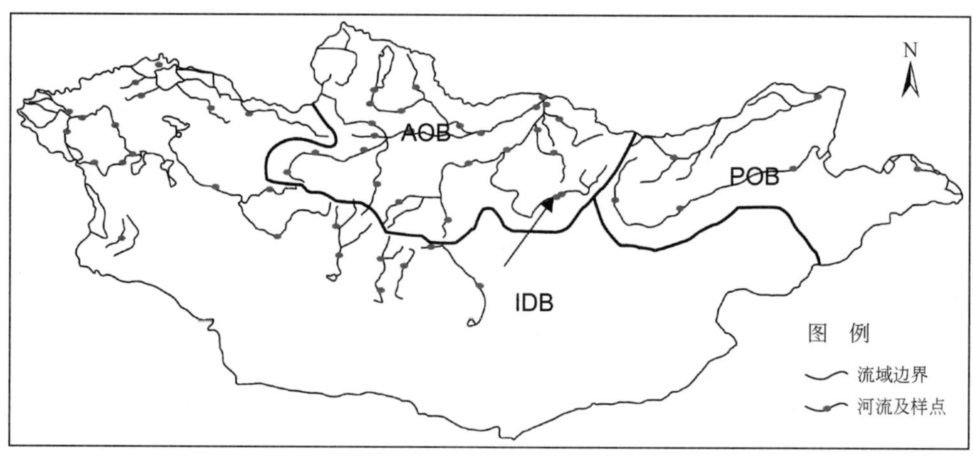

图6-27　蒙古三大流域分布

6.4.1.2　典型湖河水质分析

色楞格河流域在贝加尔湖流域中扮演着极为重要的角色，同时也是蒙古和俄罗斯东部地区人民生产和生活的重要资源库。2011 年 10 月 8～12 日，对贝加尔湖的主要入湖河流——色楞格河流域典型水体进行了采样调查，分析了色楞格河流域典型水体的水质参数特征（图 6-28 和表 6-2）。

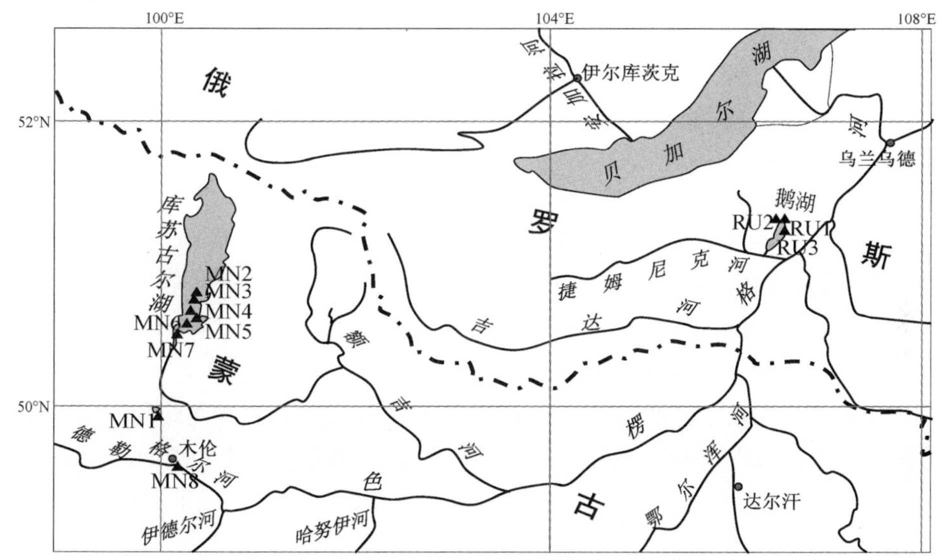

图 6-28　色楞格河流域水体采样点位置示意图

表 6-2　色楞格河流域水体采样点信息

点位	水体名称	纬度	经度	特征描述
MN1	额克尔湖（Lake Erkhel）	49°55′39.1″N	99°56′45.5″E	上游水体，咸水湖，无出流
MN2	库苏古尔湖（Lake Hövsgöl）	50°46′07.9″N	100°20′39.5″E	上游水体，属色楞格河支流额吉河的小流域
MN3		50°44′16.5″N	100°19′52.3″E	
MN4		50°40′21.2″N	100°19′12.4″E	
MN5		50°37′12.2″N	100°22′17.9″E	
MN6		50°34′59.8″N	100°15′30.8″E	
MN7		50°30′41.9″N	100°10′23.1″E	
MN8	德勒格尔河（River Delgermuren）	49°37′17.0″N	100°09′15.0″E	上游水体，是色楞格河的一大支流
RU1	鹅湖（Lake Gusinore）	51°17′30.9″N	106°28′52.7″E	中下游水体
RU2		51°17′47.3″N	106°27′51.5″E	
RU3		51°15′40.6″N	106°29′45.6″E	

注：MN 代表地处蒙古的采样点，RU 代表地处俄罗斯的采样点

利用聚乙烯水样瓶采集水体表层水 50ml，分取一半体积用 0.45μm GF/C 滤膜过滤后即得滤后水样。滤后水样通过 Skalar 流动分析仪测定氨氮（NH_4^+-N）、硝态氮（NO_3^--N）、

亚硝态氮（NO_2^--N）、磷酸根磷（PO_4^{3-}-P），未过滤水样采用 $K_2S_2O_8$ 消解-分光光度法测定总氮（TN）、总磷（TP）。

（1）库苏古尔湖水质分析

库苏古尔湖地处蒙古北部，水面海拔 1645m，水域总面积为 2770km^2，最深处达 262.4m，平均深度 138m，淡水储量 380.7km^3，占蒙古淡水量的 70%，占全世界淡水储量的 0.4%。一共有大小 96 条河流汇入库苏古尔湖，由于周围被高山所包围，流域面积只有 4920km^2，流域/水面比值很低。库苏古尔湖是色楞格河上游的重要水体，湖水出流进入色楞格河的支流额吉河，并最终汇入贝加尔湖。库苏古尔湖属贫营养型湖泊，Ca^{2+} 含量在 797mmol/L，盐度为 2.60mEq/L，有约 390 个动植物物种。其中，约 20 种为当地特有的底栖物种。

库苏古尔湖流域属半干旱气候，植被覆盖以西伯利亚泰加林（针叶林）、干草原以及干草原森林为主。流域年平均气温低于 0℃。5～9 月高于 0℃。流域年均降水量 300～500mm，降雨集中在 4～10 月。

由于库苏古尔湖的出流位于湖体南端，因此南部湖区水质对于色楞格河流域的影响最为直接，本次调查区域也以南部湖区为主。

在库苏古尔湖采集水样的同时，利用 60XL 型 YSI 多参数水质测定仪实时获取距离水-气界面 0～7m 深处的 pH、电导率、溶解氧（DO）数据，采集距离间隔为 1m，平行采集 4 组数据。在湖流明显影响探头连接线垂直状态的情形下，记录连接线的倾斜角，进行深度校正。

分析库苏古尔湖各个点位上层水 pH、DO、电导率在表层 0～7m 的垂向分布特征（图 6-29），发现随着水深的增加各指标变化不明显，只有 DO 含量在表层 1m 水深处呈一定的衰减特征（MN2 除外），衰减幅度约为 0.3mg/L。南部湖区的 6 个调查点位 pH 和电导率的相互间差异不明显，pH 基本维持在 8.1 左右，电导率则基本稳定在 143μS/cm 左右。从北向南，各采样点表层水的 DO 含量略有提高，从约 11mg/L 升高至约 13mg/L。

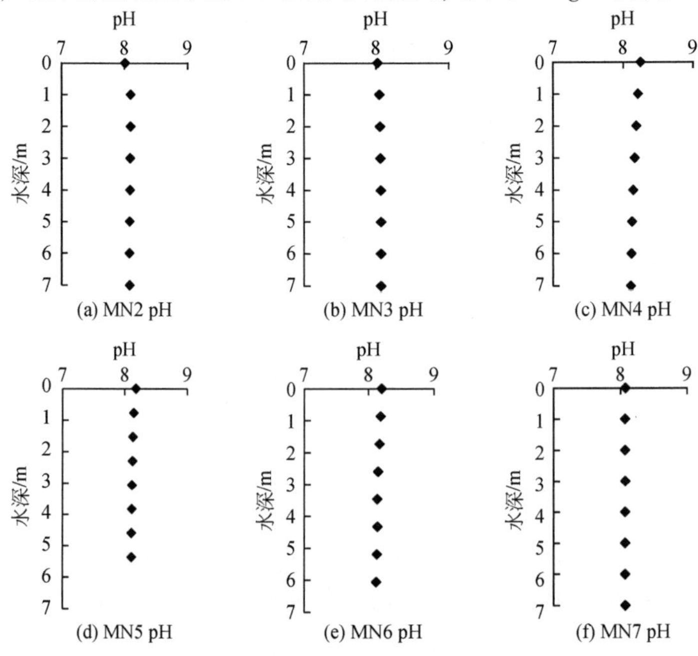

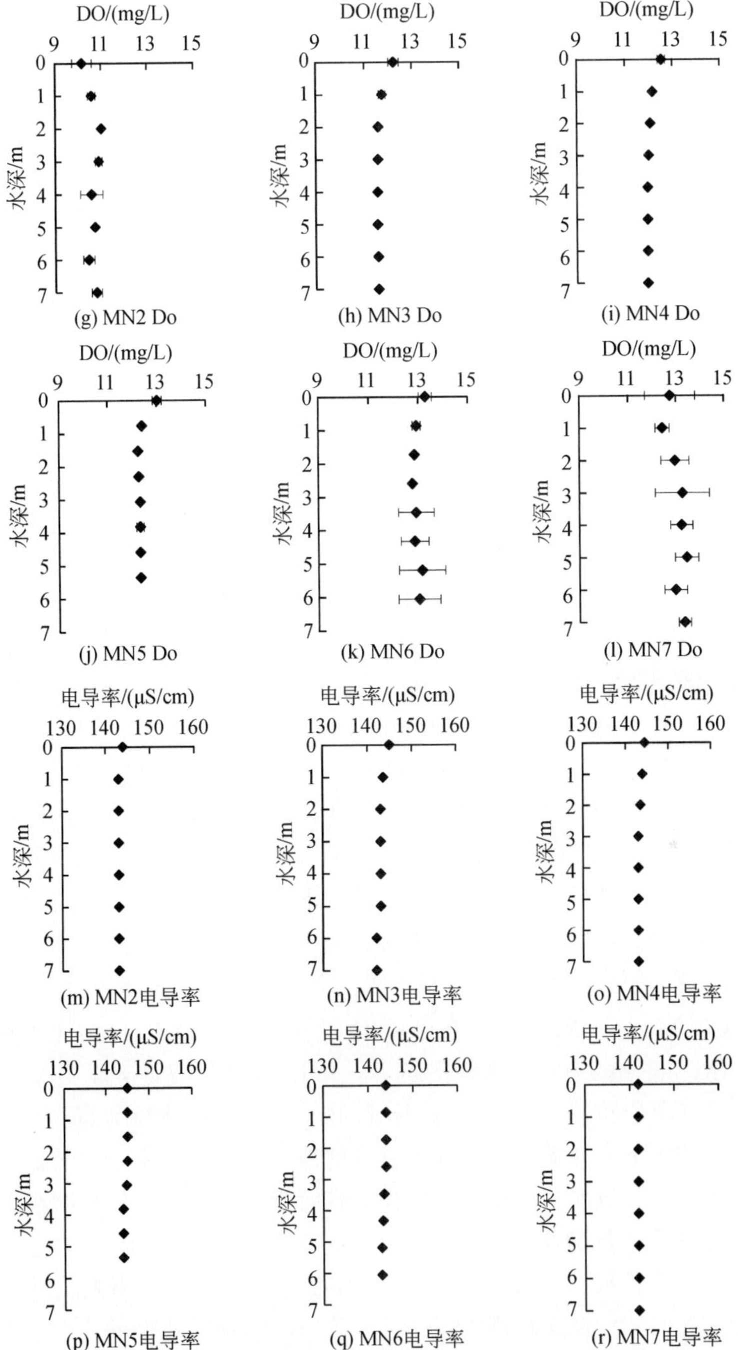

图6-29　库苏古尔湖各点位上层水 pH、DO、电导率垂向分布

注：MN5、MN6 的水深分别经 40°和 30°倾斜角校正

通过营养盐浓度的分析结果（表6-3）可以看出，库苏古尔湖南部表层水 TN、NH_4^+-N、NO_3^--N、NO_2^--N 浓度范围分别为 0.097 ~ 0.256mg/L、0.030 ~ 0.169mg/L、0.003 ~ 0.054mg/L、ND ~ 0.002mg/L；TP、PO_4^{3-}-P 浓度分别为 0.012 ~ 0.018mg/L，

0.687 ~2.938μg/L。为了更直观地与中国地表水水质进行比较，参考《地表水环境质量标准》(GB 3838—2002）对该水体的营养盐浓度进行分级评价。库苏古尔湖南部水体营养盐浓度可划分为Ⅰ类、Ⅱ类水质，优良的水质得益于湖泊周围良好的本底生态环境，以及当地政府在周围建立的几个大面积生态保护区。

表 6-3 库苏古尔湖营养盐指标分析结果

点位	TN/(mg/L)	TP/(mg/L)	NH_4^+-N/(mg/L)	NO_3^--N/(mg/L)	NO_2^--N/(mg/L)	PO_4^{3-}-P/(μg/L)
MN2	0.256	0.018	0.167	0.011	ND	1.468
MN3	0.120	0.012	0.030	0.003	ND	0.687
MN4	0.134	0.015	0.095	0.014	ND	1.130
MN5	0.172	0.013	0.134	0.054	0.002	2.938
MN6	0.097	0.017	0.116	0.012	0.001	1.925
MN7	0.167	0.013	0.169	0.006	0.001	1.334

注：ND 表示未检出

总体来说，南部湖区上层水水质的空间分布差异不大，营养盐浓度较低，与我国水环境质量分级中的Ⅰ类、Ⅱ类水相当。良好的水质为色楞格河上游尤其是支流额吉河的水质提供了基础保障。

（2）额克尔湖水质分析

蒙古北部地区除了有诸多淡水湖泊分布以外，高山草原牧场间也广泛分布有大量的咸水湖泊，形成了淡水湖泊-咸水湖泊相间而生、星罗棋布的景象。根据对蒙古 18 个湖泊的调查结果，蒙古湖泊的盐度范围在 0.16 ~24.9g/L，湖泊类型非常多样化。

额克尔湖是一个小型的咸水湖泊，镶嵌于库苏古尔湖南部的高山草原牧场之中，与色楞格河上游的额吉河支流相距 12.5km，但并不与之连通，盐度高达 24.9g/L，面积 12.9km^2。对额克尔湖的调查分析有助于提升蒙古北部地区背景水体水质资料的丰富度。

通过分析发现，额克尔湖的 TN、NH_4^+-N、NO_3^--N、NO_2^--N 浓度分别为 4.446mg/L、0.083mg/L、0.002mg/L、ND；TP、PO_4^{3-}-P 浓度分别为 0.067mg/L，1.189μg/L。在我国的水环境质量标准分级中，该水体的营养盐浓度可划分为Ⅲ类至劣Ⅴ类水质。很明显，由于该湖泊在草原牧场区域，牲畜的排泄物、牧草的残体及凋落物等降解以后，在地表机会径流的冲刷下会显著增高湖体的营养盐浓度。同时，由于无明显出流，营养盐几乎无水平空间输出，致使水体中营养负荷削减缓慢，并维持在较高的水平。

（3）德勒格尔河水质分析

德勒格尔河（木伦河）位于蒙古库苏古尔省省会木伦市的南侧，是色楞格河在蒙古境内上游的一大支流。据文献资料叙述，河流周围的畜牧业在近几年来发展较快，草原放牧强度明显增大。

通过分析发现，德勒格尔河的 TN、NH_4^+-N、NO_3^--N、NO_2^--N 浓度分别为 0.445mg/L、0.690mg/L、0.006mg/L、0.001mg/L；TP、PO_4^{3-}-P 浓度分别为 0.013mg/L，2.300μg/L。在我国的水环境质量标准分级中，该水体的营养盐浓度可划分为Ⅱ类水质。可以看出，德勒格尔河的营养盐浓度明显高于库苏古尔湖，分析有两个主要原因：①降雨期间的开放式地表径流对流域内土地表层营养盐的侵蚀搬运作用以及河流对不稳定河岸的持续侵蚀作用；②流域内分散式的畜牧业发展必然会输出较高的面源污染负荷。

（4）鹅湖水质分析

鹅湖（51°06′ N ~ 51°17′ N，106°16′E ~ 106°30′ E）是俄罗斯境内色楞格河中下游的一个淡水湖泊，湖面面积 164km^2，最大和平均水深分别为 25m 和 15m，平均储水量 2.4km^3。湖泊流域面积为 924km^2，入流河道主要分布于西部和北部，而只有南部一条出湖河道汇入色楞格河，相对水力交换系数只有 0.0025。由于冬春季处于枯水期和结冰期，所以约 90% 的出湖水量集中在夏秋季节。据记载，鹅湖的生态系统进化仅有不到 300 年的历史，并于 20 世纪 40 年代开始逐渐受到邻近区域开放式矿业开采、火力发电、铁路运输、军事设施等人类活动的影响。20 世纪 50 年代以来有 5 种鱼类被引入或入侵鹅湖，进而导致至少 6 个当地种已经灭绝或面临灭绝。

通过营养盐浓度分析结果（表 6-4）可以看出，鹅湖表层水 TN、NH_4^+-N、NO_3^--N、NO_2^--N 浓度范围分别为 0.687 ~ 0.829mg/L、0.077 ~ 1.123mg/L、0.004 ~ 0.034mg/L、0.001 ~ 0.003mg/L；TP、PO_4^{3-}-P 浓度范围分别为 0.025 ~ 0.032mg/L、1.478 ~ 15.037μg/L。在中国的水环境质量分级中，该水体的营养盐含量可划分为Ⅱ ~ Ⅳ类水质。湖泊营养盐含量分布南北差异比较明显。水质较差的点位主要分布在北端，南端即更靠近湖泊排水区的点位营养盐含量较低。

表 6-4　鹅湖营养盐指标分析结果

点位	TN/(mg/L)	TP/(mg/L)	NH_4^+-N/(mg/L)	NO_3^--N/(mg/L)	NO_2^--N/(mg/L)	PO_4^{3-}-P/(μg/L)
RU1	0.687	0.028	1.123	0.034	0.003	15.037
RU2	0.829	0.032	0.077	0.004	0.002	3.147
RU3	0.758	0.025	0.085	0.008	0.001	1.478

3 个调查点位中，RU1 点位于鹅湖北部入湖河道扎古斯泰河的末端，受扎古斯泰电厂的影响，其溶解态营养盐的含量在所有调查点位中为最高值。RU2 点位于湖泊北岸附近，周围芦苇密集，且在采样期（秋末）内有大量植物碎屑悬浮于水中，致使水体中颗粒态营养盐的含量很高，因此虽然溶解态营养盐含量并不是很高，但该点的 TN 和 TP 是各采样点的最高值。RU3 点处于湖泊东部开阔区域，代表了湖体开放水域的水质特征，其营养盐含量已经处于较低的数值。所以，虽然湖泊北端的营养盐含量较高，但是在湖泊开放水体的稀释和自净能力作用下，湖泊在南部向色楞格河输出的营养盐负荷已大大降低，对色楞格河水质没有明显的消极影响。

6.4.2　贝加尔湖流域其他典型湖泊

（1）Doroninskoe 湖

Doroninskoe 湖位于黑龙江（阿穆尔河）上游支流因果达河的中游、中生代赤塔—因果达山间凹陷区腹地，是外贝加尔边疆区一个不完全对流的盐碱湖，面积约 4.5km^2（图 6-30），水深约 5.5m。由于缺乏排水外泄，湖水在蒸发作用下盐度升高。因水的矿化度不同而具有分层特性，上层水（3 ~ 5m）的矿化度为 15.8 ~ 36.2g/L，下层水的矿化度则达到了 28 ~ 35.5g/L。上部好氧层元素硫的浓度范围为 0.002 ~ 0.444mg/L，平均浓度为 0.12mg/L。而在下部的硫化氢层，元素硫的浓度增高到 0.012～1.88mg/L。这表明了在好氧层存在硫酸盐的还原，而在还原性条件下存在着硫化物的氧化。

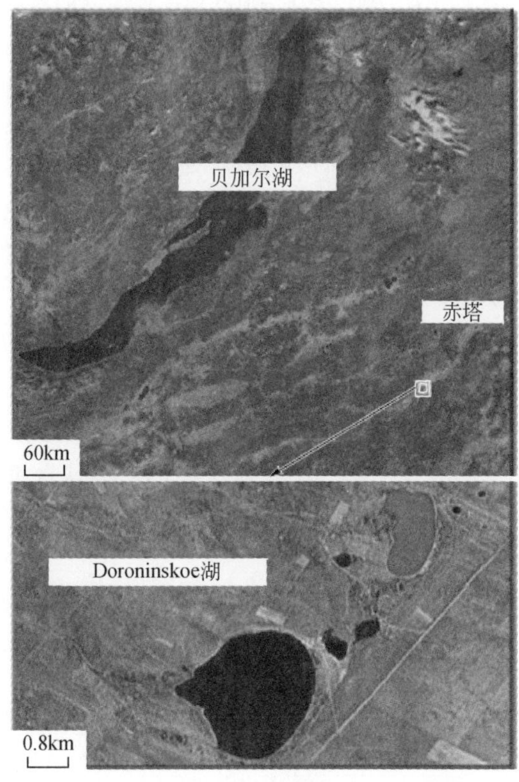

图 6-30 Doroninskoe 湖地理位置卫星图

对 Doroninskoe 湖沉积物的研究发现，水深低于 4.5m 的湖区，沉积物主要由微小颗粒的石英砂和长石砂构成；而水深大于 4.5m 的湖区，沉积物组分的构成则主要是粉质的高岭石黏土-水云母颗粒。Doroninskoe 湖沉积物中具有很高含量的 Cl、Na、S、P。随着水深增加以及离岸距离的增大，沉积物中各元素含量具有明显升高趋势，如 Ti、Ce、Na、Mn、La、Ca、Co 以及 Cu 的含量升高 3～3.5 倍；Fe、P、V 和 Zn 的含量升高 4.5～5 倍；Mg、Ni 和 Cr 的含量升高 6～7.5 倍；Cl 和 S 的含量升高 10～15 倍。

（2）Kotokel 湖

Kotokel 湖是贝加尔湖东部区域另一个重要的湖泊水体，长 15km，宽 6km，平均水深 5～6m，面积 69km^2（图 6-31），pH 为 6.8～7.3。由于它重要的休闲功能和商业价值（每年渔获量达 1200 t），20 世纪 50～80 年代便已有诸多研究。Kotokel 湖是一个富营养化湖泊，蓝藻是浮游植物构成中的最大类群，其优势种为 *Gloeotrichia ehinulata*。5～10 月，水体的平均温度为 18℃。夏季 6～8 月，水体透明度会降至 0.5～0.8m，温度会升至 25.8℃，蓝藻的大量生长使水体中的氮磷浓度降低。在其他季节，水体氮磷浓度则较高。

6.4.3 色楞格河水环境及污染

2007 年，科研人员对色楞格河流域［包括色楞格河蒙古境内和俄罗斯境内共 28 个样

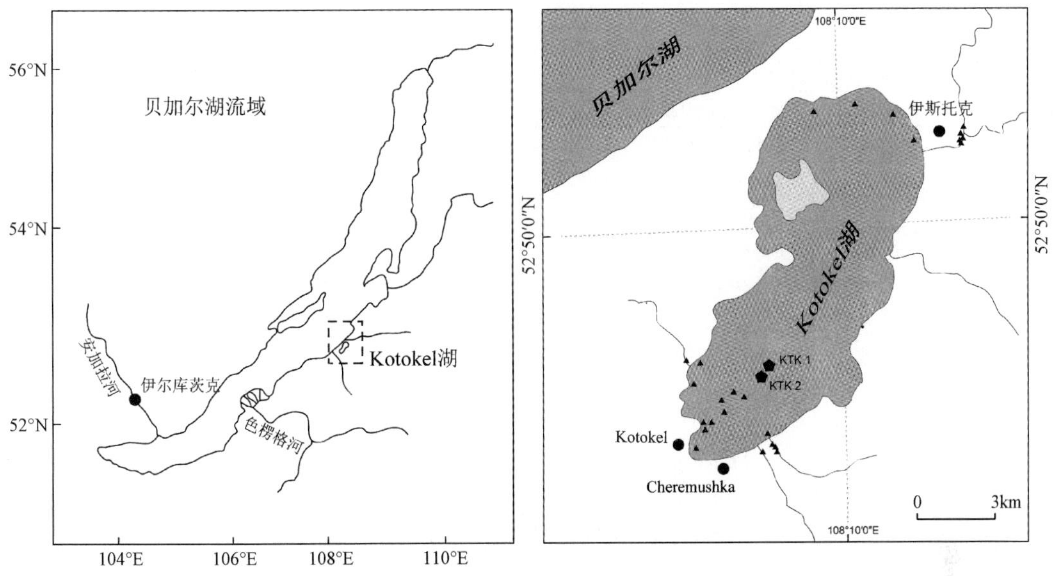

图 6-31　Kotokel 湖地理位置图（Kostrova et al.，2013）

点］（图 6-32 和表 6-5），进行了水体物理化学指标、重金属含量及持久性有机污染物的全面研究，分析了蒙古境内色楞格源头及库苏古尔湖出口到俄蒙边境到色楞格河三角洲全流域的调查。

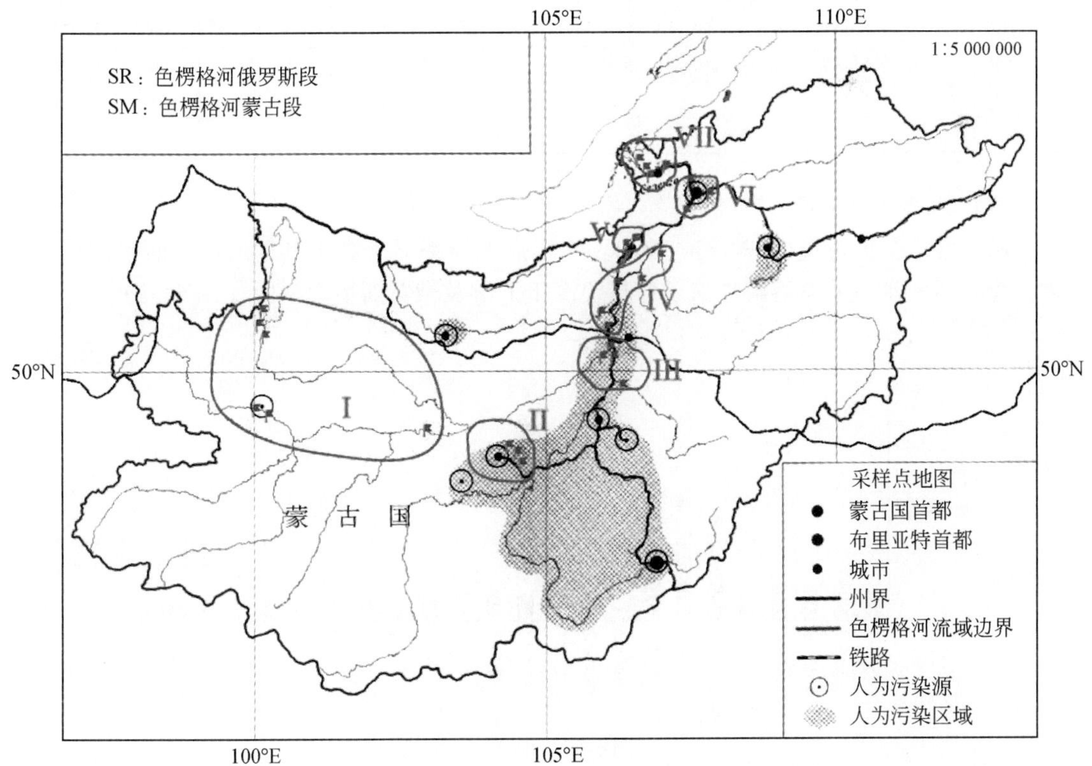

图 6-32　2007 年夏色楞格河流域调查样点分布

表 6-5　调查样点名称与位置

样点编号	样点位置	纬度	经度
SM-1	库苏古尔湖（Camp Hangard）	50°30′06.0″N	107°19′51.5″E
SM-2	库苏古尔湖出口河道	50°24′58.4″N	100°08′58.0″E
SM-3	色楞格河 Murun 段（第一次露营）	49°37′58″N	99°58′17.4″E
SM-4	色楞格河 Murun 桥（水电站）	49°34′57.6″N	100°09′15.7″E
SM-5	色楞格河 Hutag Ondor 段（桥，第二次露营）	49°22′49.0″N	102°51′03.1″E
SM-6	肯加布河（上游有额尔登特市）	47°01′39.5″N	104°05′33.8″E
SM-7	尾矿坝	49°05′44.6″N	107°0525.4″E
SM-8	肯加布河（上游有额尔登特市）	49°04′24.4″N	104°11′19.9″E
SM-11	Yeroo 河	47°49′62.4″N	106°14′39.2″E
SM-12	Orkhon 河	50°15′02.5″N	106°08′14.0″E
SM-13	色楞格河（Orkhon 河前段）	50°15′06″N	106°08′04.5″E
SM-14	色楞格河（Orkhon 河后段）	50°15′108″N	106°08′15.1″E
SR-1	色楞格河（Naushki，蒙古-俄罗斯边界）	50°23′07.0″N	106°04′51.8″E
SR-2	Dzida 河	50°44′07.3″N	106°16′20.8″E
SR-3	Themnic 河	51°01′17.4″N	106°24′28.4″E
SR-4	Chikoi 河	51°02′32.8″N	106°39′17.4″E
SR-5	Khilok 河	51°18′56.0″N	106°59′20.3″E
SR-6	色楞格河（乌达河之前）	51°49′07.7″N	109°33′24.1″E
SR-7	乌达河（流入色楞格河）	51°49′41.9″N	109°34′15.0″E
SR-8	色楞格河（乌达河与色楞格河汇流之后）	51°52′41.9″N	109°31′25.5″E
SR-9	色楞格河（Selenginsk）	52°04′04.1″N	106°53′22.5″E
SR-10	色楞格河（附近有造纸厂和新建桥）	52°02′15.5″N	106°48′58.3″E
SR-11	色楞格河（Kabansk）	52°05′34.1″N	106°37′44.0″E
SR-12	色楞格河（Murzino）	52°12′10.9″N	106°28′05.5″E

（1）水质总体情况

调查发现，蒙古境内 SM-6 ~ SM-8 3 个样点电导率显著高于其他河段，而且总体上蒙古境内河段水体的总溶解性离子含量要高于下游及俄罗斯境内河段（图 6-33）。

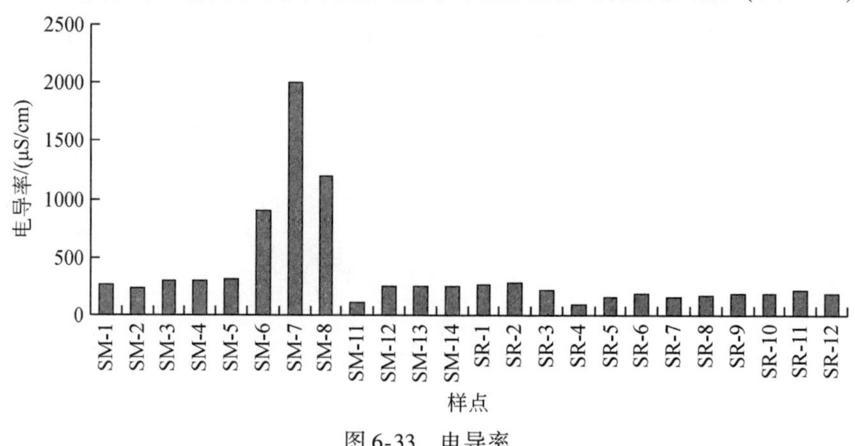

图 6-33　电导率

总溶解性物质的含量与电导率一致，同样表现为蒙古境内河段高于俄罗斯境内河段及三角洲（图 6-34）。

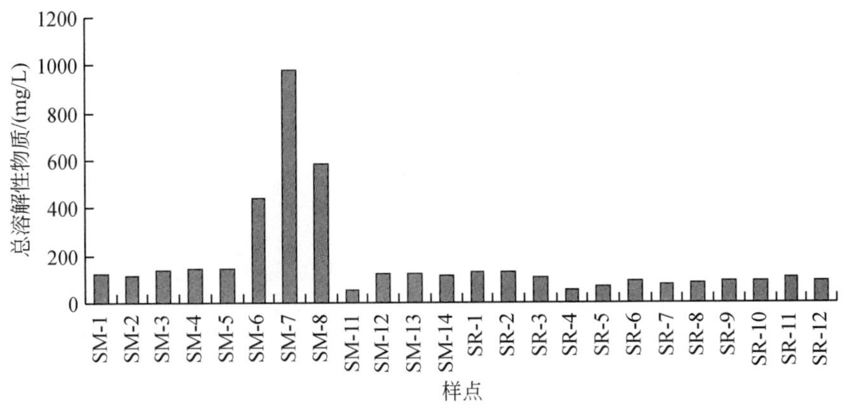

图 6-34　总溶解性物质

（2）水体重金属

水体中铁含量则表现为俄罗斯境内水体要高于蒙古段，但在 SM-5 出现了一个高值（图 6-35）。重金属铜、锌、铅、镉的分布则受开矿及工厂排污的影响，表现为不均匀分布（图 6-36，图 6-37）。其中镉含量则表现为蒙古段大大高于俄罗斯段（图 6-38），铜含量则仅在 SM-7 和 SM-8 两处出现了显著污染（图 6-39）。锰含量具有与铁类似的分布规律（图 6-40）。铬含量则为蒙古段高于俄罗斯段（图 6-41），钴与镍仅在部分河段检出与其他重金属的分布并无联系且没有上下游含量的差异（图 6-42，图 6-43）。

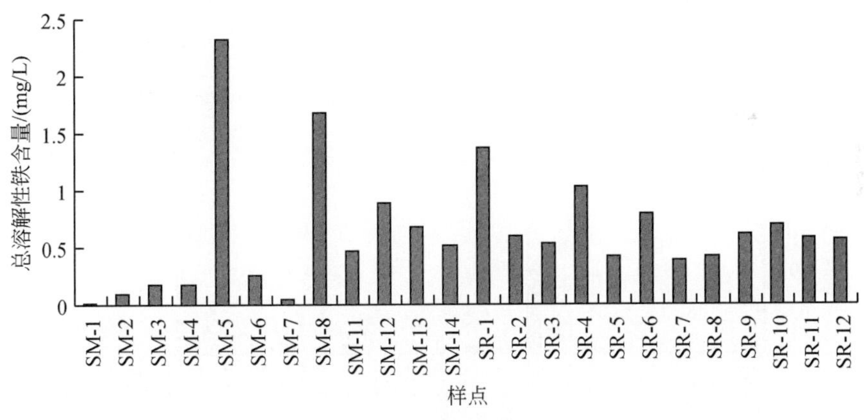

图 6-35　总溶解性铁含量

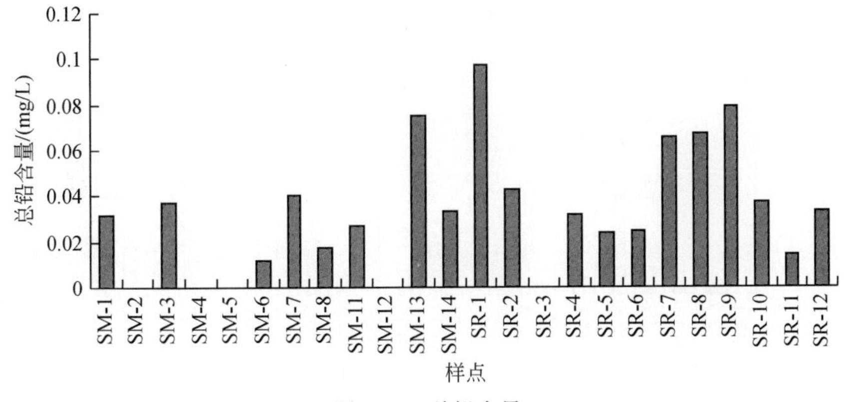

图 6-36　总铅含量

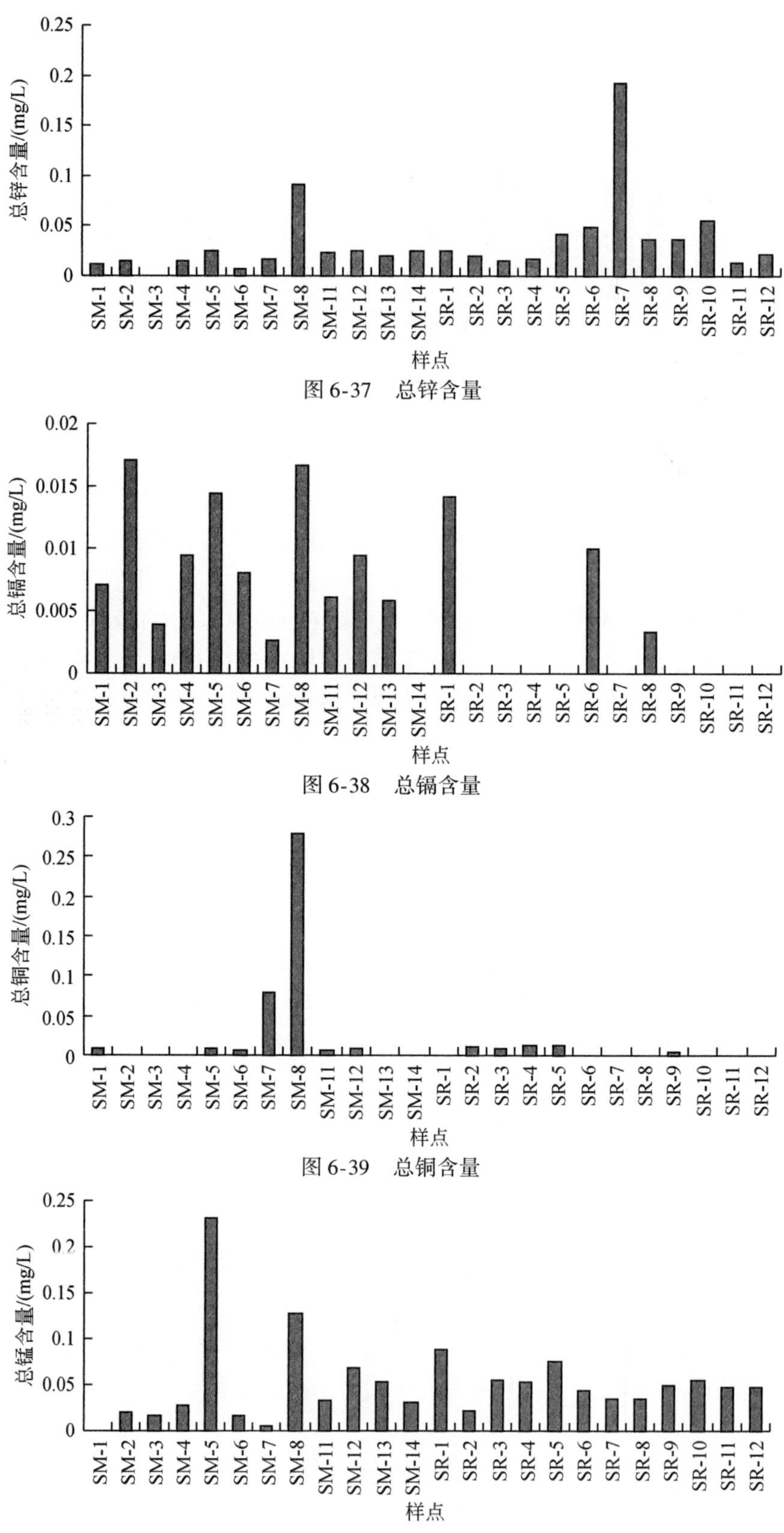

图 6-37　总锌含量

图 6-38　总镉含量

图 6-39　总铜含量

图 6-40　总锰含量

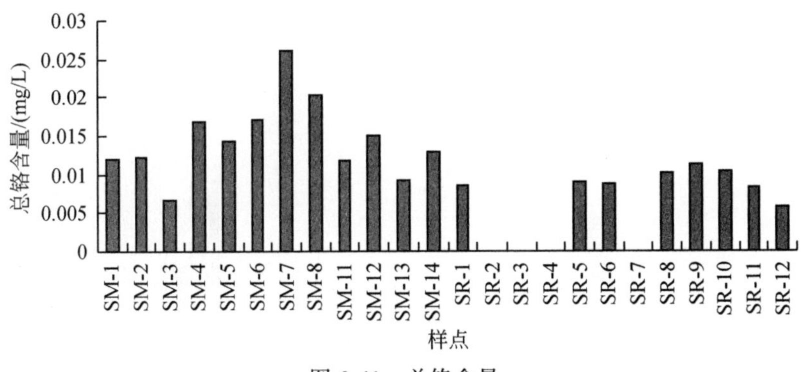

图 6-41　总铬含量

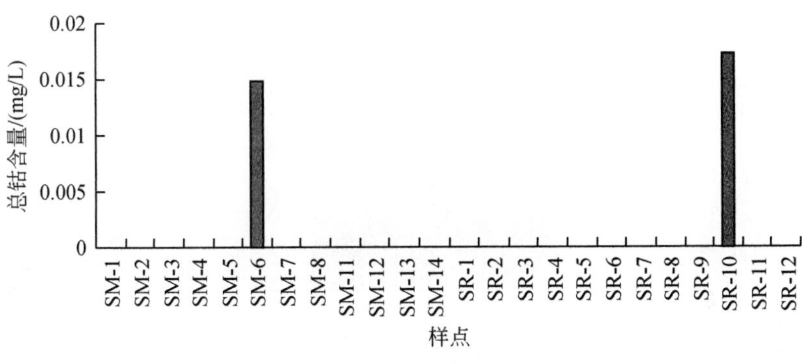

图 6-42　总钴含量

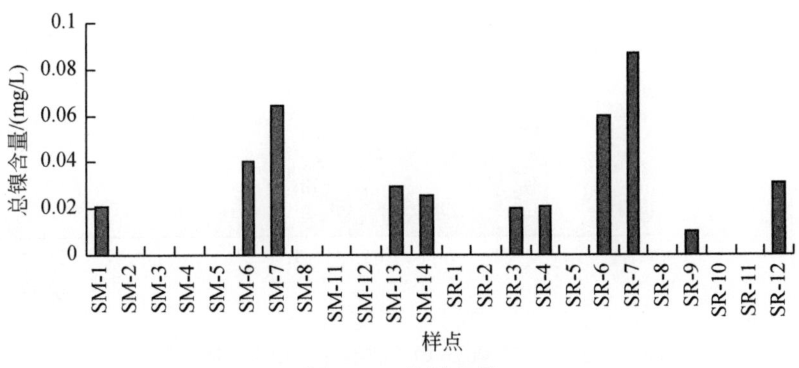

图 6-43　总镍含量

（3）水体持久性有机污染物

对全流域及蒙古、俄罗斯境内色楞格河流域水体进行持久性有机污染物分析，主要包括有机氯农药、多环芳烃、多氯联苯及酚类物质。

结果表明，水体有机氯农药中以 γ-HCH 为主要形态。其中，蒙古境内水体含量远低于俄罗斯境内水体（图 6-44 和图 6-45）。DDT 的降解代谢产物 DDE 含量在水体中均较低。

水体多氯联苯含量在 1ng/L 左右，其中俄罗斯境内水体要高于蒙古境内水体 1 倍左右（图 6-44 和图 6-45）。

蒙古和俄罗斯境内水体的多环芳烃则并未显出较大差异，其含量在 3. 8ng/L 左右。

总酚含量1.5ng/L，蒙古段则高于俄罗斯段（图6-44）。

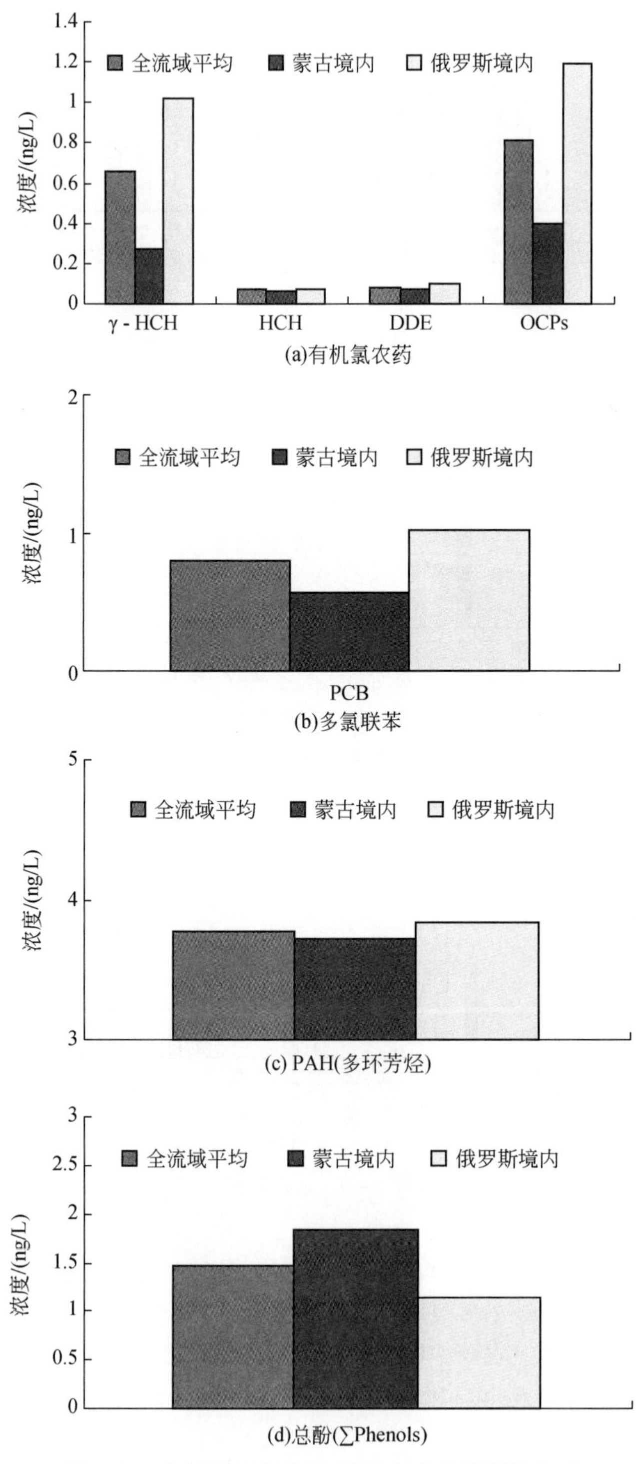

图6-44　色楞格河流域水体持久性有机污染物含量

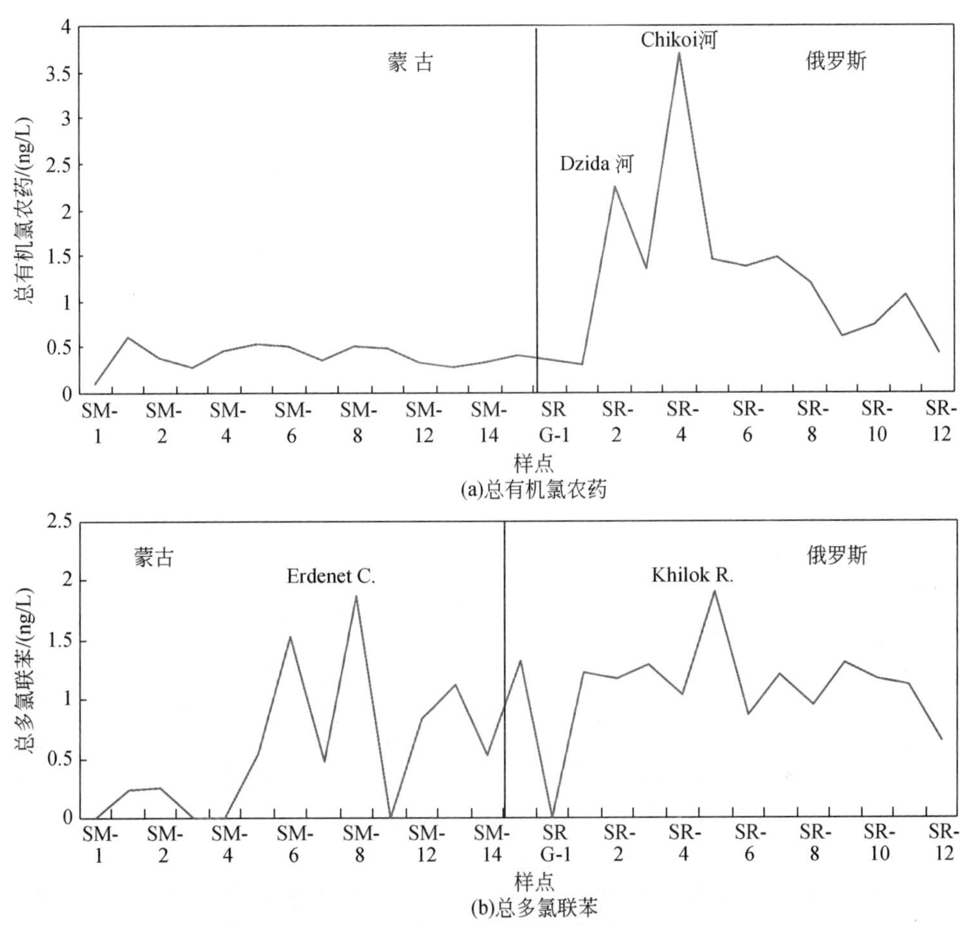

(a)总有机氯农药

(b)总多氯联苯

图 6-45 色楞格河流域水体持久性有机污染物含量

(4) 色楞格河沉积物污染

对色楞格河流域底泥持久性有机污染物进行了分析（表 6-6、表 6-7），主要包括有机氯农药、多环芳烃、多氯联苯和脂肪烃类物质。

结果表明，沉积物中有机氯农药以 γ-HCH 为主要形态，俄罗斯境内其含量略高于蒙古境内。DDT 的主要降解产物为 DDE，俄罗斯境内 DDT 含量高于蒙古境内沉积物约 1 倍。沉积物多氯联苯含量为 6ng/g 左右，俄罗斯和蒙古境内沉积物 PCB 含量相差不明显。沉积物多环芳烃与脂肪烃平均含量在 45ng/g 和 8. 7ng/g，俄罗斯段沉积物含量是蒙古段的 2 倍。不同区域来看，有城市分布的区域，例如区域Ⅱ、Ⅴ、Ⅶ内河流沉积物有机氯农药、多氯联苯和脂肪烃含量高于其他区域，区域Ⅵ内沉积物多环芳烃含量较其他区域高一个数量级，污染相对较重。且总的来说，俄罗斯境内有机污染较蒙古境内严重。

表 6-6　色楞格河流域底泥持久性有机污染物含量

有机污染物种类	色楞格河流域样点（n=25）		色楞格河流域蒙古境内样点（n=12）		色楞格河流域俄罗斯境内样点（n=13）	
	浓度范围	平均值	浓度范围	平均值	浓度范围	平均值
γ- HCH/（ng/g）	0. 77 ~ 19. 6	5. 87	0. 77 ~ 19. 6	5. 45	1. 43 ~ 13. 22	6. 26
HCB/（ng/g）	0. 14 ~ 2. 97	0. 96	0. 14 ~ 2. 55	0. 88	0. 20 ~ 2. 97	1. 03
DDE/（ng/g）	0. 32 ~ 1. 94	0. 9	0. 32 ~ 1. 83	0. 84	0. 42 ~ 1. 94	0. 97
DDD/（ng/g）	0. 05 ~ 0. 80	0. 25	0. 05 ~ 0. 80	0. 28	0. 09 ~ 0. 37	0. 21
DDT/（ng/g）	0. 10 ~ 14. 77	2. 37	0. 10 ~ 5. 18	1. 38	0. 11 ~ 14. 77	3. 28
ΣDDT/（ng/g）	0. 47 ~ 15. 33	3. 51	0. 47 ~ 5. 90	2. 5	0. 67 ~ 15. 33	4. 44
ΣCOP/（ng/g）	1. 38 ~ 26. 12	10. 34	1. 38 ~ 25. 51	8. 82	2. 34 ~ 26. 12	11. 74
PCB/（ng/g）	2. 24 ~ 15. 03	6. 32	2. 24 ~ 15. 03	6. 23	2. 70 ~ 14. 14	6. 39
(DDT/DDE) /（ng/g）	0. 11 ~ 22. 00	3. 18	0. 18 ~ 9. 77	2. 02	0. 11 ~ 22. 0	4. 25
ΣPAH/（ng/g）	4. 68 ~ 392. 75	45. 18	4. 68 ~ 81. 71	31. 3	5. 53 ~ 392. 75	57. 98
ΣPAH（三致）/（ng/g）	0. 25 ~ 159. 20	11. 54	0. 25 ~ 28. 13	6. 54	0. 32 ~ 159. 20	16. 6
B(a)P/(ng/g)	0. 02 ~ 26. 18	1. 8	0. 02 ~ 5. 67	1. 09	0. 04 ~ 26. 18	2. 48
Σ PAH（三致）/%	3. 66 ~ 40. 53	15	4. 98 ~ 36. 78	15. 74	3. 66 ~ 40. 53	14. 32
B(a)P/%	0. 43 ~ 6. 71	2. 11	0. 43 ~ 6. 71	2. 44	0. 46 ~ 6. 67	1. 8
脂肪族烃（AH）/(ng/g)	1. 68 ~ 27. 66	8. 72	1. 68 ~ 14. 44	5. 91	2. 29 ~ 27. 66	11. 31

表 6-7　色楞格河流域底泥持久性有机污染物含量（分区）

（单位：ng/g）

有机污染物种类	区域Ⅰ（n=6）		区域Ⅱ（n=3）		区域Ⅲ（n=4）		区域Ⅳ（n=5）		区域Ⅴ（n=2）	区域Ⅵ（n=3）		区域Ⅶ（n=4）	
	浓度范围	平均值	浓度范围	平均值	浓度范围	平均值	浓度范围	平均值	平均值	浓度范围	平均值	浓度范围	平均值
γ-HCH	0.77～8.57	4.12	5.30～19.61	10.18	1.89～5.85	3.37	2.12～9.54	4.64	10.93	1.43～2.95	1.95	9.02～13.22	10.35
HCB	0.14～0.77	0.49	0.56～2.55	1.84	0.51～0.99	0.69	0.28～1.56	0.66	2.97	0.20～0.91	0.58	1.14～1.87	1.35
DDE	0.32～1.03	0.65	1.01～1.83	1.35	0.66～0.72	0.34	0.57～1.48	0.96	1.94	0.42～0.57	0.48	0.67～1.54	1.1
DDD	0.05～0.43	0.23	0.34～0.80	0.49	0.09～0.40	0.2	0.09～0.32	0.18	0.37	0.09～0.36	0.19	0.19～0.29	0.23
DDT	0.10～5.18	2.29	0.22～0.72	0.51	0.23～0.70	0.42	0.20～3.11	1.33	0.22	0.11～4.82	1.89	1.48～14.77	7.53
ΣDDT	0.47～5.90	3.16	1.78～3.35	2.36	1.04～1.78	1.31	1.14～3.77	2.47	2.53	0.67～5.60	2.56	2.67～15.33	8.8
ΣCOP	1.38～11.86	7.78	8.15～25.51	14.38	3.44～8.62	5.36	3.54～13.91	7.78	16.43	2.34～7.94	5.09	13.59～26.12	20.5
PCB	2.24～6.68	4.33	6.32～15.03	9.35	4.09～12.44	6.93	3.99～6.55	5.4	14.14	2.70～4.48	3.45	4.92～10.04	7.91
DDT/DDE	0.31～9.77	3.53	0.18～0.59	0.39	0.32～1.03	0.62	0.25～5.47	1.77	0.11	0.24～11.48	4.35	1.54～22.00	8.32
ΣPAH	4.67～84.45	27	15.80～81.71	42.01	10.29～63.71	29.28	8.74～42.29	17.53	69.56	5.53～392.75	137.59	30.29～69.10	45.91
ΣPAH（三致）	0.25～28.13	6.74	0.70～8.52	3.83	0.65～23.43	8.85	0.32～8.05	2.35	9.94	0.53～159.20	53.78	3.70～11.22	6.75
B（a）P	0.02～5.67	1.25	0.07～1.14	0.52	0.08～3.50	1.33	0.04～1.27	0.32	1.01	0.08～18.90	6.41	0.38～1.52	0.81
脂肪族烃	1.68～8.37	5.25	4.74～14.44	8.8	2.98～6.49	4.34	2.58～27.66	8.67	14.4	2.29～17.27	7.79	8.17～24.34	16.46

注：三致 PAH：benz（a）anthracene，chrizene，benz（b）fluoranthene，benz（k）fluoranthene，benz（j）fluoranthene，benz（b）pyrene，indeno（1，2，3-cd）pyrene，dibenz（a，h）anthracene

参考文献

阿克塔莫夫·伊诺肯济 . 2012. 19 世纪以来贝加尔湖自然保护的历史研究 . 呼和浩特：内蒙古师范大学博士学位论文 .

安新代 . 2007. 水资源管理调度现状与展望 . 中国水利，13：16-19.

曹金玲，许其功，席北斗，等 . 2012. 我国湖泊富营养化效应区域差异性分析 . 环境科学，06：1777-1783.

曹铮 . 2010. 松辽流域水资源演变规律分析 . 天津：天津大学硕士学位论文 .

陈伟民，黄祥飞，周万平，等 . 2005. 湖泊生态系统观测方法 . 北京：中国环境科学出版社 .

陈亚宁，杨青，罗毅，等 . 2012. 西北干旱区水资源问题研究思考 . 干旱区地理，01：1-9.

陈志恺 . 2004. 西北地区水资源及其供需发展趋势分析（水资源卷）. 北京：科学出版社 .

陈志恺 . 2007. 东北地区水资源供需发展趋势与合理配置研究（水资源卷）. 北京：科学出版社 .

迟宝明，王志刚，林岚，等 . 2005. 松辽流域水资源现状与地下水开发利用分析 . 水文地质工程地质，03：70-73.

褚健婷，夏军，许崇育，等 . 2009. 海河流域气象和水文降水资料对比分析及时空变异 . 地理学报，09：1083-1092.

邓铭江，龙爱华，龚原，等 . 2011. 额尔齐斯河流域中游水资源开发利用与影响研究 . 水利学报，12：1487-1495.

丁琳 . 2011. 黑龙江省水资源可持续发展战略研究 . 北京：中国计量出版社 .

董雪娜，李雪梅，贾新平，等 . 2006. 西北诸河水资源调查评价 . 郑州：黄河水利出版社 .

封光寅 . 2008. 河流泥沙颗粒分析原理及方法 . 北京：中国水利水电出版社 .

付强，姜秋香，焦立国 . 2010. 黑龙江省半干旱区水土资源可持续利用研究 . 北京：中国水利水电出版社 .

高彦春，王晗，龙笛 . 2009. 白洋淀流域水文条件变化和面临的生态环境问题 . 资源科学，09：1506-1513.

郭沛涌，林育真，李玉仙 . 1997. 东平湖浮游植物与水质评价 . 海洋湖沼通报，04：37-42.

郭志辉，杨贵羽，王喜风 . 2011. 松辽流域近 50 年来降水演变规律分析 . 人民黄河，12：35-37.

海河志编纂委员会 . 2001. 海河志（第 4 卷）. 北京：中国水利水电出版社 .

郝伏勤，黄锦辉，李群，等 . 2005. 黄河干流生态环境需水研究 . 郑州：黄河水利出版社 .

郝利霞，孙然好，陈利顶 . 2014. 海河流域河流生态系统健康评价 . 环境科学，10：3692-3701.

郝振纯，王加虎，李丽，等 . 2006. 气候变化对黄河源区水资源的影响 . 冰川冻土，01：1-7.

何大明，汤奇成 . 2000. 中国国际河流 . 北京：科学出版社 .

何德进，邢友华，姜瑞雪，等 . 2010. 东平湖水体中氮磷的分布特征及其富营养化评价 . 环境科学与技术，08：45-48，61.

河北省旱涝预报课题组 . 1985. 海河流域历代自然灾害史料 . 北京：气象出版社 .

侯慧平，葛颜祥，潘娜 . 2013. 东平湖水质评价及水污染防治对策 . 人民黄河，12：43-46.

胡春宏，陈绪坚，陈建国 . 2008. 黄河水沙空间分布及其变化过程研究 . 水利学报，05：518-527.

胡国华，赵沛伦，肖翔群 . 2004. 黄河泥沙特性及对水环境的影响 . 水利水电技术，08：17-20.

户作亮，张胜红，林超，等 . 2010. 海河流域平原河流生态保护与修复模式研究 . 北京：中国水利水电出版社 .

黄河流域水资源保护局 . 2005. 黄河水资源保护 30 年 . 郑州：黄河水利出版社 .

黄河水利委员会黄河志总编辑室 . 1998. 黄河流域综述 . 郑州：河南人民出版社 .

贾绍凤，张士锋 . 2003. 海河流域水资源安全评价 . 地理科学进展，04：379-387.

江春波，张明武，杨晓蕾 . 2010. 华北衡水湖湿地的水质评价 . 清华大学学报（自然科学版），06：848-851.
卡列斯尼克等 . 1997. 苏联地理（总论）. 东北师范大学外语系，苏联研究所集体译 . 北京：商务印书馆 .
库兹涅佐夫 H. 1963. 蒙古人民共和国河流水文地理 . 杨郁华译 . 北京：商务印书馆 .
匡翠萍，高健博，刘曙光，等 . 2010. 贝加尔湖典型风况下三维流场数值模拟 . 人民长江，03：99-101，106.
李琛，谢辉 . 2006. 东北地区资源环境安全评价 . 资源科学，01：30-36.
李春晖，郑小康，崔嵬 . 2010. 衡水湖流域生态系统健康评价 . 地理研究，03：565-573.
李青山，吕军，杜梅，等 . 1998. 松辽流域水资源质量状况及保护对策 . 东北水利水电，10：17-20.
李想 . 2005. 我国十大江河流域降水和温度长期变化趋势的研究 . 北京：中国气象科学研究院硕士学位论文 .
李云生，王东，张晶，等 . 2008. 海河流域“十一五”水污染防治规划研究报告 . 北京：中国环境科学出版社 .
郦建强，王建生，颜勇 . 2011. 我国水资源安全现状与主要存在问题分析 . 中国水利，23：42-51.
林沫，刘颖，丛远飞，等 . 2009. 松辽流域主要河流水沙规律分析 . 东北水利水电，12：40-42，72.
刘春兰，谢高地，肖玉 . 2007. 气候变化对白洋淀湿地的影响 . 长江流域资源与环境，02：245-250.
刘红彩 . 2012. 东平湖水环境状况与影响因素研究 . 济南：山东大学硕士学位论文 .
刘蕾 . 2005. 东北典型湿地及松辽流域河道内生态需水研究 . 武汉：武汉大学硕士学位论文 .
刘盛佳 . 1996. 中国地理 . 北京：高等教育出版社 .
刘小鹏 . 2010. 西北典型湖泊湿地生态系统特征与综合评价 . 北京：中国环境科学出版社 .
刘振杰 . 2006. 衡水湖湿地水环境分析及保护对策 . 湿地科学与管理，02：41-44.
刘卓，刘昌明 . 2006. 东北地区水资源利用与生态和环境问题分析 . 自然资源学报，05：700-708.
陆孝平，富曾慈 . 2010. 中国主要江河水系要览 . 北京：中国水利水电出版社 .
潘明涛 . 2014. 海河平原水环境与水利研究（1360-1945）. 天津：南开大学博士学位论文 .
庞清江，李白英 . 2003. 东平湖水体富营养化评价 . 水资源保护，05：42-44.
彭俊，陈沈良 . 2009. 近 60 年黄河水沙变化过程及其对三角洲的影响 . 地理学报，11：1353-1362.
彭天杰 . 1989. 苏联生态环境的保护与研究 . 环境科学丛刊，05：1-86.
钱意颖 . 1993. 黄河干流水沙变化与河床演变 . 北京：中国建材工业出版社 .
钱正英 . 2003. 西北地区水资源配置、生态环境建设和可持续发展战略研究 . 中国水利，09：17-24，5.
乔西现，何宏谋，张美丽 . 2000. 西北地区水资源配置与管理的思考 . 西北水资源与水工程，04：1-6.
秦丽杰，邱红 . 2005. 松辽流域水资源区域补偿对策研究 . 自然资源学报，01：14-19.
任国玉，郭军 . 2006. 中国水面蒸发量的变化 . 自然资源学报，01：31-44.
任宪韶 . 2007. 海河流域水资源评价 . 北京：中国水利水电出版社 .
芮孝芳，陈界仁 . 2003. 河流水文学 . 南京：河海大学出版社 .
撒贝耶 . 2012. 鄂毕河全域扫描 . 中国地名，07：65.
史念海 . 1999. 黄河流域诸河流的演变与治理 . 西安：陕西人民出版社 .
苏联科学院地理研究所 . 1959. 苏联河流水文地理概论 . 宋夫让译 . 北京：商务印书馆 .
孙广友 . 1995. 黑龙江干流梯级开发对右岸自然环境与社会经济发展的影响 . 长春：吉林科学技术出版社 .
汤仲鑫 . 1990. 海河流域旱涝冷暖史料分析 . 北京：气象出版社 .
王恩鹏 . 2006. 西北地区水资源现状与可持续利用对策的探讨 . 云南地理环境研究，01：92-96.
王光杰 . 2008. 建国以来东平湖开发述论 . 济南：山东大学硕士学位论文 .

王浩，贾仰文，王建华，等. 2010. 黄河流域水资源及其演变规律研究. 北京：科学出版社.
王洪道. 1987. 中国湖泊水资源. 北京：农业出版社.
王玲，夏军，宋献方，等. 2008. 黄河流域典型支流水循环机理研究. 郑州：黄河水利出版社.
王守荣，郑水红，程磊，等. 2003. 气候变化对西北水循环和水资源影响的研究. 气候与环境研究，01：43-51.
王苏民，窦鸿身. 1998. 中国湖泊志. 北京：科学出版社.
王艳艳. 2007. 近代东北水资源开发与利用研究. 长春：吉林大学硕士学位论文.
吴敬禄，曾海鳌. 2007. 贝加尔湖西南部流域地球化学特征及环境意义. 海洋地质与第四纪地质，02：84，90.
席家治. 1996. 黄河水资源. 郑州：黄河水利出版社.
夏军，王中根，刘昌明. 2003. 黄河水资源量可再生性问题及量化研究. 地理学报，04：534-541.
夏星辉，杨志峰，沈珍瑶. 2005. 从水质水量相结合的角度再论黄河的水资源. 环境科学学报，05：595-600.
熊洋，张彦增，尹俊岭，等. 2007. 衡水湖水质现状评价及趋势分析. 南水北调与水利科技，03：64-66.
熊治平. 1991. 河流泥沙级配规律研究. 武汉水利电力学院河流泥沙研究室.
许炯心. 1996. 中国不同自然带的河流过程. 北京：科学出版社.
鄢波，夏自强，周艳先，等. 2013. 黑龙江哈巴罗夫斯克站径流变化规律. 水资源保护，29（3）：29-33.
姚文艺，冉大川，陈江南. 2013. 黄河流域近期水沙变化及其趋势预测. 水科学进展，05：607-616.
袁飞，谢正辉，任立良，等. 2005. 气候变化对海河流域水文特性的影响. 水利学报，03：274-279.
张国胜，李林，时兴合，等. 2000. 黄河上游地区气候变化及其对黄河水资源的影响. 水科学进展，03：277-283.
张浩，户超. 2012. 引黄调水对衡水湖湿地水质水量影响研究. 人民黄河，10：86-88.
张强，赵映东，张存杰，等. 2008. 西北干旱区水循环与水资源问题. 干旱气象，02：1-8.
张瑞瑾. 1989. 河流泥沙动力学. 北京：水利电力出版社.
张瑞瑾. 2007. 河流动力学. 武汉：武汉大学出版社.
张士锋，贾绍凤. 2003. 海河流域水量平衡与水资源安全问题研究. 自然资源学报，06：684-691.
张婷，刘静玲，王雪梅. 2010. 白洋淀水质时空变化及影响因子评价与分析. 环境科学学报，02：261-267.
张郁，邓伟，杨建锋. 2005. 东北地区的水资源问题、供需态势及对策研究. 经济地理，04：565-568，541.
赵建世，王忠静，秦韬，等. 2008. 海河流域水资源承载能力演变分析. 水利学报，06：647-651，658.
赵志轩. 2012. 白洋淀湿地生态水文过程耦合作用机制及综合调控研究. 天津：天津大学博士学位论文.
《中国河湖大典》编纂委员会. 2014. 中国河湖大典（西北诸河卷）. 北京：中国水利水电出版社.
中国科学院黑龙江流域综合考察队. 1961. 黑龙江流域及其毗邻地区自然条件. 北京：科学出版社.
朱道清. 2010. 中国水系大辞典. 青岛：青岛出版社.
朱道清. 2010. 中国水系图典（修订版）. 青岛：青岛出版社.
朱益章. 1987. 东北诸河的水资源利用现状及2000年展望. 东北水利水电，09：16-24.
A. K. 奥格涅夫，赵秋云. 2007. 俄罗斯贝加尔湖水资源的合理利用问题. 水利水电快报，23：5-6.
Воробьев В В，刘西平. 1991. 现阶段的贝加尔湖问题. 地理译报，03：39-44.

Л. К. 马里克，张秉焕 . 1984. 从鄂毕河及额尔齐斯河调水对西西伯利亚自然环境的一些影响 . 海河水利，S2：63-67.

Alexaander N. Antipov，Geography of Siberia，2006 edition，Research India Publication，230.

Anoshkin Andrey Vasilevich，Kogan Rita Moiseevna. Ecological consequences of influence of anthropogenous factors on left-bank inflows of the average watercourse Amur.

Antipov A，Fedorov V. 2000. stitute of geography SB RAS，Landscape-hydrological organization of the Territory，Published by Siberian branch of RAS，254.

Antipov A. 2007. Graphical Research in Siberia，Novosibirsk. Academic publishing house Geo.

Baturin G N，Peresypkin V I，Zhegallo E A. 2011. Modes of iron-manganese mineralization on the bottom of Lake Baikal. Oceanology，51（3）：465-475.

Belykh O，Sorokovikova E，Fedorova G，et al. 2011. Presence and genetic diversity of microcystin-producing cyanobacteria（Anabaena and Microcystis）in Lake Kotokel（Russia，Lake Baikal Region）. Hydrobiologia，671（1）：241-252.

Bolgov M V，Mishon V M，Sentsova L. 2005. P-to-date problems of evaluation of water resources and water supply. Moscow，Nauka.

Borzenko S V，Zamana L V. 2011. Reduced forms of sulfur in the brine of Saline-Soda Lake Doroninskoe，eastern Transbaikal Region. Geochemistry International，49（3）：253-261.

Brumbaugh W G，Tillitt D E，May T W，et al. 2013. Environmental survey in the Tuul and Orkhon River basins of north-central Mongolia，2010：metals and other elements in streambed sediment and floodplain soil. Environmental Monitoring and Assessment，185（11）：8991-9008.

Namsaraev B B，Zemskaya T I. 2000. Crobiao processes of carbon circulation in bottom sediments of Lake Baikal，Novosibirsk. Published by Siberian branch of RAS.

ChalovR S，Liu Shuguang，Alekseevskiy N I. 2000. Sediment yield and channel processes in the large rivers of Russia and China. Moscow：Moscow State University Press.

Dalai B，Ishiga H. 2013. Geochemical evaluation of present-day Tuul River sediments，Ulaanbaatar basin，Mongolia. Environmental Monitoring and Assessment，185（3）：2869-2881.

de Freitas C R，Grigorieva E A. 2009. The Acclimatization Thermal Strain Index（ATSI）：A preliminary study of the methodology applied to climatic conditions of the Russian Far East. Int J Biometeorol，53：307-315.

Elena Grigorieva de Freitas C R. Application of acclimatization thermal strain index for tourism（on the example of the Russian Far East）. YIES Conference，Japan.

Elena Grigorieva，Valery Tunegolovets. 2010. Change of climate on the south of the Russian Far East in the second half o fthe 20th century. Annalen der Meteorology.

Fietz S，Kobanova G，Izmest'eva L，et al. 2005. Regional，vertical and seasonal distribution of phytoplankton and photosynthetic pigments in Lake Baikal. Journal of Plankton Research，27（8）：793-810.

Fung I，John J，Lerner J，et al. 1991. Three-dimensional model synthesis of the global methane cycle. Journal of Geophysical Research，Atmospheres 96（D7）：13033-13065.

Gou Hongliang，Liu Shuguang，Wu Haoyuan，et al. 2010. The effect of water Diversionine cological protection of Taihu Basin，Conference of Deltas of Eurasia：origin，evolution，ecology and economic development，Publishing House of BSC SB RAS，Ulan-Ude.

Granin N，Muyakshin S，Makarov M，et al. 2012. Estimation of methane fluxes from bottom sediments of Lake Baikal. Geo-Marine Letters，32（5-6）：427-436.

Grigorieva E A，Matzarakis A，de Freitas C R. 2010. Analysis of growing degree-days as a climate impact indicator in a region with extreme annual air temperature amplitude. Climate Research，42：143-154.

Hampton S E, Gray D K, Izmest′eva L R, et al. 2014. The Riseand Fall of Plankton: Long-Term Changes in the Vertical Distribution of Algae and Grazers in Lake Baikal, Siberia. PLoSONE 9, (2): e88920.

Hartwig M, Theuring P, Rode M, et al. 2012. Suspended sediments in the Kharaa River catchment (Mongolia) and its impact on hyporheic zone functions. Environmental Earth Sciences, 65 (5): 1535-1546.

Hofmann J, Hürdler J, Ibisch R, et al. 2011. Analysis of Recent Nutrient Emission Pathways, Resulting Surface Water Quality and Ecological Impacts under Extreme Continental Climate: The Kharaa River Basin (Mongolia). International Review of Hydrobiology, 96 (5): 484-519.

Hofmann J, Venohr M, Behrendt H, et al. 2010. Integrated water resources management in central Asia: nutrient and heavy metal emissions and their relevance for the Kharaa River Basin, Mongolia. Water Science and Technology, 62 (2): 353-363.

Hutchinson G E. 1957. A Treatise on Iimnology: Geography, physics and chemistry. pt. 1. Geography and physics of lakes. John Wiley & Sons.

Ichiyanagi K, Sugimoto A, Numaguti A, et al. 2003. Seasonal variation in stable isotopic composition of alas lake water near Yakutsk, Eastern Siberia. Geochemical Journal, 37 (4): 519-530.

Kapitanov V A, Tyryshkin I S, Krivolutskii N P, et al. 2005. Spatial distribution of methane over Lake Baikal surface. Optical Technologies for Atmospheric, Ocean, and Environmental Studies, Pts 1 and 2. G. G. Matvienko. Bellingham, Spie-Int Soc Optical Engineering, 5832: 250-255.

Katano T, Nakano S, Ueno H, et al. 2008. Abundance and composition of the summer phytoplankton community along a transect from the Barguzin River to the central basin of Lake Baikal. Limnology, 9 (3): 243-250.

Katano T, S. -i. Nakano, Ueno H, et al. 2005. Abundance, growth and grazing loss rates of picophytoplankton in Barguzin Bay, Lake Baikal. Aquatic Ecology, 39 (4): 431-438.

Kelderman P, Batima P. 2006. Water quality assessment of rivers in Mongolia. Water Science and Technology, 53 (10): 111-119.

Korytny L M, Luxemburg W M. 2004. Analysis and Stochastic Modeling of Extreme Runoff in Euroasian Rivers Under Conditions of Climate Change. Proceeding international scientific seminar, Irkutsk, Publishing house of the Institute of geography SB RAS.

Kostrova S S, Meyer H, Chapligin B, et al. 2013. Holocene oxygen isotope record of diatoms from Lake Kotokel (southern Siberia, Russia) and its palaeoclimatic implications. Quaternary International, 290-291 (0): 21-34.

Kumke T, Ksenofontova M, Pestryakova L, et al. 2007. Limnological characteristics of lakes in the lowlands of Central Yakutia, Russia. Journal of Limnology, 66 (1): 40-53.

Liu Shuguang, Gou Hongliang, Yin Lili. 2010. Study on time series of runoff and sediment discharge in Yellow River Delta, Conference of Deltas of Eurasia: origin, evolution, ecology and economic development. Publishing House of BSC SB RAS, Ulan-Ude.

Maerki M, Muller B, Wehrli B. 2006. Microscale mineralization pathways in surface sediments: A chemical sensor study in Lake Baikal. Limnology and Oceanography, 51 (3): 1342-1354.

Makhinova A F, Makhinov A N, Kuptsova V A, et al. 2014. Landscape-geochemical zoning of the Amur Basin (Russian Territory). Russian Journal of Pacific Geology, 8 (2): 138-150.

Müller B, Maerki M, Schmid M, et al. 2005. Internal carbon and nutrient cycling in Lake Baikal: sedimentation, upwelling, and early diagenesis. Global and Planetary Change, 46 (1-4): 101-124.

PokatilovYu G. 2006. Mospheric precipitation and snow cover chemistry, and medical-demographic characteristics of natural and technogenic territories in East Siberia (the biogeochemical aspect of the study of territories）. Irkutsk，Institute of geography SB RAS，147.

Sachs T，Giebels M，Boike J，et al. 2010. Environmental controls on CH_4 emission from polygonal tundra on the microsite scale in the Lena river delta，Siberia. Global Change Biology，16（11）：3096-3110.

Sachs T，Wille C，Boike J，et al. 2008. Environmental controls on ecosystem-scale CH_4 emission from polygonal tundra in the Lena River Delta，Siberia. Journal of Geophysical Research：Biogeosciences113（G3）：G00A03.

Satoh Y，Katano T，Satoh T，et al. 2006. Nutrient limitation of the primary production of phytoplankton in Lake Baikal. Limnology，7（3）：225-229.

Schmid M，de Batist M，Granin N G，et al. 2007. Sources and sinks of methane in Lake Baikal：A synthesis of measurements and modeling. Limnology and Oceanography，52（5）：1824-1837.

Science for watershed conservation：Multidisciplinary approaches for natural resource management：abstracts of the International conference. Ulan-Ude（Russia）-Scientific center，SBRAS，2004.

Serebrennikova N V，Yurgenson G A. 2010. Composition and formation conditions of sediments in the Doroninskoe soda lake（eastern Transbaikalia）. Lithology and Mineral Resources，45（5）：486-494.

Sorokina O A，Pavlova L M，Kiselev V I. 2008. The Influence of Mobile Forms of Heavy Metals on the Microbiological Activity of the Soilat Gold Placers（exemplified by the Dzhalinda River valley，Amur region）. Sibirskii Ekologicheskii Zhurnal，15（3）：473-484.

Tarasenko T V. 2013. Interannual variations in the areas of thermokarst lakes in Central Yakutia. Water Resources，40（2）：111-119.

Theuring P，Rode M，Behrens S，et al. 2013. Identification of fluvial sediment sources in the Kharaa River catchment，Northern Mongolia. Hydrological Processes，27（6）：845-856.

Torres N T，Och L M，Hauser P C，et al. 2014. Early diagenetic processes generate iron and manganese oxide layers in the sediments of Lake Baikal，Siberia. Environmental Science：Processes & Impacts，16（4）：879-889.

Vladislav N Korotaev，Vadim N Mikhailov，Dmitry B Babich，et al. 2007. tuarine-deltaic systems of Russia and China：Hydrological morphological processes，geomorphology and prediction of evolution. Moscow Moscow GEOS Press.

Zamana L V，Borzenko S V. 2007. Hydrogen sulfide and other reduced forms of sulfur in oxic waters of Lake Doroninskoe，eastern Transbaikalia. Doklady Earth Sciences，417（1）：1268-1271.

Zamana L V，Borzenko S V. 2011. Elemental sulfur in the brine of Lake Doroninskoe（Eastern Transbaikalia）. Doklady Earth Sciences，438（2）：775-778.

Аношкин А В. 2009. ОБЗОР РУСЛОФОРМИРУЮЩИХ ФАКТОРОВ ТЕРРИТОРИИ ЕВРЕЙСКОЙ АВТОНОМНОЙ ОБЛАСТИ.

Аношкин А В. 2009. Геоэкология：формирование и восстановление пойменно-русловых комплексов рек в районах разработок россыпных месторождений золота（Амуро-Сутарский золотоносный район）. Журнал Инженерная экология.

Бельчиков В. А. 1971. Расчет гидрографа половодья с учетом динамики потерь стока. Тр. Гидрометцентра СССР. Л.：Гидрометеоиздат.

Важнов А Н. 1976. Гидрология рек М.：Изд-во МГУ.

Васильев О Ф и другие. 2005. Общая природная характеристика и экологические проблемы Чановской и Кулундинской озерных систем и их бассейнов. Сибирский экологический журнал，2：167-173

Владимиров А М. 1990. Гидрологические расчеты. Л.：Гид-рометеоиздат.

Гармаев Е Ж. 2000. Пространственно-временные закономерности стока рек Бурятии в теплы й период года. Улан-Удэ：Изд-во Бурятского госун-та.

Гармаев Е Ж. 2002. К вопросу гидроэкологическо й безопасности водосбор-ных территори й малых рек бассе йна р. Селенга. Селенга — река без гра-ниц. Материалы международно й научно-практическо й конференции. Улан-Удэ：Изд-во Бурятского госун-та.

Гунин П Д. 2005. Экосистемы бассейна Селенги. М. ：Наука.

Жамьянов Д Ц и другие. 2004. Критерии оценки эффективности мероприяти й по охране и использованию водных ресурсов. Проблемы усто й чивого развития региона：мат-лыIII школы-семинара молодых ученых России（8-12 июня 2004 г. ）. Улан-Удэ：Изд-во БНЦ СО РАН.

Комлев А М. 2002. Закономерности формирования и методы расчетов речного стока. Пермь：Изд-во Перм. ун-та.

Левшина С И. 2010. Органическое вещество поверхностных вод бассейна Среднего и Нижнего Амура. Владивосток：Дальнаука.

Макаров А В. Жамьянов Д Ц. 2010. Эколого-географическая ситуация в бассе йне трансграничных рек. 8. 2. Проблемы регулирования трансграничных возде йстви й в международном бассе йне реки Селенги. Приграничные и трансграничные территории Азиатско й России и сопредельных стран：про-блемы и предпосылки усто й чивого развития Отв. ред. П. Я. Бакланов，А. К. Тулохонов. Новосибирск：Изд-во СО РАН.

Милютин А Г. 2004. Геология и полезные ископаемые. Учебное пособие ЧастьI. Геология. Электронное издание. М. ：МГОУ.

Намсараев Б Б и другие. 2007. Водные системы Баргузинско й котловины. Улан-Удэ：Изд-во Бурятского госун-та.

Семенов В А. 1996. Ресурсы пресно й воды и актуальные задачи гидрологии // Сорос. образов. журн. 10：63-69.

Сиротский С Е и другие. 2010. Тесленко. Гидроэкологический мониторинг зоны влиянияЗейского гидроузла，Хабаровск：ДВО РАН.

Сорокина О А. Киселев В И. 2005. Загрязнение почв в зоне освоения джалиндинского россыпного и рудного месторождений золота в Приамурье. Экология и промышленность России.

Сорокина О А. Киселев В И. 2008. Особенности химического составапочв долины реки Джалинды（Верхнее Приамурье），ЛИТОСФЕРА.

Сорокина О А. Киселев В И. Источники загрязнения почвенного покрова долины р. Джалинда

Тулохонов А М. Плюснин А М. 2008. Дельта реки Селенги-естественный биофильтр и индикатор состояния озера Байкал. Сиб. ：Изд-во СО РАН.

Шикломанов И А. 1989. Влияние хозя йственно й деятельности на речно й сток. Л. ：Гидрометеоиздат.